水光蓄互补发电规划

主　编　刘俊勇

副主编　蒋传文　胡维昊　刘继春　韩晓言

编　写　蒋　玲　杨晶显　张　帅　朱泽安

　　　　许　潇　曹　迪　张国洲　罗仕华

中国电力出版社

CHINA ELECTRIC POWER PRESS

内 容 提 要

大力开发可再生能源已成为我国能源发展的重要战略举措，要求全面推进分布式光伏发电建设，推动多能互补、协同优化的新能源电力综合开发。但目前水光互补联合发电相关研究还处于起步阶段，也未形成成熟的建设体系。本课题组在梯级水光蓄互补电站容量配置及接入技术领域进行了多年的研究和探索实践，形成了大量的研究成果，以此汇编整理成书，希望能为从事该领域的研究人员提供帮助。

本书围绕互补发电理论、接入模式及电网支撑能力、并离网运行容量优化配置、系统规划软件开发四大关键问题，结合数据科学、电气工程和优化等领域技术针对分布式水光蓄联合发电系统互补规划理论和技术展开广泛研究。本书对梯级水光蓄互补系统容量配置及接入技术的理论、方法、应用进行了系统的研究与分析，既有理论上的创新，又具有很强的实用性和可操作性，是我国开展分布式光伏与梯级小水电互补联合发电技术研究及应用的重要成果，对推动我国多能互补、新能源综合开发产生积极作用。

图书在版编目（CIP）数据

水光蓄互补发电规划/刘俊勇主编．—北京：中国电力出版社，2024.5（2025.2重印）
ISBN 978-7-5198-6938-0

Ⅰ.①水…　Ⅱ.①刘…　Ⅲ.①水力发电站－电力系统运行－研究 ②风力发电系统－研究 ③太阳能发电－研究　Ⅳ.①TV737②TM614③TM615

中国国家版本馆 CIP 数据核字（2024）第 041406 号

出版发行：中国电力出版社
地　　址：北京市东城区北京站西街 19 号（邮政编码 100005）
网　　址：http://www.cepp.sgcc.com.cn
责任编辑：罗晓莉（010-63412547）
责任校对：黄　蓓　朱丽芳
装帧设计：郝晓燕
责任印制：吴　迪

印　　刷：北京天泽润科贸有限公司
版　　次：2024 年 5 月第一版
印　　次：2025 年 2 月北京第二次印刷
开　　本：787 毫米×1092 毫米　16 开本
印　　张：18.75
字　　数：398 千字
定　　价：68.00 元

前　言

随着社会和经济的快速发展，人们对生活质量的要求也逐渐提高，环境日益恶化与化石能源不断枯竭已成为制约全球经济与社会发展的关键瓶颈问题。为解决这一问题，在广泛开展节约用能与提高化石能源利用效率的基础上，发展可再生清洁能源已成为世界各国能源发展的重要战略举措，未来将能有效替代会造成严重污染的化石燃料，以提供充沛的电能满足人们日常生活和社会发展需求。我国部分地区太阳能，水能等可再生能源资源丰富，但这些地区的电网与主网连接往往较弱，易出现窝电、弃光、弃水等问题，严重则会造成断网形成离网运行模式。因此，这些地区因地制宜，建立水光互补发电系统是一种提高可再生能源利用效率的有效方法。水光互补发电系统通常由多种可再生能源发电与储能装置组合，能有效解决单一可再生能源出力的间歇性、不稳定性等问题。我国水电发展迅速，受开发便利、发电成本低、国家和地方政策以及偏远地区用电需求的导向作用，大规模小型水电站群应运而生，其分布广泛并具有一定调节能力，为实现流域范围内小型水、光资源的互补提供了基础。另一方面，水电富集的西南各省，都逐步开展了小水电并网、调度、管理等工作。近年来部分生态友好性差、设备老化、效益低的小水电被关停，小水电整体的可调度性得到了进一步提高。因此，如何利用地区小型水电有限的调节能力，开展流域范围内水电、光伏的互补联合发电问题研究，对地区清洁能源的发展与消纳都具有重要的理论和实践意义。除此之外，抽水蓄能电站作为大容量储能系统具有优良的调控特性，可有效改善小水电和光伏电站的出力情况，将其引入水光互补发电系统将极大地改善系统性能。事实上，我国西南地区水能资源丰富、流域内存在很多的小水电站，流域附近也具有较为丰富的太阳能资源，已有的水电站为进一步建设抽水蓄能电站也提供了便利。因此，在这些地区建造由小水电、光伏发电和抽水蓄能电站组成的水光蓄多能互补发电系统能有效解决由丰枯平季节原因导致的水电发电过剩或不足，以及光伏发电具有的随机波动性、间歇性等缺点，有利于清洁能源协调发展，可支撑能源结构清洁化转型并促进清洁能源持续健康发展。

目前国内分布式光伏与梯级小水电联合发电系统的研究还处于起步阶段，想要形成成熟的建设体系还有诸多难关需要攻克。分布式光伏与梯级小水电联合发电系统能够有效应用于能源领域，首先需要提出可靠的水光互补理论，通过科学的方法论证水光互补理论的有效性与先进性，以指导水光互补电站的建设；其次，应该全面考虑实际地理条件、资源情况、电力系统结构等因素解决水光蓄联合发电系统的容量配置问题与接入问题，实现联合发电系统的经济性、安全性、可靠性的建设目标。本书内容基于梯级水光互补电站容量优化配置及接入技术的研究课题，结合数据科学、电气工程和优化等领域技术，提出水光互补基础理论，并深入研究水光蓄互补发电系统的容量优化配置及其接入技术，聚焦分布式光伏与梯级小水电联合发电系统互补规划理论和技术，研究适应多时间尺度下梯级水光蓄资源的可调度能力和调控范围模型、水光蓄接入模式以及适应不同互补模式和运行条件的容量优化配置方法，开发梯级水光蓄互补电站规划软件。

本书共分 7 章。第 1 章首先论述了当前全球能源发展方向以及发展水光互补发电系统的意义，并介绍了我国水光互补电站建设情况以及抽水蓄能电站发展情况，其次分析了水光互补发电系统的国内外研究现状，同时介绍了本书的研究内容体系，最后总结了本书规划理论研究的特色。第 2 章论述了水光互补规划理论，并分析了不同时间尺度下的规划目标以及规划指标体系，同时重点论述了不同时间尺度水光蓄模型，包括水光蓄物理模型、水光蓄不同时间尺度数字化模型等。第 3 章论述了水光蓄运行场景研究，基于长短期记忆网络和自编码机技术相结合的方法生成多时间尺度场景，并对供需匹配模式进行了分析，同时介绍了水光荷规划态多时间尺度电力电量特征提取方法，为后续的容量配置研究和接入模式及电网支撑能力研究奠定基础。第 4 章论述了并离网条件下水光蓄互补电站容量配置方法，分别建立了水光蓄并网容量配置优化模型、水光蓄离网多目标容量配置模型，提出了水光蓄并网、离网容量配置方法，同时介绍了相关模型求解算法以及优化流程，并对部分容量配置结果进行了验证分析。第 5 章着重探讨市场条件下的水光蓄系统容量配置，提出基于多目标分层优化模型的容量配置优化方法，深化水光蓄互补系统在市场条件下的容量配置研究。第 6 章论述了水光蓄接入模式及电网支撑能力研究，在前述研究内容所给出的场景、运行方式、容量配置等信息的基础之上，考虑网架结构实现水光蓄互补发电系统的接入优化，以及规划方案的评估优选，首先对水光蓄接入电网影响进行了分析，论述了水光蓄接入点优化方法，其次对水光蓄电网支撑能力进行了评估决策。第 7 章介绍了水光蓄互补规划软件技术，首先对规划软件所使用的技术进行了说明，其次介绍了水光蓄互补规划软件的相关功能，最后以小金县为例进行规划实例分析，验证本书研究内容的有效性。

本书编写工作分工如下：第 1 章、第 2 章、第 3 章和第 7 章由四川大学刘俊勇、刘继春、杨晶显、张帅和国家电网有限公司四川省电力公司韩晓言编写，第 4 章和第 5 章由电子科技大学胡维昊、许潇、曹迪、张国洲、罗仕华编写，第 6 章由上海交通大学蒋传文、朱泽安和北京科诺伟业科技股份有限公司蒋玲编写。

本书受到国家重点研发计划《分布式光伏与梯级小水电互补联合发电技术研究及应用示范》项目中课题《梯级水光互补电站容量优化配置及接入技术》（课题编号：2018YFB0905201）资助。课题组在梯级水光蓄互补电站容量配置及接入技术领域进行了多年的研究和探索实践，形成了大量的研究成果，并汇编整理成此书，希望能为从事该领域的研究人员提供帮助。

编者

2024 年 5 月

目 录

1 概　述

本章主要对水光互补电站建设情况、水光互补发电系统研究现状、研究内容体系以及互补规划理论等几个方面展开。首先论述了当前我国能源发展情况，阐述了联合发电系统研究的前景，并对我国已有的水光互补电站建设情况以及抽水蓄能发展进行了简要介绍；然后，围绕水光荷基础数据处理研究、水光蓄互补电站容量配置以及水光蓄互补电站接入方式三个方面展开研究现状论述，并对本书研究内容体系进行了介绍；最后，对本书规划理论特色进行了总结。

1.1　水光互补电站建设情况及抽蓄技术发展

2020 年 11 月 22 日，国家主席习近平在二十国集团领导人利雅得峰会上发表重要讲话，提出为加大应对气候变化的力度，二十国集团要继续发挥引领作用。中国将提高国家自主贡献力度，力争二氧化碳排放 2030 年前达到峰值，2060 年前实现碳中和。习近平还强调，要深入推进清洁能源转型，表示中国已建成了全球最大的清洁能源系统。根据"十四五"规划和 2035 年远景目标建议，中国将推动清洁能源低碳安全高效利用，加快新能源产业发展，促进经济社会发展全面绿色转型。

我国幅员广阔，可再生能源资源十分丰富。据统计，每年陆地接收的太阳辐射总量相当于 24000 亿 t 标准煤，全国总面积 2/3 的地区年日照时间都超过 2000h，特别是西北一些地区超过 3000h。我国水资源也十分丰沛，我国拥有 300 多万 km² 的海域，水能资源理论蕴藏量近 7 亿 kW，占我国常规能源资源的 40%。其中，经济可开发容量近 4 亿 kW，是世界上水能资源总量最大的国家。水力发电、风力发电与光伏发电如图 1.1 和图 1.2 所示。

图 1.1　水力发电

1.2　风力发电与光伏发电

目前，我国可再生能源装机规模不断扩大，2019 年全国可再生能源发电累计装机达到 7.94 亿 kW，约占全部电力装机容量的 40%。截至 2020 年底，我国可再生能源发电装机总规模达到 9.3 亿 kW，其中，水电 3.7 亿 kW（其中抽水蓄能 3149 万 kW）、风电 2.81 亿 kW、光伏发电 2.53 亿 kW、生物质发电 2952 万 kW。可再生能源装机容量占总装机容量的比重达到 42.4%。同时，可再生能源发电量持续增长。2020 年，全国可再生能源发电量达 22148 亿 kW·h，同比增长约 8.4%，其中，水电 13552 亿 kWh，同比增长 4.1%；风电 4665 亿 kW·h，同比增长约 15%；光伏发电 2605 亿 kW·h，同比增长 16.1%；生物质发电 1326 亿 kW·h，同比增长约 19.4%。集中式和分布式光伏发电如图 1.3 和图 1.4 所示。

图 1.3　集中式光伏发电

图 1.4　分布式光伏发电

光伏发电作为最主要的可再生能源发电之一，在过去的几年间迅猛发展。据国家能源局统计数据显示，截至 2020 年，我国光伏装机容量累计达到 253GW，2020 年新增装机容量为 48.2GW，同比增长 60%，其中集中式光伏新增 32.7GW，分布式光伏新增装机容量 15.5GW，如图 1.5 所示。

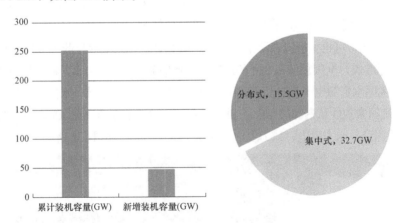

图 1.5　2020 年光伏装机情况

2013 年，我国光伏累计装机容量仅为 19.42GW，到 2020 年已经增长至 253GW。2013—2020 年，全国光伏发电累计装机容量实现十倍增长。除此之外，我国水电发展迅速、水电装机容量世界第一。四川水力资源的经济可开发量 1.45 亿 kW，占据全国的 31.9%，居全国首位。其中，适宜开发的中小水电资源量达 2532 万 kW，居全国首位。目前，四川小水电机组装机容量全国第一且遍布全省近 90% 的区域。

光伏发电由于低成本和零污染等优良特性得到了大力发展。但是由于光伏具有"随机性、间歇性和波动性"的特点，使其对电力系统的规划、安全、调度和控制等方面带来了重要挑战。水电是一种清洁可再生的能源，利用其出力具有快速调节的优良性能点来平衡光伏出力的波动，提高光伏的消纳能力。随着世界上第一座水光互补电站于 2009 年在青海玉树建成，水光互补发电系统引起了全世界的关注，在中国得到了大力推广。

在全国各地陆续建成多个水光互补电站，与水电相关的互补发电主要以高压大规模接入的"水光互补"联合发电系统为主。例如，黄河上游的龙羊峡水光互补工程是目前世界上最大的水光互补电站，其中水电装机 1280MW，一期 320MW 光伏于 2013 年投产，二期 530MW 光伏也于 2017 年投产；贵州省玉龙镇象鼻岭"水光互补"工程于 2017 年 8 月正式投产发电，其中水电装机 240MW，光伏装机 48MW。依托大型水库调节能力，可补偿光伏电站出力变化提高互补电站的可调度能力。

龙羊峡水光互补项目由龙羊峡水电站和光伏电站组成。龙羊峡水电站是黄河龙羊峡—青铜峡河段（简称龙青河段）的梯级"龙头"电站。龙羊峡水电站共有 4 台单机容量为 320MW 的水轮发电机组，总装机容量为 1280MW，正常蓄水位为 2600m，库容为 247 亿 m^3，调节库容为 193.5 亿 m^3，是调节性能优良的多年调节水库，也是能够实现"水光互补"的关键。伏电站位于青海省海南州共和县光伏发电园区内，光伏发电园区距县城约 12km，东距龙羊峡水电站直线距离约 30km。一期光伏电站装机容量为 320MWp，多年平均发电量为 4.98 亿 kW·h，装机年利用时间 1556h。水光互补电站作为龙羊峡水电站的"编外机组"，通过水轮机组的快速调节，将功率不稳定的光伏电源，调整成更加友好的稳定电源，以两个电源组合的电量，利用龙羊峡水电站的送出通道送入电网。通过水光互补，龙羊峡水电站送出线路年利用小时由原来运行的 4621h 提高到了 5019h。水光互补体现在电源稳定性上，更体现在经济效益的攀升上。不仅仅是经济效益，在社会生态环境效益上，龙羊峡水光互补光伏电站一年可发电 14.94 亿 kW·h，对应到火力发电相当于一年节约标煤 49.3 万 t，减少二氧化碳排放约 123.2 万 t，二氧化硫约 419.1 万 t，氮氧化合物 364.87 万 t。目前，龙羊峡水光互补项目是全球当期建设规模最大的水光互补并网光伏电站，技术应用也属首例，但项目的相关研究和实践都证明，水光互补技术对水电站调节库容的要求并不高，具有一定库容的水电站均可配置，具有广泛的推广价值。以 1 万 kW 的光伏电站计算，100m 坝高、耗水率 $3m^3/kW·h$ 的水电站即可匹配，水电站所需日调节库容量约为 13.15 万 m^3；如果是 20m 坝高、耗水率为 $20m^3/kW·h$ 的水电站，日调节库容量就要达 87.67 万 m^3。

我国小水电主要分布在偏远地区，存在管理水平滞后、调度困难等问题，但随着近年调度管理水平的不断提高，调度需求也更加精细化，各地区对小水电的利用也越发重视，特别是在水电富集的西南各省，都逐步开展了小水电并网、调度、管理等相关研究。

然而梯级小水电虽有补偿光伏发电缺陷的能力，但由于库容小、存在水流滞时、各级梯水电站出力调节能力不同且有限，梯级小水电不能完全与光伏互补，影响其友好调度能力。作为目前最经济、最清洁的储能方式，抽蓄机组的加入提升了流域内水、光间的互补空间，其核心是利用水电优质的调节能力及抽蓄的负荷调节、调频、备用等优势，优化电源输出、提升电网对间歇性光伏的消纳能力。同时，梯级电站天然形成抽蓄上下库等，为抽水蓄能机组的建设提供了便利。我国抽水蓄能电站在建和在运装机容量均居世界第一，但是对于梯级水、光、蓄互补发电技术的研究尚处于启动阶段，非常有必要借鉴国外分布式多能互补系统和抽水蓄能领域的最新研究成果，研究分布式光伏、梯级小水电和抽水蓄能的互补联合发电技术，实现梯级水光互补系统从粗放式整合到精细化规划，从数字化到智能化的跨越，并充分利用当地自然资源，能够促进地区经济发展和民族团结，对于建设清洁低碳、安全高效的现代能源体系具有重要的现实价值和深远的战略意义，符合国家能源的整体发展战略，对助力"一带一路"伟大战略发展具有重要意义。

抽水蓄能电站已有130多年建设历史，1882年第一座抽水蓄能兴建于瑞士苏黎世。1950年以前，抽水蓄能电站的建设主要集中在西欧少数国家，目的是汛期蓄水，枯期发电，辅助调节常规水电发电的季节性不平衡，因此发展十分缓慢。从20世纪50年代开始，由于电力负荷的波动幅度不断增加，调节峰谷负荷的任务日趋迫切，抽水蓄能电站的发展进入起步阶段，各国的电力系统得到迅速发展，抽水蓄能电站开始承担调峰、调频等动态任务，显示出其在电力系统中不可替代的重要作用。我国在20世纪60年代后期开始对抽水蓄能电站研究、开发和使用，主要解决电力系统中遇到的调峰问题。1968年建成的岗南小型混合式抽水蓄能电站标志着我国拉开了建设抽水蓄能电站的序幕。20世纪80年代中后期，抽水蓄能电站的建设步伐开始加快。1992年，潘家口混合式抽水蓄能电站投入运行，迎来我国抽水蓄能电站建设的第一次高潮。20世纪90年代，随着国民经济快速发展，先后兴建了广蓄一期、北京十三陵、浙江天荒坪等几座大型抽水蓄能电站。"十五"期间，又相继开工了张河湾、西龙池、白莲河等一批大型抽水蓄能电站。2020年，我国抽水蓄能累计装机规模达到31.79GW，同比增长5.02%，占全国储能装机总规模的89.3%。因抽水蓄能相对其他储能方式成本较低，短期看来，其在储能应用中的主导地位不会被动摇。根据2021年4月数据，我国抽水蓄能电站在建装机容量为52.43GW，是全球抽水蓄能电站规模最大的国家。

2021年12月30日，河北丰宁抽水蓄能电站首批机组投产发电，它是世界最大抽水蓄能电站，将服务北京冬奥会实现100%绿色电能供应。数据显示，当丰宁电站12台机组全部投运后，每年可消纳新能源电量87亿kW·h，年发电量66.12亿kW·h，可满足260万户家庭一年的用电，年节约标准煤48.08万t，可减少碳排放120万t，相当于造林 24 万余亩。丰宁电站将发挥负荷调节和区域稳定协调控制作用，有效实现新能源多点汇集、风光储多能互补、时空互补、源网荷协同，支撑具有网络特性的直流电网高可靠高效率运行，开创了抽水蓄能发展史上的"先河"，为破解新能源大规模开发利用难题提供了宝贵的"中国方案"。

如上所述，抽水蓄能电站在调峰填谷、保障电网稳定运行方面作用突出，但传统的定速蓄能机组在水泵工况只能满负荷抽水，不能根据系统需要进行功率调节，因此无法满足电网快速、准确进行电网频率调节的要求。而变速机组与定速机组相比，最大的区别在于机组能在额定同步转速附近的一定范围内无级变速运行，实现抽水人力可调，无论是提高电网安全稳定运行水平还是提高资源利用率，均具有现实意义。变速蓄能机组除了具备定速蓄能机组的功能外，还具有以下优势：①提供频率自动控制容量；②实现有功功率的高速调节；③具有较强的进相运行能力；④提高机组运行的稳定性；⑤变速机组可以使用变频交流励磁装置代替静止变频器进行水泵工况启动；⑥适应更宽水头范围提高运行效率。

除此之外，变速抽水蓄能电站机组在电网运行和电站自身运行等方面的优势较为突出。从电网运行考虑，变速机组具有更好的稳定性、更优的调节性能、更广的调节范围，以及更强的调节系统无功功能。首先，变速机组启动时交流励磁系统的输出频率逐渐变化，不仅实现平滑启动，更能使其在最利于出力的转速下运行。这样，无论在抽水或发电工况均可减少对电网的冲击，从根本上解决以往采用改变电机极数所带来的技术上的麻烦以及谐波等对电机运行性能的影响。其次，变速机组可通过变频调速的方式来调节水泵工况下入力，不仅能够提高精准配合系统需求水平，配合电力系统频率自动控制，尤其是提高低谷负荷时电网频率调节质量。最后，变速机组在响应时间、调节速度和调节精度等方面的调节性能更好。根据现阶段收集到的资料，变速机组在响应时间、调节速度方面明显优于定速机组。

水光蓄互补系统包括中长期电量资源层面上的互补、短期调度计划层面上的互补、实时控制层面上快速功率波动的互补。水光蓄三种发电要素在并网和离网运行时所面临的种种暂态和稳态问题，如调节能力弱、长距输电暂稳/动稳受限、电网平衡困难、调频调压困难、垮网风险高等，都亟待水光互补发电系统的研究来解决。目前在研究过程中考虑发电要素相对孤立，大多在孤立系统中考虑水、光等要素的发电特性，缺乏与电网的联系，欠缺发电系统并网对电网的影响分析，对电网支撑能力的评估研究相对薄弱。而且，没有针对性地对水光蓄资源特性容量优化配置与接入模式进行研究，导致新能源利用率低、系统运行可靠性较差、经济效益不高。所以合理优化梯级水光蓄容量配置及接入电网技术，能提高地区电网清洁能源消纳与互补电站并网稳定运行水平，并在离网情况下，实现地区电网安全稳定供电。既能保证整个互补发电系统工作效率及系统可靠性，又能提高经济效益与环境效益，为水光互补联合发电模式的推广提供规划技术支撑，是当前的新兴研究热点之一。

1.2 研究现状及本书研究内容体系

1.2.1 研究现状

本书围绕水光互补联合发电系统的科学问题与关键技术，对以下内容展开研究：

（1）研究梯级水光荷多时间尺度下的电力电量时序关系建模方法，建立适应多主体、多目标的水光蓄调度和控制模型。

（2）研究梯级水光蓄互补电站在离网、并网条件及电力市场下的容量配置问题。

（3）研究水光蓄互补模式下的接入方式以及电网支撑水光蓄接入能力的评估体系。因此，本小节将从水光荷基础数据处理研究、水光蓄互补电站容量配置研究及水光蓄互补电站接入方式研究三个方面展开国内外研究现状的论述。

1. 水光荷基础数据处理研究现状

对于梯级水光互补系统规划，主要研究在满足各类约束条件下的分布式光伏、梯级水电最优选址定容方案。光伏和负荷功率具有很强的随机性和波动性，其不确定性因素增加了布点规划的难度，历史数据是最能反映随机量变化特性的工具，但是如果直接使用原始历史数据进行规划，数据量过大，计算耗时较长，效率太低。场景分析法是处理不确定性规划问题较为有效的方法，将不易用数学模型表达的不确定因素转化为多个确定性因素组成的多场景问题，既能全面考虑各种情况又可以避免大量计算，加快计算速度。

本书就考虑水光互补发电系统光伏、水电和负荷相关性的规划场景生成展开研究，主要涉及的技术点包括水光荷数据统计分析、水光资源及负荷相关性分析、水光荷典型场景生成、未来态水光荷资源预测等。下面对这些方面的研究现状进行总结与阐述：

在水光荷数据统计分析方面，径流受自然水文影响丰平枯期有较大差异，光伏通常被看成β分布（beta-distribution），典型的负荷概率分别基本属于正态分布。实际水光资源与负荷发展存在许多难以量化的因素，如资源开发、气候变化、经济发展，而上述因素之间往往又存在着非常大的相关性。因此，既需要考虑复杂的影响因素从而掌握水光电源策略资源及电力电量负荷需求的变化趋势，又需要用克服复杂因素之间的共线性影响来更加科学、合理地描述水光荷电量、电力特性，如何采用数据统计方法进行资源分析与评估成为目前研究重点，本书首先结合区域水光资源及负荷变化的年、季节、日特性进行量化分析，利用基本概率统计量评估了区域电网水光输出功率性能及负荷需求变化规律。

在水光荷资源及负荷相关性分析方面，水电出力、光伏出力及负荷功率，因为与气候有着强相关的关系，都具有强烈的日波动性和季节性，此外，分布式光伏发电出力与负荷功率会同时受到某些环境因素比如温度因素的影响，所以分布式光伏发电出力的波动会与负荷功率的波动表现出一定相关性。可应用离散概率分布或皮尔逊相关性分析、自相关及偏自相关分析等相关性分析指标综合描述水光荷之间的相关性。

在水光荷典型场景生成方面，大体有三种场景分析方法：时序模拟法，典型日法，场景聚类方法，部分研究通过时序模拟法，考虑风电出力特性，利用蒙特卡洛采样模拟获取系统风电、负荷场景，模拟了全年的时间序列，虽然具有工程应用价值，但计算效率低。典型日法由于将一年某一天的水、光出力及负荷消纳作为典型场景，显然不能完全体现全年水、光出力特性及负荷的变化情况。聚类通过场景削减技术对大规模生成场景缩减，通过一定的相似度度量将具有相似时空特性的水、光出力及负荷消纳聚为一类，形成了典型的场景，已有文献证明基于聚类形成的典型场景与时序仿真法所得结果大体一致，但计算时间大大减小，所得的结果能够准确体现场景特征，相比典型日法准确率大大提高。海量的发电数据将电网推向了大数据时代，聚类作为一种无监督的机器学习算法，能够有效辨识典型场景，已广泛应用于数据挖掘领域。已有 K - 均值聚类算法（k - means）、k - 模式聚类算法（k - modes）、模糊 C 均值聚类算法（fuzzy c - means，FCM）、动态时间规整算法（dynamic time warping，DTW）、高斯混合模型（gaussian mixture model，GMM）和谱聚类等聚类方法应用于电力系统领域，但是传统的聚类方法针对的对象单一不能捕捉水、光互补耦合的依赖关系，随着数据维度的增加，计算复杂度也大大增加，所以在处理多个不确定性变量时间序列数据时显得力不从心。随着深度学习在电力行业的发展及应用，已有相关技术为场景生成提供了新的解决思路。本书对分布式光伏出力和负荷历史数据进行特征量选取，并进行聚类分析，特征量的选取可以充分考虑水光荷的时序性，而对水电、光伏和负荷曲线的特征量进行聚类分析则是充分保留了原始水光荷分布的相关性信息，使得规划场景更加符合实际情况。

在未来态水光荷进行预测方面。对于中长期水电、光伏、负荷的研究，需考虑容量会随着社会因素、人口、经济、自然因素、气候等变化而影响其规模发展，一般采用物理建模方法和基于数据驱动的统计方法开展未来态工况预测。而目前对于该类型研究还缺乏较专业的方法，部分研究利用相关性分析筛选出影响它们的变量因子，简化预测模型的输入。有研究人员从光伏电池的成本、使用年限、国家政策和生产模等方面出发，利用系统动力学的方法推演出光伏容量的变化，从系统动力学的角度出发对影响我国光伏发电的各个变量进行模拟仿真，确定其影响系数。但是很多影响因子系数也很难确定，导致基于系统动力学对未来态水光荷的预测工作很难开展。本书首先运用马尔科夫链解析思想与序贯蒙特卡洛法对水光荷统计特性进行抽取；在此基础上，采纳数据分析处理的思想，对未来态水光荷进行多尺度时序特性建模。

在水光蓄数据处理基础上，众多文献对水光蓄互补电站的运行方式、优化建模、调度策略、稳定分析等各个方面进行了研究。部分研究对多能源系统的优化运行与优化规划问题进行了分析、探讨，并总结了多能源系统分析与规划的关键问题；或者以风光蓄联合出力曲线跟随系统负荷特性曲线为目标，以抽水蓄能机组发电与抽水工况下的出力特性、上下水库库容、电力电量平衡为约束条件，建立了风光蓄电站联合优化运行模型；还有以成本最小化为目标建立抽水蓄能电站优化调度模型，采用蒙特卡洛模拟系统的不确定因素，运用遗传算法配合禁忌搜索求解，实现采用抽水蓄能电站配合光伏发电运行来提高系统的可靠性。研究基于能量守恒原理，建立了光伏电站—水电站互补发电系统的数学模型，并提出了相应的调度算法。有学者分别对风光蓄的各种工况建模，并开发出界面友好的仿真软件，实现了对系统中风电、光伏出力以及抽蓄机组泵工况时负荷和发电工况时出力的仿真；也有学者对海岛风—光—海水抽蓄联合发电系统的"单一型""一次复合型""二次复合型"三种调度模式给出 12 种调度策略，并对各种策略进行基于模糊多目标规划与遗传算法寻优，选择出最佳调度策略；还有相关文献提出了"水电补充能源"的概念，将光伏作为水电站的额外机组，并与水电形成互补运行，打包上网的模式。本书基于梯级水光蓄互补联合发电系统的若干基本特征，计及互补运行经济性、可调度性、波动性等指标，进行水光调度与控制。

2. 水光蓄互补电站容量配置研究现状

能源已经成为制约经济发展的重要因素，开发可再生能源已成为各国科技竞争的一个新领域。电力领域也在不断地探索可再生能源的技术突破，由于可再生能源的随机性、不确定性使传统电网的规划在一定程度上受到限制。可再生能源和传统电网要实现协调发展需要不断完善可再生能源消纳的容量配置技术以奠定可再生能源的发展基础。因此，含高比例可再生能源系统的容量配置技术将有助于未来可再生能源持续发展和新型电力系统建设。

容量配置技术是推动新能源发展的重要研究内容之一，可降低电力系统及用户投资成本。为充分发挥多能互补的优势，降低建设成本和提高经济效益，在混合可再生能源系统建设初期，应根据系统实际运行工况，如并网、离网及电力市场，对其进行容量配置以满足需满足提升系统可再生能源消纳能力、离网自平衡能力、外送可调度能力、联络线波动性、投资成本等不同目标要求。大量学者展开了丰富的研究：

（1）在离网条件下，利用粒子群优化（particle swarm optimization，PSO）算法对一个光伏—抽水蓄能联合发电系统进行了容量配置，由于柴油机的低成本导致考虑光伏的投资不是很理想。但是柴油机的使用会造成严重污染，不利于可持续发展。

（2）从投资者和系统的角度对爱琴海来兹波斯（Lesbos）岛的风电—抽水蓄能联合发电系统进行了容量配置研究，结果表明，在发电成本较高的孤岛系统中，提高可再生能源的渗透率可降低能源的平准化成本。

（3）规划优化和分析对比了不同组成的混合能源系统，并指出光伏—风电—抽水蓄能混合能源系统比风电—抽水蓄能混合能源系统更经济，因为光伏发电和风力发电在时间尺度上是互补的，但是这需修建系统所在地区的太阳能和风能均充沛。

（4）在并网条件下，提出一种建立在碳排放计算模型下的风光储多能源互补微电网以及并网日前调度的优化方法。

（5）基于双层决策模型，兼顾系统稳定性和经济性，研究风光储联合发电系统中储能容量优化配置问题，通过不同季节下储能容量之间的比较验证方法的有效性。

（6）在风光储三个主体之外，还考虑利用燃气轮机等多种形式能源进行综合供能，且以综合供能系统年均成本最小为目标，提出风光燃储系统的优化配置方法。

（7）提出在考虑需求侧响应下的光储微电网联合配置优化方法。

综上，针对混合能源系统的研究主要都集中在风光储系统的运行及容量配置等问题上，考虑到我国西部地区丰富的水力资源及水光互补特性，将水电站这一成熟的可再生能源发电技术整合进混合能源系统中无疑将为混合能源系统在我国发展带来重大飞跃。本书依托于国家重点研发计划在四川小金县示范区的水光蓄系统，探讨水光蓄系统在离网、并网和电力市场工况下的容量配置方法。

针对混合能源系统的容量配置常采用多目标优化技术，因系统规划阶段需全面考虑投资成本、可靠性、环境、收益等诸多因素。然而，这些因素往往是相互冲突的目标，无法使所有目标同时达到最优。帕累托（Pareto）理论可用于分析这些相互冲突的目标之间的关系并提供一组最优解。有文献采用非支配排序遗传算法（non - dominated sorting genetic algorithm，NSGA）处理了龙羊峡水电－光伏联合发电系统的电力输出过程的平稳性和系统的年发电量双目标优化问题。部分文献基于遗传算法以及能效、环境和经济三个目标对一个脱盐系统进行了容量配置。此外，采用双层规划模型求解混合能源系统优化问题也得到广泛认可，部分文献基于上、下层目标函数为满足置信水平的年利润最大和考虑主动管理的分布式风光有功削减最小的双层规划模型，对主动配电网中的分布式风光最优潮流优化配置进行研究。考虑风力发电的不确定性，也有文献建立以系统投资成本最小为目标函数的上层模型和关注系统运行可行性的下层模型组成的双层规划模型，目的在于提高综合电力和天然气系统可再生能源渗透率。还有文献提出在岛屿能源系统中，为了使太阳能集成到当地制冷供热和电力部门，采用双层规划模型研究最优容量配置以优化海水淡化需求和能源系统的结合，结果表明，容量配置结果取决于其经济和环境目标。部分文献以最小化系统投资成本和运营成本为目标的双层规划模型被应用在天然气与电力一体化系统容量研究上，并且分别采用二进制粒子群优化算法和内点法求解其上、下层函数。类似地，多目标粒子群算法也被用于求解为优化混合电力系统组件容量配置而构建的双层规划模型中。多目标优化和双层优化技术是研究人员广泛认可的容量配置技术。本书将基于这两种技术对水光蓄系统进行容量配置以满足实际系统需求，为实际工程项目的前期规划提供理论依据。

3. 水光蓄互补电站接入方式研究现状

受限于自然资源的随机性与间接性，可再生能源发电特性曲线往往与负荷用电特性曲线相距甚远，这便导致了一系列问题，诸如可再生能源的消纳问题、可再生能源的电网运行调度问题、可再生能源的合理规划设计问题等。其中，合理选取可再生能源规划方案具有重要意义，其规划合理与否，将影响系统今后运行的可靠性、经济性、电能质量、网络结构及其未来的发展。

梯级水光蓄互补发电系统的建设与区域电网紧密相连，同时也对电网的运行造成影响，水光蓄的建设导致电网的可再生能源增多，导致区域电网的可靠、稳定运行受到冲击。此外，梯级水光蓄互补系统作为区域发电聚合体，其经济性及与主网的交互值得关注。因此，对梯级水光蓄系统进行合理规划，需要从多维度多层面来出发，综合考虑区域系统的可靠性、安全性、稳定性、交互性及经济性，研究分布式光伏的接入方式的优选以及梯级水光蓄整体建设方案的评估优选，是极具意义且现阶段研究所缺少的。因此，本书第 5 章将从上述方面作为出发点，进行分布式光伏接入方式优选研究以及以仿真为基础的梯级水光蓄系统电网支撑能力评估研究。

本书就水光蓄接入模式及电网支撑能力展开研究，主要涉及的技术点包含分布式电源接入点的建模优化、多目标优化模型的构建与求解、电网支撑能力指标评价体系的构建与评估决策等。下面对这些方面的研究现状进行总结与阐述：

在分布式电源（distributed generation，DG）选址的相关研究方面：

（1）构建了把环境因素考虑在内的以年综合费用最小为目标的 DG 优化配置模型，对包含风力发电（wind generator，WG）、光伏发电（photovoltaic，PV）、微型燃气轮机（micro - turbine generator，MT）等在内的多种 DG 开展选址定容研究，采用多场景分析法对不确定性进行处理并采用改进粒子群算法对优化模型进行求解。

（2）在不确定性的基础上，进一步考虑了风速、光照强度与负荷间的相关性，以年综合费用最小为目标，基于机会约束方法构建了 DG 的选址定容优化模型，采用秩相关系数矩阵表征相关性并利用拉丁超立方采样和楚列斯基分解（Cholesky decomposition）生成相关性样本矩阵。

（3）在分布式电源时序特性与互补性的基础上，建立了总成本最小、网络损耗最小和交通满意度最高的电动汽车充电站与分布式电源定容选址模型，并采用多目标自由搜索算法对模型进行求解。

（4）则从电压偏差、网络损耗、投资成本三个方面作为优化目标，考虑功率平衡、容量约束、节点电压、线路电流等约束，构建了分布式光伏接入配电网的选址定容多目标优化模型。针对广义储能资源（包含实际储能、可平移负荷、可转移负荷、可削减负荷）与分布式电源的联合规划问题。

（5）提出了一种双层选址定容规划模型，上层从配电网规划运行的角度选取经济成本、节点电压平稳度、供电负荷平稳度为目标构建多目标优化模型，并采用多目标粒子群算法求解，下层以运行成本为目标，采用分支定界法求解广义储能的运行优化策略。

（6）以电气耦合度和功率平衡度为依据，对配电网进行集群划分，然后采用分层协调的思想提出配电网—集群—节点分层规划策略，并建立基于集群划分的分布式光伏与储能双层协调优化规划模型，上层以集群为基本单元，年综合费用最小为目标，对接入各集群的分布式光伏总容量、储能容量和功率进行规划；下层以配电网节点为基本单

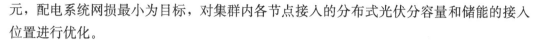

元，配电系统网损最小为目标，对集群内各节点接入的分布式光伏分容量和储能的接入位置进行优化。

（7）提出了计及配电网运行风险的 DG 选址定容规划模型，在并网运行和离网运行两种方式下，以运行风险成本为目标，其中并网运行风险成本包括配电网运行费用和 DG 波动产生的运行风险成本，离网运行风险包括电压越限、电流过载和损失负荷。可以看出，不少文献采用多目标建模的思想对分布式电源进行选址定容的优化，目标函数涵盖投资运行成本、节点电压、网损等物理量，然而多目标优化的结果是一系列帕累托最优解集，许多文献采用权重分配的形式从中选取一个最优方案，鲜有研究将多目标建模优化与指标评估决策相结合，这也是本章的主要技术路线。

在多目标优化问题的求解方面，有文献采用改进自由搜索算法对多目标问题进行求解，基于蒙特卡罗随机模拟风光出力，产生种群数量的规划方案，计算总成本、总网损与交通满意度，随后搜索步移动，计算适应度、信息素、灵敏度，进行非劣解排序，产生帕累托解集，应用网格法存入外部存档，若不满足终止条件，则根据信息素和灵敏度确定搜索位置。还有部分文献采用多目标粒子群算法对分布式电源选址定容优化模型进行求解，在生成初始种群后，对含分布式电源的配电网进行潮流计算，计算粒子适应值，选取全局最优粒子，随后更新粒子速度与位置，计算适应值并进行迭代。有研究人员针对水光互补发电系统的短期优化运行问题，构建了考虑可靠供电与有利发电的多目标优化模型，在对模型进行一系列转化后，采用 Lingo 软件进行求解。还有研究构建了以弃光弃水量最小、投资成本最小以及梯级水光蓄系统对电网的波动功率最小的梯级水光蓄多目标优化规划模型，并采用多目标遗传算法结合动态规划对优化问题进行求解。非支配排序遗传算法 NSGA - Ⅱ，作为一种效率较高的启发式智能算法，同样被广泛应用于多目标优化问题的求解当中。

采用指标评估的意义如下：随着电网所含元素的不断增多，电源规划的建模、求解难度大幅增加。而指标体系评估决策，又称多准则决策（multi criteria decision making，MCDM）则为解决这类包含复杂因素的电源规划决策问题提供了有效的思路，并得到了广泛的应用。相较于经典的建模优化，采用 MCDM 方法的合理性、意义在于：

（1）决策者可将多种甚至是相互冲突的指标纳入目标中，而不似建模优化可能付出巨大的代价；

（2）不仅可以找到最优方案，还能输出次优、第三优等候选方案，更符合工程实际需求（规划设计者的方案往往不等同于实际建设方案，如考虑现场施工等因素该方案被否决，则次优方案的备用便极为重要）；

（3）由于设计方案由多维度指标共同确定，决策者在某些情况下可能会在不否决该方案的前提下，对该方案的某些技术或经济参数进行折中调整，此时，MCDM 可提供各指标的相对重要程度等信息，帮助决策者做出最优调整。

在含可再生能源的评估决策方面，部分文献分别从多时间尺度及需求侧资源出发，构建了衡量可再生能源消纳程度的综合评价体系。还有文献构建了高比例可再生能源接入下的系统灵活性的度量指标，有的构建了灵活性供给、需求、裕量指标计算模型，有的提出了上调、下调的灵活性不足期望、概率指标。这些指标需要经过模拟运算得出，但目前而言，还没有文献构建稳态与暂态安全稳定指标相结合的综合评估体系，原因在于现有的仿真软件难以适应可再生能源的随机性与多变性。有相关文献指出，生产模拟运行结果如何与潮流自动生成技术结合是高比例可再生能源接入下规划方案评估决策的难点，其核心是将数据统一，即将生产模拟运行的结果数据转换为满足特定仿真计算软件（如 BPA）所需的方式数据。因此，本书提出了基于 PSD-BPA 软件的稳暂态联合仿真模拟方法，该方法先构建水光蓄系统电网支撑能力的评估指标体系，再对运行模拟指标进行仿真计算。

1.2.2　本书研究内容体系

1. 研究内容

为适应丰、平、枯期机组不同出力特性和功能定位，且考虑到分布式光伏发电的随机波动，以及存在并网、离网、电力市场不同运行条件的动静态复杂工况。水光蓄互补发电系统在多尺度规划中需要满足中长期电量平衡、短期电力平衡、实时快速功率控制等多时间尺度要求，提升复杂工况下系统光伏消纳能力、离网自平衡能力、外送可调度能力、电网支撑能力、运行经济性等多目标要求；解决确定梯级小水电和抽蓄机组在不同互补模式下的调度与控制模型及其参数范围，梯级小水电、光伏、抽蓄机组容量配置和水光蓄互补模式下的光伏寻优接入方式，以及光伏接入对系统及负荷供电质量、潮流、电压、无功等影响指标体系构建的难题。本书主要研究内容如下：

（1）研究适应多时间尺度不同互补模式的梯级水光蓄资源调度和控制模型，主要包括历史梯级水光荷不同时间尺度供需匹配模式，未来全过程复杂运行工况推演，不同时间尺度水光蓄资源调控。

（2）研究不同运行条件下容量优化配置，主要包括并网、离网运行条件下的容量优化配置，及兼顾各个参与者利益与系统整体利益的水光蓄系统在市场条件下给定置信区间内容量优化配置。

（3）研究光伏接入模式及电网支撑能力，主要包括配电网电压及无功敏感节点筛选方法，光伏并网点不同故障下光伏并网点节点电压的动态响应，综合考虑电网输送能力、系统稳定性、电能质量约束下投资效益最大化的水光蓄接入系统设计技术。

（4）研发梯级水光蓄互补电站规划软件系统，主要包括示范区实际系统的水光蓄荷特性与接入模式分析、发电主体定容与技术经济效益评估、规划方案编修与结果可视化展示等功能。

以上研究内容分别对应本书的各个章节，各章具体研究内容展开如下：

第1章首先介绍了我国可再生能源发展现状和建设水光互补发电系统的优势，以及我国水光互补电站建设情况；然后分析了梯级水光互补电站容量优化配置及接入技术的研究现状；最后阐明了本书的研究内容体系和本书规划理论的特色。

第 2 章介绍了水光蓄互补电站的计及电网支撑能力的运行经济性、光伏消纳能力、离网自平衡能力以及外送可调度能力系统性能的指标定义方式，阐述了水光互补理论的基本原理，并对本书涉及的不同时间尺度水光蓄模型进行了归纳总结。

第 3 章主要对水光蓄运行场景展开研究，介绍了在中长期，考虑系统电量消纳水平，利用历史水文、光照条件等环境与负荷数据，构建了水、光、荷不同置信区间下电量模型。在短期，考虑系统电力平衡能力，利用流域历史径流特性与滞时关系、光伏与抽蓄日内出力模型及负荷数据，研究构建水、光、荷功率输出概率模型。在实时，考虑系统离网时的功率波动水平，利用历史数据，构建水、光、荷功率外特性动态模型。基于向量自回归多变量关系模型，研究水、光、荷中长期电量、短期电力及实时功率的供需匹配模式。以各时间尺度下电力电量匹配特征为基础，采用数据方法结合贝叶斯网络或马尔科夫链，将系统典型工况扩展至覆盖全过程复杂运行工况的方法。采用相关性、协同性技术对来水、光照、负荷用能等多种不确定源时空输出曲线进行抽取与优化组合的方法，利用区间估计方法，得到水、光、荷在不同时间尺度、不同未来工况条件下电力电量的区间分位点概率不确定性表达。

第 4 章介绍了并网、离网与电力市场环境下水光蓄互补电站容量配置方法。首先，在满足电量互补、电力互补和实时调度等优化目标的条件下，利用分块分区寻优完成水光蓄系统在并网条件下给定置信区间内最优容量配置。针对并网工况下的梯级水光蓄互补电站的容量配置方法研究，并从梯级水光蓄并网容量配置优化模型、并网多目标优化方法、水光蓄离网多目标容量配置、离网水光蓄容量配置验证分析四个方面展开。另外，介绍了水光蓄系统在离网条件下给定置信区间内最优容量配置的方法。小水电、光伏机组、抽蓄机组在离网条件下满足负荷可靠供电需求和系统稳定要求等约束条件下，建立离网梯级水光蓄的可靠供电率和投资成本等多目标容量配置优化模型，基于并网条件下容量配置方法进行容量配置和分析，并将并网的梯级水光蓄容量配置结果于离网运行条件进行验证分析。

第 5 章介绍了考虑多时间尺度下电价市场波动、多购售电主体竞价策略变化等条件下的不确定性投资收益模型和、兼顾各个参与者利益与系统整体利益的水光蓄系统综合评估指标体系，在市场条件下给定置信区间内容量优化配置的方法。主要内容是在电力市场的条件下确定梯级水光蓄互补电站的最优容量配置，并从基于电力市场的水光蓄系统双层规划模型、双层模型优化算法、双层规划模型优化流程三个方面展开。

第 6 章介绍了基于图论的连通性分析方法进行建模和优化，兼顾投资费用、网络损耗的光伏接入方式寻优方法。基于扰动分析法，研究配电网电压及无功敏感节点筛选方法及考虑电网输送能力、系统稳定性、电能质量约束下投资效益最大化的水光蓄接入系统设计技术。提出一种两阶段的规划方法，对水光蓄的接入模式进行优化。梯级水光蓄系统中,梯级水电与抽水蓄能电站接入位置的选取较为固定,需要依托于径流建设,而相较之下,分布式光伏的建设具有较高的自由性,对周遭环境的依赖程度不大。因此,拟先对梯级水光蓄系统(主要是分布式光伏)进行接入方式(主要指并网点)的建模优化,在形成一定数量的备选水光蓄建设方案后,再构建水光蓄系统电网支撑能力评估指标体系,对水光蓄系统待选建设方案进行评估优选。

第7章首先介绍了基于开放平台总线研究实现理论算法开放接入的方法、梯级水光蓄定容及接入多维信息融合、电网拓扑、流域水力与设备关联关系,完成各种工况、气候环境的有序切换方法及基于规划过程和算法调用互动推演的友好人机交互、虚拟沙盘推演决策支持软件方法。其次,对规划软件功能进行了简单的介绍。最后,基于本书的方法论研究,进行了小金示范区梯级水光蓄互补系统容量优化配置及接入技术的算例分析。

本书结合数据科学、电气工程和优化等领域技术,深入研究水光蓄互补系统的容量优化配置方法及其接入技术,考虑多重不确定性典型静动态工况、时空混联耦合的水光蓄调控模型、多重目标混合容量优化方法、互补电站接入模式设计,能提升多源互补电站容量优化配置的精度及效率,解决分立模型泛化能力弱、场景简单、经验驱动、风险性与经济性评估指标割裂的问题,实现水光蓄电站互补共济、经济均享。本书旨在对梯级水光蓄互补电站容量优化配置及接入技术进行探讨,研究适应多时间尺度下梯级水光蓄资源的可调度能力和调控范围模型、适应不同互补模式满足并网、离网、电力市场的多主体多目标的水光蓄容量优化配置方法、水光蓄互补模式下的光伏接入方式寻优方法,研究光伏接入对系统及负荷供电质量、潮流、电压、无功的影响,并开发梯级水光蓄互补系统规划软件。

2. 研究体系

围绕互补发电模型、接入模式及电网支撑能力、并离网运行容量优化配置、系统规划软件开发四大关键问题,提出了梯级水光蓄互补联合发电系统规划的研究脉络,研究框图如图1.6所示。首先从研究互补发电模型和水光蓄接入模式及电网支撑能力入手,在此基础上研究并网、离网以及电力市场条件下系统容量优化配置的方法;然后基于以上研究进行系统规划软件开发。

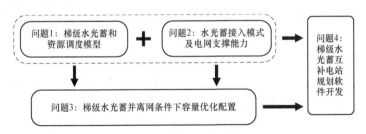

图1.6 梯级水光蓄互补电站研究框图

（1）适应多时间尺度不同互补模式的梯级水光蓄资源调度和控制模型。该问题应分为数据分析与扩展和调控参数配置两部分进行研究。首先，将水光荷历史数据聚合成多时间尺度的典型工况，并将其扩展至包含极端复杂工况的全工况；其次，依据全工况的参数集，考虑多目标系统性能，采用分区分层优化等方法，得到多时间尺度下适应不同互补模式的水光蓄调控参数。具体研究框图见图1.7。

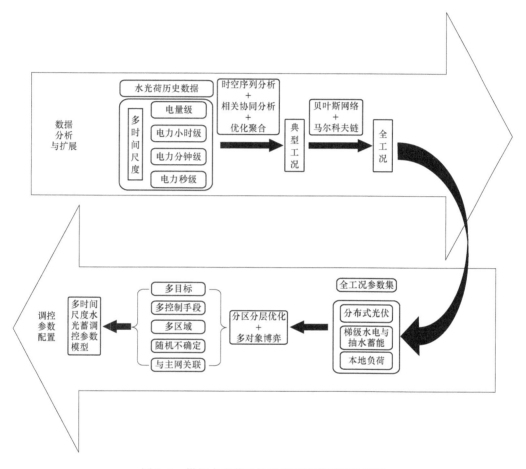

图1.7 梯级水光蓄互补系统调控模型研究框图

（2）梯级水光蓄接入模式及电网支撑能力。本问题可分为光伏接入模式研究、水光蓄接入对电网影响研究、水光蓄接入系统设计技术、电网支撑能力评估体系四方面研究内容，具体研究框图见图1.8。其中内容一是整个科学问题研究的基础，内容二是内容一的应用，在此两项研究基础上，进行内容三和内容四的研究。

研究内容一是对光伏接入模式的研究，一种方式是按照交直流分类方式接入电网，另一种是按全部上网模式和自发自用余量上网模式分类。全部上网模式又可分为专线并网方式、T接公用线路并网方式、集群接入方式三种；自发自用余量上网模式又可分为接入用户内部后专线并网和接入用户内部后T接方式等模式。

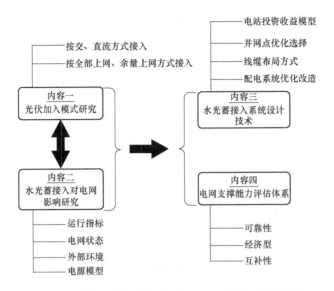

图 1.8　梯级水光蓄接入模式及电网支撑能力研究框图

研究内容二是水光蓄接入对电网影响的研究，要从电源的暂态和稳态模型、包含强光丰水和弱光枯水等极端工况的外部环境、电网正常运行和故障状态、电网电压偏差与波动和谐波电流等运行指标等角度进行考虑。

研究内容三是在考虑电网输送能力、系统稳定性、电能质量等约束下使得互补电站投资收益最大化条件下的水光蓄接入设计技术。

研究内容四是本科学问题的关键点之一，其研究思路是采用综合分析法对相应的可靠性指标、经济性指标和互动性指标三方面指标参数进行分析研究，确定各分指标的影响权重，形成评估电网对互补电站支撑能力评估的指标体系。

（3）梯级水光蓄并离网条件下容量优化配置。其研究框图见图 1.9，为得到梯级水光蓄互补联合发电系统在并网、离网、电力市场条件下个发电要素容量优化配置的方法，应从三个方面进行考虑。

第一，模型的建立与集成简化。从梯级小水电、光伏机组、抽蓄机组、电网集中补偿装置和负荷控制装置五类电气设备内部相关变量之间作用机理入手，建立面向系统容量优化配置的单体数学模型；基于模型集成技术，形成涵盖五类设备的整体系统模型；采用场景简化技术和等效转化技术将模型转化为精确度与复杂度均适中的整体系统优化模型。

第二，求解系统最优容量配置。考虑互补电站在并网运行条件下的电站投资回报率、离网条件下可靠供电与稳定和电力市场条件下各市场主体利益相均衡，采用双层优化算法求解适应各运行条件下的系统最优容量。双层算法的内层采用经典的分区分块理论求解，外层基于启发式求解思想来求解。

第三，校核建模理论和容量配置方法。基于潮流分析理论和暂态过程计算方法，校核所提出的建模理论和最优容量配置方法的正确性。在互补发电系统的极端复杂工况下，验证所得系统最优配置容量能否平稳可靠运行。

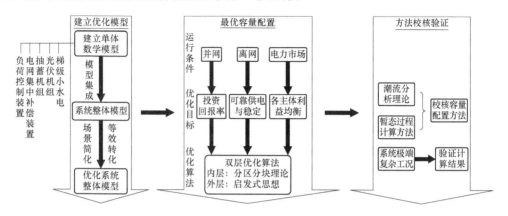

图 1.9　梯级水光蓄容量优化配置研究框图

（4）梯级水光蓄互补电站规划软件开发。该关键问题是在上述三个关键问题研究基础上展开的，研究框图见图 1.10。主要研究内容是将前述诸问题中的水光蓄特性与接入模式分析、发电定容和技术经济效益评估等主要内容在软件中体现出来，并实现规划软件的编修与规划结果的展示功能。

问题的研究思路大致可分为三步进行。首先，实现多理论算法开放接入软件平台和确定多维关联数据在软件平台的表达模式；其次，研究不同系统接入模式下的规划系统架构；最后，确定系统规划方案的修编方法并研发虚拟沙盘推演决策支持软件。

图 1.10　梯级水光蓄互补电站规划软件研究框图

1.3　本书规划理论特色

由分布式光伏、梯级小水电和抽水蓄能所组成的互补联合发电系统，是一种具有推广价值与应用意义的多可再生能源重要组合形式。一方面，梯级水光蓄系统在以我国西南地区为代表的富水富光地区具有自然资源上的充裕性，具有开发潜力；另一方面，水光互补能够响应我国《电力发展"十三五"规划》中提出的"全面推进分布式光伏发电建设，推动多能互补、协同优化的新能源电力综合开发"的号召，降低可再生能源发电接入电网的弊端，推动由传统能源向新能源的过渡。

梯级水光蓄互补电站容量配置及接入规划需要适应丰、平、枯期机组不同出力特性和功能定位，以及存在并网、离网、电力市场不同运行条件的动静态复杂工况。为此，多尺度规划中需要满足中长期电量平衡、短期电力平衡、实时快速功率控制等多时间尺度要求，解决确定梯级小水电和抽蓄机组在不同互补模式下的调度与控制模型及其参数范围的技术难题；需要满足提升复杂工况下系统光伏消纳能力、离网自平衡能力、外送可调度能力、电网支撑能力、运行经济性等多目标要求，解决梯级小水电、光伏、抽蓄机组容量配置的技术难题；需要解决水光蓄互补模式下的光伏寻优接入方式，以及光伏接入对系统及负荷供电质量、潮流、电压、无功等影响指标体系构建难题。

目前，关于梯级水光蓄互补电站容量配置及接入技术的基本原理、分析方法和典型应用研究比较分散，很少考虑不同发电要素的时空互补特性，并较少考虑到不同运行条件下的动静态复杂工况及不同时间尺度的容量配置，接入评估指标体系分散不全面且较少系统考虑负荷地理分布、光伏资源辐照度分布、梯级小水电及抽蓄分布特性对接入方式的影响，因此，分散在部分期刊、文献中的梯级水光蓄互补电站容量配置及接入技术原理及方法不能系统地为从事该领域研究的人员提供参考。本书作者接受国家重点研发计划（分布式光伏与梯级小水电互补联合发电技术研究及应用示范）项目资助，在梯级水光蓄互补电站容量配置及接入技术领域进行了多年的研究和探索实践，形成了大量的研究成果，并汇编整理成此书，希望能为从事该领域的研究人员提供一些帮助。

本书对梯级水光蓄互补联合发电系统的基本特征进行了理论分析，从新方法理论、新技术和新标准对互补发电系统发展影响的视角，研究了梯级水光蓄互补联合发电系统规划的发展的技术难题，重点研究了互补发电系统规划的4大关键问题：不同时间尺度水光蓄互补调控模型、水光蓄容量优化配置方法、水光蓄接入模式及电网支撑能力、互补电站规划软件系统。本书的主要特色如下：

（1）提出了中长期水、光、荷不同置信区间下电量模型的构建方法，短期水、光、荷功率输出概率模型的构建方法，实时侧水、光、荷功率外特性动态模型的构建方法、不同时间尺度水光荷供需匹配模式构建方法。

（2）基于数据方法结合马尔科夫链将系统典型工况扩展至覆盖全过程复杂运行工况的方法、采用相关性、协同性技术对天然来水、光照、负荷用能等多种不确定源时空输出曲线进行抽取与优化组合的方法、利用区间估计进行未来工况条件下电力电量的区间分位点概率不确定性表达方法。

（3）利用不同时间尺度下场景关联特性，搭建了梯级小水电、光伏机组、抽蓄机组、电网集中补偿装置和负荷控制装置五类设备在并网条件下的优化模型，在满足电量互补、电力互补和实时调度等优化目标的条件下，提出了基于分块分区寻优进行水光蓄系统在并网条件下给定置信区间内最优容量配置的方法。计及联络线波动性、投资成本和弃光弃水率的多目标，建立了离网梯级水光蓄互补电站容量配置优化模型；利用抽取的系统离网典型运行场景，搭建了在离网条件下满足负荷可靠供电需求和系统稳定要求的优化模型，提出了水光蓄系统在离网条件下给定置信区间内最优容量配置方法。搭建了多时间尺度下电价市场波动、多购售电主体竞价策略变化等条件下的不确定性投资收益模型和综合评估指标体系及每类设备主体最大利润作为局部目标，系统总体投资回报率作为总体目标的多目标分层优化模型。提出了兼顾各个参与者利益与系统整体利益的水光蓄系统在市场条件下给定置信区间内容量优化配置的方法。

（4）依托于多目标优化、指标体系评估决策、仿真模拟等技术，重点解决了梯级水光蓄互补联合发电系统的接入模式优选问题。构建了多目标规划－电网支撑能力评估两阶段优化方法，运用于水光蓄互补发电站的选址；构建了涉及安全性、可靠性、静态电压稳定性、暂态电压恢复能力以及与主网交互性等因素在内的电网支撑能力指标评价模型。

（5）基于 PSD-BPA 平台的稳暂态联合仿真模拟方法，实现了指标的自动化仿真模拟与定量计算。研究兼顾投资费用、网络损耗的光伏接入方式寻优方法及配电网电压及无功敏感节点筛选方法。提出了综合考虑电网输送能力、系统稳定性、电能质量约束下投资效益最大化的水光蓄接入系统设计技术。

（6）开发了基于规划过程和算法调用互动推演的友好人机交互技术，虚拟沙盘推演决策支持的梯级水光蓄互补电站规划软件，并实现水光蓄荷特性与接入模式分析、发电主体定容与技术经济效益评估、规划方案编修与结果可视化展示等功能。

本书旨在对梯级水光蓄互补系统在规划中的难点及关键应用技术进行探讨，希望通过本书的研究，为今后我国水光蓄互补系统容量配置及接入技术健康、有序发展，乃至我国多能互补及能源相关行业相关标准的制定提供一定的理论依据及技术支撑。书中涉及内容均进行了严格推导和仿真验证，力争准确无误。

本书对梯级水光蓄互补系统容量配置及接入技术的理论、方法、应用进行了系统的研究与分析，既有理论上的创新，又具有很强的实用性和可操作性，是我国开展分布式光伏与梯级小水电互补联合发电技术研究及应用的重要成果，并会对我国多能互补、新能源综合开发战略的推动发挥重要作用。

本章小结

本章从多个角度分析了展开联合互补发电系统研究的目的与意义，从我国能源发展战略以及目前水光互补电站的建设情况可以看出，水光互补联合发电系统对于清洁能源的发展具有重要意义。围绕水光互补联合发电系统的科学问题与关键技术进行研究现状分析，同时阐明了本书的研究内容体系。最后说明了本书规划理论特色，并对本书创新点进行了提炼总结，表明了本书在分布式光伏与梯级小水电联合发电系统问题上从理论、方法到应用的研究与探索。

水光互补规划理论与不同时间尺度水光蓄模型

本章首先对互补规划理论进行了阐述,包括水光蓄发电系统互补基本特性、并离网条件下不同时间尺度互补目标和互补指标评价方法,其次分别论述了水光蓄物理模型和水光荷不同时间尺度概率与统计模型。

2.1 互 补 规 划 理 论

本节论述的水光蓄互补发电系统如图 2.1 所示,其基本原理是充分利用水电和抽蓄的储存和启停方便、爬坡迅速的优良调节性能,实现水电和抽蓄在不同时间尺度以电力电量方式支持光电,优化光伏发电出力曲线,并网条件下在可调度和波动能力方面为电网提供优质电能,离网条件下增加互补发电系统暂态能力、减少系统负荷缺电和弃光弃水率,从而提高项目效益。下面将详细论述水光蓄发电系统互补特性、目标及其指标评价体系。

图 2.1　水光蓄互补发电系统示意图

考虑到水光蓄互补发电系统不同发电要素的时空互补特性,针对实际丰、平、枯期机组不同出力特性和功能定位,以及存在的并网、离网不同运行条件及动静态复杂工况,水光蓄互补发电系统,将具有如下优良的特征:

(1)具备多时间尺度互补能力。光伏出力受自然条件影响,具有存在较强的间歇性，以及典型的日循环与季循环特性，水电出力则不完全取决于自然降水、河道径流等，其调节库容使得水电在一定程度上可以自由调节。运用水电的不同调节能力，水电可以在日内、多日间、季度上多个时间尺度对光伏进行调节，达到水光互补的目的。在中长期及日内计划尺度上，联合发电系统应实现电量互补；在调度控制层面上的短期分钟级尺度上，实现电力平衡互补；在实时控制层面的秒级尺度上，实现快速功率波动的动态互补。多时间尺度各发电要素的出力互补，是保证梯级水光蓄互补联合发电系统在并网、离网条件下正常运行的首要条件。

（2）具备强可调度性。梯级水光蓄互补联合发电系统运行的本质是多电源的联合发电调度。本系统发电调度的主要考虑评价准则有：发电量最大、发电成本最小、梯级水电站和抽蓄电站调度期末蓄能最大、光伏电站弃光量最小、互补发电系统出力最为平滑等。强的水光联合可调度性能可以满足系统多尺度多目标的调度指标，这也是所研究互补发电系统的内在要求。

（3）具备较强的波动电源容纳能力。光伏等波动电源由于自身出力随机性、波动性、间歇性特征而导致出力曲线出现尖峰、毛刺、间断等缺陷，互补联合发电系统应具备强的调节性能，能较好的平滑波动电源的出力曲线，补偿并消除其出力缺陷，提升整个发电系统对波动电源的容纳能力。这也是满足电网侧对梯级水光蓄互补联合发电出力接纳条件的必然要求。

（4）具备优良的电能质量，满足电能外送及本地消纳的要求。梯级水光蓄互补联合发电系统向本地交流负荷提供电能和向电网发送电能的质量，在谐波、电压偏差、三相电压不平衡度、电压波动和闪变、电磁兼容等方面应满足相关的国家及行业标准。同时，上述参数指标满足相应标准时，互补发电系统应能运行平稳、可靠。

（5）具备离网独立运行的能力。在互补发电系统脱离大电网的情况下，应能够充分利用离网系统的控制能力，实现系统的频率、电压稳定，以达到系统的自平衡，提升离网系统的存活能力和最大供电能力。

水光蓄互补系统在并离网条件下不同时间尺度特性、目标及其指标评价体系详细分述如下：

1. 并网条件

（1）中长期电量级。水光蓄联合发电并入电网条件下，中长期电量级互补旨在满足联络线约束的条件下最大化水光蓄系统外送功率，而抽蓄考虑每天的充放电能量相同，因此在中长期目标函数中，抽蓄一天的动作累积量和假设为0。

（2）短期小时级。短期小时级，即为电网调度过程，旨在通过优化运行使得水光蓄系统的出力匹配电网的调度曲线，即平抑光电锯齿形波动，使光电出力曲线平滑。

光伏电站典型天气下出力过程一般为晴天时，出力曲线为光滑的开口朝下的抛物线形；多云、阴天、阵雨、小雨、小雪、沙尘等其他天气类型时，出力曲线均呈波动频繁且波动幅度较大的锯齿形。水电利用机组的快速调节能力，对光电出力的锯齿形波动进行实时补偿，使光电出力曲线平滑。补偿光电出力的曲线波动，使互补后出力相对恒定。调度对水电站下达的运行曲线在某一时间段是相对恒定出力，水电站利用其储存和调节能力，使水光互补后的总出力曲线满足电网对出力曲线和波动范围要求，提高了电网运行稳定性。

此外，补偿光伏的间歇性出力。光伏电站仅能在白天发电，水电在白天可减少出力，利用水电的存储能力，储存水能，在夜间多发，弥补光伏夜间不能发电给电网造成的功率缺额。

（3）短期分钟级。水光蓄互补发电系统分钟级电力表达模型，需要在小时级的互补模型上加以调整，此时需要考虑抽蓄机组的加入。由于分钟级的时间颗粒度更小，水光蓄互补系统需要在更小的时间尺度下进行优化调度，水电站的水流滞时关系和出力约束、抽蓄机组的工况转换约束等则需要考虑得更加细致，光伏出力预测的不确定则加大了对提升互补指标的难度。采用分钟级控制模型实现对波动性的调控，通过水光蓄互补系统调节，使得总出力曲线在分钟级时间尺度的波动性更小。

如上所述，并网条件下水光蓄互补发电系统需要重点关注其运行经济性和外送可调度、波动能力。

（1）运行经济性。水光蓄互补电站系统作为一种新型电力系统网络，处于并网运行状态时，为了实现系统的经济运行，系统的经济运行问题必须着眼于整个系统，充分考虑多种因素。既要考虑系统内各电源的投资建设成本和回收期限以及发电的经济成本，也要考虑到自然资源环境、电价、电网支撑能力等因素。进行从各种因素入手分析，提升系统运行经济性。水光蓄互补电站系统的经济运行不仅能有效地验证系统中考虑大电网向互补电站系统做支撑时水光蓄电源配置的合理性，还能充分地体现水光蓄互补电站系统的运行经济性，为水光蓄互补电站系统的规划建设以及运行提供理论支撑。

运行经济性是水光蓄互补电站系统重要特性之一，多采用成本分析法来评估其经济性，一般考虑投资成本及运行维护成本，现采用综合度电成本表示系统的经济性。可表示如下

$$p^{\text{LCOE,av}} = \frac{C^{\text{Hydro}} + C^{\text{PV}} + C^{\text{PS}} + C_{\text{SS}} + C_{\text{TS}}}{P^{\text{Hydro}} + P^{\text{PV}} + P^{\text{PS}}} \tag{2-1}$$

式中：$p^{\text{LCOE,av}}$ 为水光蓄互补系统综合度电成本，¥/MW·h；C^{Hydro} 为水力发电的成本，¥/MW·h；C^{PV} 为光伏发电的成本，¥MW·h；C^{PS} 为抽蓄电站的成本，¥/MW·h；C_{SS} 为在电网支撑能力下保持静态稳定的成本，¥/MW·h；C_{TS} 为在电网支撑能力下保持暂态稳定的成本，¥/MW·h；P^{Hydro} 为水力发电的发电量，MW·h；P^{PV} 为光伏发电的发电量，MW·h；P^{PS} 为抽蓄电站的发电量，MW·h。

此外，经济目标还包括净现值成本（net present cost，NPC）、平准化能源成本（levelized cost of energy，LCE）、年化成本（annualized cost of system，ACS）、投资回收期（Payback Period，PBP）、内部收益率（internal rate of return，IRR）等。

LCE 是互补发电系统能源生产的经济评估指标，包括项目生命周期内的所有经常性和非经常性成本。其定义为互补系统的 C_{ACS} 与年发电量（E_{Total}）的比例。其数学公式可以表示为

$$C_{LCE} = \frac{ACS}{E_{Total}} \tag{2-2}$$

LCE 也可以采用平均发电成本（C_{av}）来计算

$$C_{av} = \frac{(CRF+m)\sum_{i=1}^{N} P_i R_i}{87.6 \sum_{i=1}^{N} R_i K_i} \tag{2-3}$$

式中：C_{av} 为平均发电成本，¥/MW·h；K_i 为第 i 个发电单元的负荷系数；m 为运行和维护成本，¥/MW·h；N 为回收期（年）；P_i 为第 i 个发电单元的投资成本，¥/kW；R_i 为第 i 个发电单元的额定功率，kW。

资金回收系数可以利用折扣因子（r）和项目生命周期（n）计算得到

$$C_{CRF} = \frac{r(1+r)^n}{(1+r)^n - 1} \tag{2-4}$$

ACS 表示互补系统中所有单元年投资成本（C_{annz_cap}），年替换成本（C_{annz_rep}）和年运行成本（C_{annz_main}）的总和。

$$C_{CRF} = C_{annz\_cap} + C_{annz\_rep} + C_{annz\_main} \tag{2-5}$$

NPC 表示互补发电系统的生命周期成本。系统总 NPC 包括系统生命周期内发生的所有支出和收入，到现在的未来现金流折现。系统总 NPC 包括系统各单元的投资成本、系统运行期间各单元的更换成本、维护成本和燃料成本等。NPC 还计及各单元的回收成本，即系统生命周期结束后系统中各单元剩余的价值。若 TAC 为年化总成本，CRF 为资本回收系数，则 C_{NPC} 计算为

$$C_{NPC} = \frac{C_{TAC}}{C_{CRF}} \tag{2-6}$$

C_{NPC} 也可以由式（2-7）计算

$$C_{NPC} = \frac{C_{TCO}(1+i)^N}{1+C_{ROI}} \tag{2-7}$$

式中：C_{TCO} 为总资本支出，即资本成本、运营和维护成本以及重置成本的总和；i 为年通货膨胀率；N 为累计年数；C_{ROI} 为投资回报率或市场贴现率。

投资费用指的是投资建设水光蓄所花费的费用，包括土地费用、厂房设备费用、人工费用等。运维费用指的是对水光蓄电源进行运行维护花费的费用。投资成本往往是所有成本中量级最大的，是反映经济性的最重要的指标之一。

（2）外送可调度和波动能力。水光蓄系统在满足本地负荷的情况下，将剩余合格电量通过联络线输送到大电网的能力。水光蓄互补发电系统中，小水电和抽水蓄能电站的主要作用是作为互补电源，协调水光蓄互补电站的总出力，降低光伏出力波动对系统安全的影响，同时保证水光蓄外送电能满足外送约束条件。水光蓄多能互补电站建设除了

满足本地负荷需求之外，也促进了新能源的开发利用，提高了对光伏以及水资源的利用率。互补电站生产的电能需要进行消纳，实现电能消纳主要有两种途径，一种是就地消纳，另一种是外送消纳。而互补电站通常远离负荷中心，当地电网结构薄弱、负荷较小且调峰能力有限，就地消纳能力不足。以此互补电站通常选择通过外送方式消纳电能，同时外送能够为当地带来一定的经济效益。研究水光蓄系统的外送可调度能力对于水光蓄互补电站经济、高效运行具有重要意义。

对水光蓄互补发电系统而言，光伏电站可作为电站群的不可控电厂参与调度，互补后的总发电量和总出力波动情况是评价水光蓄系统外送可调度能力的两个重要指标。因此，建立发电量最大化和外送电量波动最小化的多目标模型来研究水光蓄互补发电系统的外送可调度能力。

1）周期内水光蓄系统发电量最大化，表示如下

$$E = \max \sum_{t=1}^{T} \left[P_{\text{H}}(t) + P_{\text{PV}}(t) + P_{\text{SH}}(t) \right] \times m_t \qquad (2-8)$$

式中：E 为水光蓄互补电站总发电量，MW·h；$P_{\text{H}}(t)$ 为水电站在 t 时段的出力，MW；$P_{\text{PV}}(t)$ 为光伏电站在 t 时段的出力，MW；$P_{\text{SH}}(t)$ 为抽水蓄能电站在 t 时段的出力在 t 时段的出力，MW；m_t 为第 t 时段的小时数。

其中，抽蓄电站处于发电状态时其值为正值，处于抽水状态时其值为负值。

2）周期内水光蓄系统外送电力控制。不同研究者对于波动的定义常常有所区别，目前尚没有一个统一的标准，标准差是其中一种重要的度量波动的指标，利用标准差来度量水光互补系统外送电能波动性的计算公式为

$$F = \sqrt{ \sum_{k=1}^{K} \frac{1}{T} \sum_{t=t_k}^{T_k} \left[P(t) - P_{v,k} \right]^2 } \qquad (2-9)$$

式中：K 为将计算周期分成的阶段总数；k 为阶段号，T_k 为第 k 各阶段的总时段数；$P_{v,k}$ 为第 k 各阶段水光蓄系统外送电力平均值，MW·h。

本书基于水光荷历史数据，通过聚类方式得到不同时间尺度的水光荷场景，分析不同场下水光荷之间互补关系。在中长期，考虑系统电量消纳水平，利用历史水文、光照条件等环境与负荷数据，通过非参核密度估计方法拟合水光荷电量曲线，得到不同置信度下的电量置信区间。在短期，利用电力级水电、光伏及负荷数据，利用条件概率、两变量核密度估计理论和高斯混合模型进行小时级数据概率密度拟合，得到水、光、荷功率输出概率模型。在实时，利用水光荷分钟级数据，利用非解析表达方式搭建光伏、负荷动态模型。考虑水光荷系统水、光出力及负荷增长变化的不确定性，采用长短期记忆网络与自编码机技术相结合的方法生成典型水光荷不确定性源场景。分别在不同时间尺度的场景下，利用多变量向量自回归方法，分析水光荷供需匹配关系。

通过对水光荷规划态多时间尺度电力电量特征的研究，确立了水光荷多尺度复杂运行工况扩展与水光荷多尺度电力电量未来态不确定性表达相结合的主要研究内容及路

线。提出了马尔科夫链与序贯蒙特卡洛双重模拟相结合的水光荷典型数据统计特性抽取方法以及基于多尺度时序建模与估计的水光荷不确定性生产数据扩展方法，从而实现水光荷多尺度复杂运行工况的扩展。同时，引入了基于混合高斯模拟及系统动力学的光伏未来态不确定性表达方法，基于最小二乘支撑向量机的电力负荷不确定表达方法，基于BP神经网络的水电径流未来态不确定表达方法。从多尺度、多工况的角度探讨了水光荷电力电量特征，为接下来并离网以及电力市场条件下水光蓄运行及最优容量配置等研究打下坚实基础。

2. 离网条件

（1）短期小时与分钟级。水光蓄联合发电与电网分离条件下，水光蓄互补目标为在稳态小时与分钟条件下最小化负荷缺电率和弃光弃水率；弃光弃水率指标能够降低系统中光伏发电和水力发电的浪费，其通过消耗的总电能除以所产生的总电能来计算；负荷缺电率（loss of power supply probability，LPSP），通常描述为系统缺电的供电需求与系统评估期内总供电需求的商，鉴于其特性，LPSP可以当作多目标优化过程中对供电可靠性的评估指标。其模型要遵循能量平衡原则，利用时间序列法，即将评估期（例如某一季度中的某一天）分为若干长度相等的时间段，并且假定在任意某段的时间内，水光蓄系统的供给的电能不能满足负荷需求时，计算负荷缺电率LPSP。

（2）暂态秒级水光蓄联合发电与电网分离条件下，水光蓄互补目标为在暂态秒级条件下充分利用变速抽蓄机组优秀的调节性能，在短路等故障条件下水光蓄互补系统拥有优良的暂态性能。

如上所述，离网条件下水光蓄互补发电系统需要重点关注其自平衡能力和电网支撑能力。

（1）离网自平衡能力。水光蓄系统依靠自身所能供应的负荷比例在一定程度上反映了水光蓄系统独立供电能力。可将水光蓄系统一定周期内依靠自身所能满足的负荷情况定义为水光蓄系统的自平衡能力。水光蓄互补发电系统包含可调度和不可调度部分，不可调度电源是指光伏发电，通常为了提高新能源发电利用率，将优先使用他们对系统供电；可调度电源包括小水电和抽水蓄能电站。由于脱离大电网的支撑，独立系统仅能依靠内部各个电源对负荷进行供电，如何最大限度地维持系统功率的平衡，不仅关系到整个系统的供电可靠性，而且在很大程度上决定了系统的经济性和合理性。系统容量配置足够大时，能够充分地保证负荷的功率需求，但由于发电设备的价格成本较高，这样会增大系统的初始投资和其他相关运行维护费用，同时容量配置的冗余也会造成能量的浪费。如果容量配置过小，在长期运行过程中会出现离网系统发电功率难以满足负荷要求，从而会因为电力供应不足导致切负荷现象的发生。

水光蓄系统的离网自平衡能力一般从以下几个方面考虑，供电不足时通过系统可靠性来体现水光蓄系统的离网自平衡能力；需求不足时通过丢弃系统可再生能源功率来体现水光蓄系统的离网自平衡能力；计算供电短缺惩罚成本，并根据水光蓄协同出力指标确定最优的水光蓄供电比。

1）系统供电可靠性。电力系统可靠性是电力系统按可接受的质量标准和所需数量不间断地向电力用户供应电力和电量的能力。电力系统可靠性是通过定量的可靠性指标来度量的，可以是故障对电力用户造成的不良影响的概率、频率、持续时间，也可以是故障引起的期望电力损失及期望电能量损失等。一般而言，电力系统可靠性包括充裕度和安全性两个方面。充裕度是指电力系统维持连续供给用户总的电力需求和总的电能量的能力，安全性是指电力系统承受突然发生的扰动，例如突然短路或未预料到的失去系统元件的能力。

离网状态下，在某些极端情况或特定的时段，水光蓄互补电站出力无法满足当前负荷需求，为维持微网系统的功率平衡和稳定性，需要将部分负荷从微电网断开，从而形成切负荷。主要运用系统累积供电不足量进行离网系统供电可靠性评价，同时为了保证离网状态下系统运行的供电可靠性，要求切负荷不能超过其规定上限值。其切除负荷的功率和不足的发电量分别用 P_{le}、E_{le} 表示。

$$p_{le} = \frac{\sum_{t=1}^{T} P_{le}(t)}{\sum_{t=1}^{T} P_{ld}(t)} \tag{2-10}$$

$$E_{le} = \sum_{t=1}^{T} P_{le}(t) \Delta t \tag{2-11}$$

$$p_{le} \times 100\% \leqslant f_{lpsp,max} \tag{2-12}$$

式中：p_{le} 为发电不足量占发电总量的比例，MW·h；$P_{le}(t)$ 为系统在 t 时段内由于发电不足而切除的负荷功率，MW；E_{le} 为最大的累积供电不足量，MW·h；$P_{ld}(t)$ 为系统在 t 时段内负荷需求功率，MW；T 为总时长，h；Δt 为 t 时段的持续时间长度；$f_{lpsp,max}$ 为允许切除负荷最大比例。

此外，可靠性目标还包括电源损失概率（loss of power supply probability，LPSP）、预期能量不供应（expected energy not supplied，EENS）、能量指数比（energy index ratio，EIR）、自治水平（level of autonomy，LA）等。

C_{LPSP} 定义为能量缺额与负荷需求之比，其表达式为

$$C_{LPSP} = \frac{\sum_{t=1}^{T} LPS(t)}{\sum_{t=1}^{T} P_{load}(t) \Delta t} \tag{2-13}$$

式中：$LPS(t)$ 为在 t 小时的供电损失；$P_{load}(t)$ 为在 t 小时的负荷需求。

C_{EENS} 定义为在负荷需求超过发电量的情况下未提供给负载的预期能量，其表达式为

$$C_{EENS} = \sum_{k=1}^{8760} LD \tag{2-14}$$

式中：L 为平均年需求，kW；D 为负荷需求不满足的持续时间，h。

C_{LA} 表示可以满足指定负载的时间比例。这取决于发生负荷损失的小时数（H_{LOL}）

和运行总小时数（H_{Total}），其表达式为

$$C_{LA} = 1 - \frac{H_{LOL}}{H_{Total}} \tag{2-15}$$

2）可再生能源丢弃功率。可再生能源发电超过负荷需求且达到抽蓄储能能力上限时，需弃掉多余电能。为尽可能提高可再生能源利用率，要求弃风光总量占理论发电总量的比例不得超过某一给定的上限值，表示为

$$0 \leqslant \sum_{t=1}^{T} P_{dp}(t)\Delta t \leqslant r_{re} \sum_{t=1}^{T} P_{re}(t)\Delta t \tag{2-16}$$

式中：$P_{dp}(t)$ 为 t 时段内水光蓄系统丢弃的可再生能源功率，MW；r_{re} 为给定的年弃水弃光上限值，MW·h；$P_{re}(t)$ 为 t 时段内水光蓄系统可再生能源发电功率，MW。

光伏出力具有随机性和波动性，这制约了其大规模地接入电网。随着光伏不断接入电网中，会给区域配电网带来大量电压及电流谐波，影响配电网络安全，但同时光伏既能有效缓解能源危机又具有环保无污染的优点。为尽可能地发挥光伏的优势，与水、蓄发电方式更好地配合，应让光伏更加合理地接入水光蓄互补电站系统中。因此，研究光伏消纳能力，在保证电压质量的前提下，提高对光伏的消纳能力，对系统安全稳定地运行，合理地解决能源危机具有重要意义。

光伏发电消纳能力的评估指标一方面用于衡量系统对光伏发电的最大消纳空间；另一方面用于衡量光伏发电在系统电力电量平衡中的贡献和实际利用率。现采用包含渗透率（penetration rate，PR）、弃光率（abandonment rate，AR）、穿透功率极限（penetration power limit，PPL）综合指标评价系统对光伏的消纳能力。

$$PV_{Cons} = \alpha \cdot PR + \beta \cdot AR + \lambda \cdot PPL_{max} \tag{2-17}$$

式中：PV_{Cons} 为光伏消纳能力综合评价指标；α 为表示渗透率的性能系数；β 为弃光率的性能系数；λ 为穿透功率极限的性能系数。

α、β、λ 满足以下约束

$$\begin{cases} \alpha \geqslant 0 \\ \beta \geqslant 0 \\ \lambda \geqslant 0 \\ \alpha + \beta + \lambda = 1 \end{cases}$$

3）供电短缺惩罚成本 C_{shor}。水光蓄互补电站系统建成后，其总的装机容量是确定的，为了防止只追求总投资成本最小而将系统的容量配置偏低给用户带来损失，设置了处罚费用来弥补用电高峰时不能满足负荷需求的损失，公式为

$$C_{shor} = C_S \cdot P_{shor} \tag{2-18}$$

式中：C_S 为惩罚系数，¥/MW；P_{shor} 为缺少的电量，MW。

4）水光蓄协同出力。对于水光蓄度能互补系统，为了进一步衡量系统的离网自平衡能力，引入出力负荷偏差率 ΔP 来衡量水光蓄互补电站总出力与系统内负荷需求的偏

移程度

$$\Delta P = \sum_{t=0}^{n} \left[\frac{P_{\text{total}}(t) - P_{\text{L}}(t)}{P_{\text{L}}(t)} \right]^2 \tag{2-19}$$

式中：$P_{\text{total}}(t)$ 为水光蓄多能互补电站在 t 时刻的实际功率值，MW；$P_{\text{L}}(t)$ 为水光蓄系统离网情况下 t 时刻的本地负荷需求，MW。ΔP 越小，表明水光蓄互补电站出力对负荷需求的跟踪性越好，水光蓄系统的离网自平衡能力越强。

（2）电网支撑能力。梯级水光蓄互补发电系统依托于区域电网建设，导致该区域电网的可再生能源渗透率极高。因此，本书综合考虑区域系统的可靠性、安全性、稳定性、交互性及经济性，从这几个方面选取指标，组成梯级水光蓄系统规划方案评价指标体系，对分布式光伏的接入方式以及梯级水光蓄规划方案进行评估优选。梯级水光蓄系统规划方案评价指标体系如图 2.2 所示。指标的选取依据与含义阐述如下：

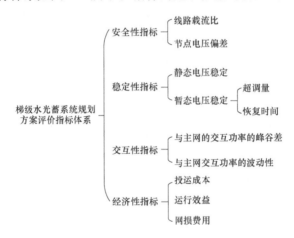

图 2.2　梯级水光蓄系统规划方案评价指标体系

1）安全性指标。

a. 线路载流比。导线载流量定义为导线承载的电流强度数值，即一条线路在输送电能时所通过的电流量，也是在热稳定条件下，当导体达到长期允许工作温度时的载流量。线路的载流量是输配电网传输能力的体现指标之一，导线的载流量是线路设计和运行的主要参数。

线路载流比即为当前时刻线路通过的电流值与线路允许载流量的比值，用来反映线路功率传输距离极限值的距离，反映的是系统的运行安全性。

b. 节点电压偏差。电压偏差指的是实际运行电压对系统标称电压的偏差相对值，一般以百分数表示，也即为实际供电压与额定供电电压之间的差值。引起电压偏差的因素有无功功率不足、无功补偿过量、传输距离过长、电力负荷过重和过轻等，其中无功功率不足是造成电压偏差的主要原因。电压偏差过大会对供配电系统的正常运行产生诸多不利影响，主要表现为影响感应电动机的使用寿命；影响照明设备的使用效果与寿命；影响精密电子设备的精确控制与正常工作，可能引发工作紊乱，数据损坏；降低无功补偿设备的输出无功，使其不能满足补偿要求。

电压偏差是电能质量的一项基本指标。确定该偏差对电力系统的安全性和经济性都有重要意义，对衡量水光蓄接入下的系统安全运行能力有着关键的作用。

2）稳定性指标。稳定性评估分为两方面：静态电压稳定性与暂态电压恢复能力，二者共同构成电网支撑能力中稳定性评估的左膀右臂。其中，静态电压稳定性采用电压稳定裕度指标来衡量，该指标的计算方法将会在第六章中介绍；而暂态电压恢复能力采用超调量与恢复时间两个指标来衡量，两指标均通过软件仿真的途径计算。

a. 静态电压稳定裕度。电力系统静态电压稳定研究应能回答两类问题：一是接近程度的问题，即当前运行点距离电压不稳定域还有多远或系统的稳定裕度有多大？二是机理的问题，即当系统发生电压不稳定时，主要机理是什么？电压弱区域、弱节点是哪些？哪些发电机、哪些支路是关键的？

已有的静态电压稳定指标可以分为两类：一类是状态指标，另一类是裕度指标。本书选取裕度指标作为衡量系统静态电压稳定性的指标。裕度指标是指从系统给定的运行状态出发，按照某种模式，通过负荷增长或传输功率的增长逐步逼近电压崩溃点，则系统当前运行点到电压崩溃点的距离可作为电压稳定程度的指标。目前裕度指标是以当前运行点到电压崩溃点电网还能传输的功率额来度量，因此又称为负荷裕度。相对来说，裕度指标的计算要复杂，但是裕度指标有如下优点：①直观性强，表示当前运行点到电压崩溃点的距离的量度；②具有较好的线性，系统运行点到电压崩溃点的距离与裕度指标的大小基本呈线性关系，其预警能力能够给运行人员足够时间作出应对策略；③扩展性强，在计算裕度指标时可以方便地计及各种约束，同时可以考虑电力系统各种运行方式的影响。

因此，电网支撑能力评估体系选取电压稳定裕度指标来作为衡量水光蓄接入下的稳定性评估的重要指标之一。

b. 暂态电压稳定指标。

a）超调量。超调量又称最大偏差，偏差是指被调参数与给定值的差，对于稳定的定值调节系统来说，过渡过程的最大偏差就是被调参数第一个波峰值与给定值的差。

由于故障恢复过程中的节点电压暂态变化曲线类似于属于振幅不断变化的振荡曲线，因此若要考察节点电压振荡的危害程度，超调量无疑是一个重要的能反映暂态恢复能力及过程优劣的重要指标。

b）恢复时间。关于动态振荡过程的恢复时间的定义，各种研究的定义不一，但总体来说可定义为暂态物理量恢复到可接受范围内所历经的时间。此处，便是暂态过程下节点电压恢复到可接受范围内所经历的时间。至于可接受范围如何划定，此处可取为原节点电压标幺值的 $\pm5\%$。

超调量 V_{md} 与恢复时间 t_{rec} 如图 2.3 所示。

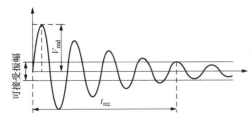

图 2.3　超调量及恢复时间示意图

3）交互性指标。

a. 与主网交互功率的峰谷差：我们所熟知的峰谷差为负荷峰谷差，电力系统某一时间周期内最大负荷与最小负荷之差，如图 2.4 所示。电力系统的很多问题，都是应对高峰负荷，调度的调峰，电力系统规划方案，电力设备的投资，乃至电力故障的发生，都与其密切相关。一个良好的系统，应该是峰谷差较小的，峰谷差的增大，将使得系统需要提供更大的备用容量，设备冗余。

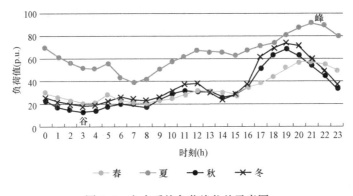

图 2.4　电力系统负荷峰谷差示意图

因此，一个区域电网，往往作为电力系统中一个节点存在，其与主网间功率交互的峰谷差自然反映了该区域电网与主网的双向支撑能力。峰谷差指标越小，代表支撑能力越强。

b. 与主网交互功率的波动性：出力的波动性是衡量一个可再生能源出力特性优劣的重要指标。从规划的角度来说，功率波动可能会使潮流分布更加复杂，不确定因素会对电网原有的运行方式造成冲击，影响系统短路容量等安全约束，影响调峰、各种发电方式的组合方式及相应的成本、电源的价值系数，进而影响电源的渗透率、电场选址。比如，当风电装机容量占电网容量的比例达到 20% 以上，电网的调峰能力和安全运行面临巨大挑战。从运行的角度来说，功率波动的影响具体有以下几个方面：①影响注入线路的潮流和调度方案，具体地说，就是在传统以可控性电源为主的调度格局下，在电源端加入大规模随机扰动因素；②影响机组的静态稳定性、爬坡率，进而引起机组运行点的变化；③选择一定运行风险下的备用容量，即除了安排满足耗电量和网损的发电量外，还应留出额外的备用容量以保证系统在一定概率下能够安全运行；④有功波动会引起的频率偏移，无功波动会引起的电压偏移及闪变等电能质量问题，需要采取相应的控制手段，比如在机组附近安装并联电容器。

而水资源、太阳能等资源丰富的区域，其在电网中常作为电源节点向电网供电，因

此波动性是一个衡量区域电网与主网双向支撑能力的重要指标。

4）经济性指标。

a. 运行效益：可再生能源的发电通常认为边际成本是接近于 0 的，而传统的火电发电主要支出为煤耗。因此，对于水光蓄这类可再生能源发电而言，等效煤耗节约资金指标可作为衡量其运行效益的指标之一。它可理解为原本应由火电承担的发电量，改由可再生能源发电承担，从而节省煤耗资金，其值取决于可再生能源实际发电量。等效煤耗节约资金指标一方面是可再生能源发电设施的一种等效收益，另一方面是衡量其环境效益的指标之一。

b. 网损费用：网损是指电能从发电厂传输到客户的一系列过程中，在输电、变电、配电和营销等各环节的电能损耗和损失，是综合反映电力网规划设计、生产的运行和经营管理水平的主要经济技术指标。因此选取网损费用作为规划方案的衡量经济性的评估指标之一。

对上述指标体系的进一步说明与指标的量化计算方法置于第 5 章中。

3. 本节小结

综合上述，丰水期时，梯级小水电以发电为主，当运行在调峰弃水状态时，配合光伏进行功率波动调节。抽蓄机组承担电网调频任务，满足互补系统内光伏出力波动后带来的快速功率调节需求，并利用来水兼顾发电功能。平水期和枯水期，梯级小水电除发电任务外，需配合光伏调峰。抽蓄机组承担日内移峰填谷，同时承担光伏出力快速波动后带来的快速功率、电压等调节需求。小水电、光伏等清洁能源独立运行时，还存在较多问题。小水电库容小，调节能力弱，远距离送出时存在由于暂稳、动稳造成窝电的问题，故在并网条件下，水光蓄互补主要实现弱调度性电源的友好型并网和水电光伏资源的最大化利用。小水电和光伏等作为主要电源供电区域，往往和主网联系薄弱，灾害、故障及检修时易离网运行，在离网条件下，水光蓄互补主要利用互补系统的控制能力，实现离网系统的频率、电压稳定，提升离网系统的存活能力和最大供电能力。

梯级水光蓄互补发电系统有三个发电要素：梯级小水电、分布式光伏电站和抽水蓄能电站，它们的发电特性各有差别，要使水光蓄互补项目取得前述好的效能，需充分研究了解项目水电站、抽蓄电站、光伏电站的发电特性，尤其要找出光伏电站不同季节，不同天气类型的典型出力曲线。其中，水电站的发电特性包括：

（1）储存和调节性。水电站可以通过水库储蓄和调节水能，使水能得以配置灵活，即可对电网负荷变化起调节作用，提高电能质量。

（2）机组启停方便、调节迅速。水轮发电机组操作灵活，从停机状态到发出额定功率一般只需 1min 左右的时间，能随时快速增、减出力，大多承担系统的调峰、调频和事故备用任务。

（3）水轮发电机组在一些特定出力范围运行时会产生较大振动，应避免在振动区域运行。

（4）"以水定电，以电调水"的调度方式。来水量对水电站的运行方式有较大影响。抽蓄电站特性包括：

1）既是一个吸收低谷电能的电力用户，又是一个提供峰荷电力的发电厂。

2）启动灵活、迅速，和水电站一样，承担系统的调峰、调频和事故备用任务。此外，还可以起到填谷、蓄能等作用。

3）变速型抽蓄电站能够大幅提高水轮机的运行稳定性，从而提升系统暂态性能。光伏电站的发电特性包括：

a. 间歇性。受地球自转影响，光伏电站只能白天发电。

b. 不稳定性。受季节、地理纬度和海拔高度等自然环境影响，其出力极不稳定。

c. 波动性和随机性。天气条件直接影响光伏电站出力，多云、阴天、雨天、气温、湿度等均影响其发电出力，因而其发电出力均有波动性和随机性。

d. 不可储存。

2.2　水光蓄物理模型

现代电力系统是由多个水电站、火电站及清洁能源电站联合工作的。光伏发电站随着成本的降低得到了大力的发展，但由于其间隙性、波动性、随机性，需要和其他能源互补发电，水电由于其快速的调节能力使得水光互补发电系统得到了大力发展。随流域水电滚动开放，梯级水电联合运行实现资源的优化配置。本节根据水光蓄互补发电系统中梯级水电站、光伏电站、抽蓄机组的工作原理，搭建水电站、光伏电站、抽蓄机组的数学模型。

1. 水电站出力模型

小水电站经济运行是发挥电站工程设备潜力，利用水能增产发电并降低其他电力能源消耗的非工程节能措施。小水电站的发电原理就是利用上游库容来将附近的天然水源集聚起来，利用上下游的高度差，将水源流量冲击水轮发电机，进而使水流的势能转化为水轮发电机转子的动能，并在发电机中将转子的动能转化为可用的电能。从小水电站的发电原理图可以看出，制约所发电能规模的主要是两个条件：天然水源的流量和上下游的高度差（即水头）。其中，小水电站发电量与天然水源的流量和上下游高度差很明显成正相关关系。小水电站发电原理如图 2.5 所示。

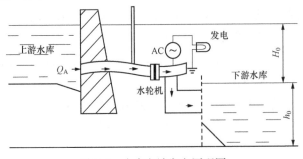

图 2.5　小水电站发电原理图

梯级水电站之间不仅存在电力联系，还存在水力联系，即梯级中上一级水电站的发电和泄流影响着下一级和更下一级的发电和泄流。在一般情况下，应该尽量避免弃水，如果由于洪水季节来水过多，或由于某时间系统容量不足，而上一级水电站最大出库流量超过下一级水电站最大出库流量而致使上一级水电站加大出力不得不造成下一级水电站弃水等情况时，则属于例外。梯级水电站的约束和限制条件比一般的水电站更为复杂。

水电站的出力可以表示为一个常数乘以水电站发电效率乘以相应时段的净水头和平均发电流量，其出力模型可表示为

$$P_{\text{hyd},i,t} = 9.81 \eta_i H_{i,t} Q_{i,t}^H \tag{2-20}$$

式中：$P_{\text{hyd},i,t}$ 为水电站 i 在 t 时刻的出力，MW；$Q_{i,t}^H$ 为水电站 i 在 t 时刻的平均发电流量，m^3/h；$H_{i,t}$ 为水电站 i 在 t 时刻的净水头，m；η_i 为水电站 i 发电效率。

（1）等式约束。梯级水电站之间的水力联系的第一项内容是流量联系，即上游水电站的下泄流量称为下游水电站的部分来水。梯级水电站的库容，需要考虑水库区间来水，区间来水要计入天然来水量和上游水库的发电流量和弃水流量，可得公式有

$$V_{i,t} = V_{i,t-1} + (Q_{i,t}^S - Q_{i,t}^H - Q_{i,t}^d) \Delta t \tag{2-21}$$

$$Q_{i,t}^S = I_{i,t} + \xi_{i,t} + Q_{i-1,t}^H + Q_{i-1,t}^d \tag{2-22}$$

$$Z_{i,0}^{up} = Z_{i,T}^{up} \tag{2-23}$$

$$Q_{i,t}^D = I_{i,t} + e^{\gamma} Q_{i,t-\tau_{U,D}}^U \tag{2-24}$$

式中：$V_{i,t}$ 为第 i 个水库在 t 时刻的水库蓄水量，m^3；$Q_{i,t}^S$ 为水电站 i 时段 t 的区间来水，m^3/h；$I_{i,t}$ 为天然来水量，m^3/h；$\xi_{i,t}$ 为天然来水量的预测误差并服从正态分布；$Q_{i,t}^d$ 为水库 i 的弃水流量，m^3/h；$Q_{i,t}^H$ 为水库 i 的发电流量，m^3/h；Δt 为优化调度的时段；$Q_{i-1,t}^d$ 为上游水库的弃水流量，m^3/h；$Q_{i-1,t}^H$ 游水库的发电流量，m^3/h；$Z_{i,0}^{up}$ 为水库 i 调度的初时刻的蓄水位，m；$Z_{i,T}^{up}$ 为水库 i 调度的末时刻的蓄水位，m^3/h；$Q_{i,t}^D$ 为时间段 t 内下游电站进水量，m^3/h；$I_{i,t}$ 为时段 t 内中段区间自然来水流量，天然来水量预测误差可认为其服从以零为均值。

σ_{w} 概率密度函数为

$$f(\xi_{i,t}) = \frac{1}{\sqrt{2\pi}\sigma_{\text{w}}} e^{-\frac{(\xi_{i,t}-\mu)^2}{2\sigma_{\text{w}}^2}} \tag{2-25}$$

式中：σ_{w} 为标准差的正态分布 $[\xi_{i,t} \sim N(0,1)]$。

σ_{w} 由预测来水量决定，即 $\sigma_{\text{w}} = \alpha \xi_{i,t}$，来水量越大则偏差越大，来水量小则偏差相对较小，梯级水电站之间的水力联系的第二项内容为水头联系，它决定于梯级水电站间的衔接情况。一般情况下，水电站的净水头计算公式为

$$H_{i,t} = \frac{Z_{i,t-1}^{up} + Z_{i,t}^{up}}{2} - Z_{i,t}^{down} - H_{i,t}^d \tag{2-26}$$

式中：$Z_{i,t}^{up}$ 为水库 i 在 t 时刻的上游水位，m；$Z_{i,t}^{down}$ 为水库 i 在 t 时刻的下游水位，m；$Z_{i,t-1}^{up}$ 为水库 i 在 $t-1$ 时刻的上游水位，m；$H_{i,t}^d$ 为水电站的水头损失，m。

$H_{i,t}^d$ 可拟合为关于下泄流量 $Q_{i,t}$ 的二次函数，水电站的水头损失可拟合为关于发电流

量的二次函数，公式为

$$H_{i,t}^{d} = a_{QH,i}(Q_{i}^{H})^2 + b_{QH,i} \tag{2-27}$$

式中：$H_{i,t}^{d}$ 为水库 i 在 t 时段的水头损失；$a_{QH,i}$、$b_{QH,i}$ 为水头损失—下泄流量关系函数的参数。

水库上游水位可拟合为关于水库蓄水量的三次函数，公式为

$$Z_{i,t}^{up} = a_{ZV,i}V_{i,t}^3 + b_{ZV,i}V_{i,t}^2 + c_{ZV,i}V_{i,t} + d_{ZV,i} \tag{2-28}$$

式中：$Z_{i,t}^{up}$ 为水电站在 t 时刻的上游水位；$a_{ZV,i}$、$b_{ZV,i}$、$c_{ZV,i}$、$d_{ZV,i}$ 为水库库容—上游水位关系函数的参数。

水电站下游水位可拟合为关于下泄流量的二次函数，公式为

$$Z_{i,t}^{d} = a_{ZQ,i}(Q_{i,t})^2 + b_{ZQ,i}Q_{i,t} + c_{ZQ,i} \tag{2-29}$$

式中：$Z_{i,t}^{d}$ 为水电站在 t 时刻的下游水位；$a_{ZQ,i}$、$b_{ZQ,i}$、$c_{ZQ,i}$ 为发电流量—下游水位关系参数。

（2）不等式约束。

$$P_{hyd,i}^{min} \leqslant P_{hyd,i,t} \leqslant P_{hyd,i}^{max} \tag{2-30}$$

$$V_{i,min} \leqslant V_{i,t} \leqslant V_{i,max} \tag{2-31}$$

$$Q_{i,min} \leqslant Q_{i,t} \leqslant Q_{i,max} \tag{2-32}$$

式中：$P_{hyd,i}^{min}$ 为水电站 i 的最大出力，MW；$P_{hyd,i}^{max}$ 为水电站 i 的最小出力，MW；$V_{i,min}$ 为水库 i 的最大库容约束，m^3；$V_{i,max}$ 为水库 i 的最小库容约束，m^3；$Q_{i,min}^{d}$ 为水库 i 的最大发电流量，m^3/h；$Q_{i,max}^{d}$ 为水库 i 的最小发电流量，m^3/h。

2. 抽水蓄能电站模型

抽水蓄能电站是一种灵活、环保的电源，抽蓄机组承担调峰、调频、备用等功能，能平抑源荷波动，保证电网安全稳定运行。作为现阶段电网中发展得最丰富成熟的储能技术，抽水蓄能的应用场景最广泛、容量最大、其循环寿命周期也最长。在理想情况之下，依托于抽水蓄能电站的抽水蓄能技术能达到的效率几近 96%，且其储存能量的时间能够从几个小时乃至几天。然而抽水蓄能电站的建设受当地地形条件、地理状况的限制，倘若地理条件不理想，就容易导致水库容量有限，使抽水蓄能电站不能发挥到其最佳状态。

相对于小水电站，抽水蓄能电站原理上的不同主要就在于小水电站运用普通水轮机进行发电工作，而抽水蓄能电站中运用的是可逆式水泵水轮机。利用可逆式水泵水轮机，抽水蓄能电站在电网的电力负荷需求处于较低状况时，此时电力价格也较低，抽水蓄能电站就可以吸收此时电网剩余的电能用于抽取水库中的水，将电能转化为上游水库中水量的势能并存储在上游水库中而当电力负荷需求处于较高情况时，此时的电力价格也较高，抽水蓄能电站能够使用其中的可逆式水泵水轮机，将水库中的水量的势能转化为水轮机的动能再转换为电能，并将其输入电网中。这样不仅提高了电力系统在电力负荷峰值时的供电能力，提高了电力系统的运行稳定性，并且还能够从买电卖电过程中取

得相当的经济效益。抽水蓄能电站利用水库中的水量为载体,将其势能与电能彼此互相转化,以此来合理分配和调节电力系统中的电能,有效处理了电网中的出力和负荷在时间、空间上不一致的问题。

抽蓄工作原理如图 2.6 所示。

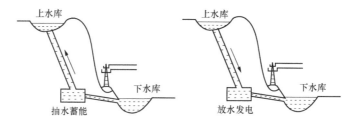

图 2.6　抽水蓄能电站工作原理图

抽水蓄能电站包含上游水库和下游水库,且上下游水库的约束效果是相同的,一般只需对上水库库容进行约束。上水库库容计算式为

$$V_{\text{pm},k,t} = V_{\text{pm},k,t-1} + \eta_{\text{pm},k} \Delta t P_{\text{pm},k,t} - \eta_{\text{gn},k} \Delta t P_{\text{gn},t} \tag{2-33}$$

式中:$V_{\text{pm},k,t}$ 为抽蓄机组 k 在 t 时刻的库容,m^3;$V_{\text{pm},k,t-1}$ 为抽蓄机组 k 在 $t-1$ 时刻的库容,m^3;$\eta_{\text{pm},k}$ 为抽蓄机组 k 在抽水工况下的平均电量/水量转换系数;$\eta_{\text{gn},k}$ 为抽蓄机组 k 在发电工况下的平均电量/水量转换系数。

(1) 抽蓄机组库容约束。

$$V_{\text{pm},k}^{\min} \leqslant V_{\text{pm},k,t} \leqslant V_{\text{pm},k}^{\max} \tag{2-34}$$

$$V_{\text{pm},k,0} = V_{\text{pm},k,T} \tag{2-35}$$

式中:$V_{\text{pm},k}^{\max}$ 为抽蓄机组的最大库容约束,m^3;$V_{\text{pm},k}^{\max}$ 为抽蓄机组的最小库容约束,m^3;$V_{\text{pm},k,0}$ 为抽蓄机组的优化调度的初库容约束,m^3;$V_{\text{pm},k,T}$ 为抽蓄机组的优化调度的末库容约束,m^3。

(2) 抽水发电工况约束。

$$y_{\text{pm},k,t} + y_{\text{gn},k,t} \leqslant 1 \quad y_{\text{pm},k,t}, y_{\text{gn},k,t} \in \{0,1\} \tag{2-36}$$

当 $y_{\text{pm},k,t} = 1$ 时,抽蓄机组 k 处于工作状态;当 $y_{\text{gn},k,t} = 1$ 时,抽蓄机组 k 处于发电状态;$y_{\text{pm},k,t} = y_{\text{gn},k,t} = 0$,则抽蓄机组处于闲置状态。

(3) 抽蓄机组出力约束。

$$\begin{cases} y_{\text{pm},k,t} P_{\text{pm},k}^{\min} \leqslant P_{\text{pm},k,t} \leqslant y_{\text{pm},k,t} P_{\text{pm},k}^{\max} \\ y_{\text{gn},k,t} P_{\text{gn},k}^{\min} \leqslant P_{\text{gn},k,t} \leqslant y_{\text{gn},k,t} P_{\text{gn},k}^{\max} \end{cases} \tag{2-37}$$

式中:$P_{\text{pm},k}^{\min}$ 为抽蓄机组 k 的最小抽水功率,MW;$P_{\text{pm},k}^{\max}$ 为抽蓄机组 k 的最大抽水功率,MW;$P_{\text{gn},k}^{\min}$ 为抽蓄机组 k 的最小发电功率,MW;$P_{\text{gn},k}^{\max}$ 为抽蓄机组 k 的最大发电功率,MW。

3. 光伏出力模型

太阳能是分布广泛且永不枯竭、无能源消耗又无噪声无污染的清洁能源,既可作为为用户提供电力的不间断能源，又可用于提高电能质量。由于光伏发电技术的能量来自于太阳能，它已成为世界上新能源发电的重要发电方式。并且，光伏发电产业在我国也是现阶段最具发展前景的新能源产业。随着科学技术的进步发展，光伏发电技术在近几年来已经得到了迅速的发展以及广泛的生活应用。

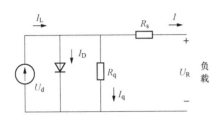

图 2.7　光伏等效电路图

光伏发电技术，是利用太阳光照在光伏面板上，经由光伏板上的光生伏特效应，从而将太阳能转化成为电能的新能源技术，等效电路如图 2.7 所示。

其输出的光生电流应满足

$$I = I_{\mathrm{L}} - I_0 \left[e^{\frac{q}{nTK_q}(U_{\mathrm{d}}+IR_{\mathrm{s}})} - 1 \right] - \frac{U_{\mathrm{d}}+IR_{\mathrm{s}}}{R_{\mathrm{q}}} \qquad (2-38)$$

式中：U_{d} 为光伏板的输出电压，V；I 为光伏的输出电流，A；I_{L} 为光生电流，V；I_0 为饱和电流，V；R_{s} 为光伏串联等效电阻值，Ω；R_{q} 为光伏并联等效电阻值，Ω；K_{q} 为波尔兹常数；q 为电荷量，C；n 为二极管特性参数；T 为光伏板温度，℃。

考虑到光伏的并联等效电阻很大而相应的串联等效电阻则相对较小，所以在对光伏电站系统进行建模时，可以认为在光照充足的情况下流经二极管的电流较小。因此，根据上述的光伏工作原理，就可以建立光伏数学模型，光伏出力特性可具体地由光伏的输出功率来确定。

光伏的输出功率为

$$P_{\mathrm{out}} = U_{\mathrm{d}}I = U_{\mathrm{d}}I_{\mathrm{L}} - U_{\mathrm{d}}I_0 \left[e^{\frac{q}{nTK_q}(U_{\mathrm{d}}+IR_{\mathrm{s}})} - 1 \right] - U_{\mathrm{d}}\left(\frac{U_{\mathrm{d}}+IR_{\mathrm{s}}}{R_{\mathrm{q}}} \right) \qquad (2-39)$$

由以上分析可知，光伏的数学模型中的功率 P 是由光照在光伏上产生的光生电压以及由光生电压而产生的电流值结合所确定的，光生电流和光伏的输出功率因而都是光生电压在一定情况下的函数，其相应的 P-U、I-U 特性曲线也可以通过相应的装置测量确定，图 2.8 给出了在一定范围变化的光伏输出功率、光生电流和光生电压之间的关系。

如图 2.8 所示，光伏的功率 P 在从 0 到 U_0 的范围内与光伏电压 U 表现出正相关关系，而一旦超出 U_0，光伏的功率 P 会因为光伏电流在电压增大的情况下急剧下降，进而会表现出与光生电压的负相关关系，因此，光伏输出功率必将会在光伏电压的某个特定值如 U_0 处时有最大值，一般通过最大功率控制确保其始终工作在最大输出功率点。

通过实际数据分析可知，在天气较为晴朗时光伏发电出力误差的概率分布服从正态分布，对光伏发电预测进行建模

$$P_{\mathrm{pv},t}^{\mathrm{da}} = L_{\mathrm{AC},i,t}[1 + k_T(T_{c,i,t} - T_r)]/L_{\mathrm{stc}} \qquad (2-40)$$

$$P_{\mathrm{pv},t}^{\mathrm{re}} = P_{\mathrm{pv},t}^{\mathrm{da}} + \Delta P_{\mathrm{pv},t} \qquad (2-41)$$

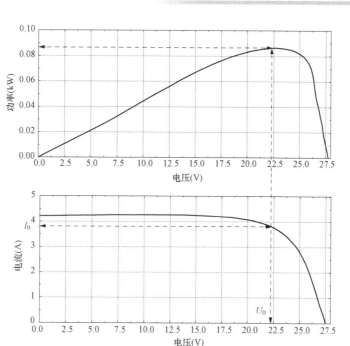

图 2.8　光伏 P-U（a）、I-U（b）特性曲线

式中：$P_{\mathrm{pv},t}^{\mathrm{da}}$ 为光伏实际出力；$P_{\mathrm{pv},t}^{\mathrm{re}}$ 为光伏的预测出力；$\Delta P_{\mathrm{pv},t}$ 为光伏为预测偏差。

光伏预测误差的标准差为可认为其服从以零为均值，σ_{pv} 为标准差的正态分布，其概率密度函数为

$$f(\Delta P_{\mathrm{pv}}) = \frac{1}{\sqrt{2\pi}\sigma_{\mathrm{pv}}} e - \frac{(\Delta P_{\mathrm{pv}} - \mu)^2}{2\sigma_{\mathrm{pv}}^2} \qquad (2\text{-}42)$$

其中，σ_{pv} 与预测出力成正比，即 $\sigma_{\mathrm{pv}} = P_{\mathrm{pv}} \times \beta\%$，$\beta\%$ 为标准差 σ_{pv} 占光伏预测出力的比例系数。

4. 负荷控制模型

负荷控制装置即为需求响应模型，其能够实现负荷转移，在离网条件下，采用需求响应能够提供系统的供电可靠性和降低弃光弃水。离网模式下的需求响应模型为

$$P_t^{l,\mathrm{DRP}} = P_t^l + P_t^{l,\mathrm{TOU}} \qquad (2\text{-}43)$$

$$|\, P_t^{l,\mathrm{TOU}} \,| \leqslant DRP_{\max} \times P_t^l \qquad (2\text{-}44)$$

$$\sum_{h=1}^{H} P_t^{\mathrm{TOU}} = 0 \qquad (2\text{-}45)$$

其中，$P_t^{l,\mathrm{DRP}}$ 在 t 时刻考虑需求响应的负荷，由无法进行需求响应的负荷 P_t^l 和可进行需求响应的负荷 $P_t^{l,\mathrm{TOU}}$ 组成。$DRP_{\max}$ 表示在 t 时刻用户参与需求响应所占的比重（％）。且在规划时间内，增加和降低的负荷必须相等。

2.3　水光荷不同时间尺度概率与统计模型

本节利用收集小金县示范区实际量测数据，研究了水光荷不同时间尺度下的模型构建。在长期，研究了水、光、荷不同置信区间下电量模型的构建方法；在短期，利用小时级数据，研究构建水、光、荷功率输出概率模型的方法；在实时，利用历史分钟级数据，研究构建水、光、荷功率外特性动态模型的方法。本节利用历史数据统计了当地水光荷资源分布，分析了水电、光伏和负荷的特点，得到了水电、光伏、负荷的统计规律，为后续构建源荷场景生成模型提供基础。

2.3.1　电量置信区间模型

结合历史数据分析与概率分布拟合获取水光荷的概率密度函数，进行概率统计。非参数估计方法可以不考虑外界干扰因素，针对特定的条件进行统计分析，而核密度估计法作为其中的一种方法，相较于参数法有着无须提前假设误差分布、原理简单和计算量小等优点，它可以很好地描述连续的密度函数。该方法对数据分布不附加任何假定，只从数据本身特征出发研究其分布特性。

非参数核密度估计的常用核函数有指数核函数、高斯核函数、三角核函数和四次核函数，基于高斯函数的非参数核密度估计成效非常显著，因此采用高斯核作为核密度估计的函数，核密度概率密度估计的表达式为

$$f(e) = \frac{1}{N_i h} \sum_{m=1}^{N_i} k\left(\frac{X - X_m}{h}\right) \qquad (2-46)$$

式中：N_i 为区间样本数；h 为带宽系数；X_m 为误差样本。

高斯核函数为

$$k(n) = \frac{1}{\sqrt{2\pi}\sigma} \exp\left[-\frac{(X_m - \mu)^2}{2\sigma^2}\right] \qquad (2-47)$$

式中：$k(n)$ 为核函数；μ 为均值；σ 为标准差。

置信区间是一种区间数，遵循区间数的运算规则，它的区间长度取决于置信水平（或置信度）的高低，更多地应用于区间估计，即在给定的置信水平下确定随机量真实值的分布区间。对于随机变量概率分布函数未知的情况，置信区间需要通过对样本数据进行统计得到。假设变量 θ 为估计参数，通过统计样本数据计算得到估计量 θ_1、θ_2（$\theta_1 < \theta_2$），若有 prob（$\theta_1 < \theta < \theta_2$）$= \alpha$，（$0 < \alpha < 1$）(2-48) 成立，即由 α 的可靠性来估计 θ 的取值范围是在 $[\theta_1, \theta_2]$ 中，则称 $[\theta_1, \theta_2]$ 为 θ 在 α 置信水平下的置信区间。

而对于概率分布已知的情况，则可通过概率分布函数对其进行求解。以正态分布为例，不妨设随机变量 x 服从正态分布，其概率密度函数与概率分布函数分别为 $f(x)$、

$F(x)$，则 x 在置信水平为下 α 的置信区间可表示为 $[x_\alpha^-, x_\alpha^+]$，即满足

$$\text{prob}(x_\alpha^- < x < x_\alpha^+) = \alpha, (0 < \alpha < 1) \tag{2-48}$$

其中，$x_\alpha^- = F^{-1}\left(\dfrac{1-\alpha}{2}\right)$，$x_\alpha^+ = F^{-1}\left(\dfrac{1+\alpha}{2}\right)$。

水电发电量近似为正态分布，正态分布的概率密度函数为

$$y = f(x \mid \mu, \sigma) = \frac{1}{\sigma\sqrt{2\pi}}e^{\frac{-(x-\mu)^2}{2\sigma^2}} \tag{2-49}$$

正态分布的概率分布函数为

$$F(x) = \int_{-\infty}^{x} f(x)\mathrm{d}x \tag{2-50}$$

x 在置信水平为下 α 的置信区间可表示为

$$[x_\alpha^-, x_\alpha^+] = \left[F^{-1}\left(\frac{1-\alpha}{2}\right), F^{-1}\left(\frac{1+\alpha}{2}\right)\right]$$
$$= \left[\left\{\int_{-\infty}^{\frac{1-\alpha}{2}}\frac{1}{\sigma\sqrt{2\pi}}e^{\frac{-(\frac{1-\alpha}{2}-\mu)^2}{2\sigma^2}}\mathrm{d}\left(\frac{1-\alpha}{2}\right)\right\}^{-1}, \left\{\int_{-\infty}^{\frac{1+\alpha}{2}}\frac{1}{\sigma\sqrt{2\pi}}e^{\frac{-(\frac{1+\alpha}{2}-\mu)^2}{2\sigma^2}}\mathrm{d}\left(\frac{1+\alpha}{2}\right)\right\}^{-1}\right] \tag{2-51}$$

光伏发电量、负荷用电量和水电发电量概率统计过程一致。所以本节只讲述水电发电量的概率统计。虽然来水量无法准确估计，但仍可通过历史数据统计获取发电量的分布情况来分析。由于不同水平年和年内汛、枯期的存在，来水量的绝对值存在巨大差异，其发电量的分布规律也难以观测，因此按照下式对电量数据进行离差标准化处理

$$y_i = \frac{x_i - \min_{1\leqslant i\leqslant n}\{x_j\}}{\max_{1\leqslant i\leqslant n}\{x_j\} - \min_{1\leqslant i\leqslant n}\{x_j\}} \tag{2-52}$$

分别统计水电发电电量数据和绘制频率直方图和概率分布曲线，运用非参数核密度估计拟合出其正态分布曲线，得到它们在不同置信度下的电量置信区间以及电量概率密度函数和分布函数。

1. 枯水期

图 2.9 为枯水期发电量概率统计结果。其中，图 2.9（a）为枯水期水电发电量的频率直方图，横轴为枯水期内样本数据的发电量取值，纵轴为频率（落在各组样本数据的个数称为频数，频数除以样本总个数为频率）除以组距的值，枯水期水电发电量出现频率最高的区间为 [250，350]。图 2.9（b）为枯水期水电发电量的概率分布曲线，枯水期水电发电量取值区间为 [60，700]，出现在 300 附近的可能性最大。图 2.9（c）为通过非参核密度估计拟合的枯水期水电发电量曲线，近似为正态分布。

枯水期电量置信区间见表 2.1。显著性水平 α 表示总体参数不落在置信区间的可能性，置信度（$1-\alpha$）表示总体参数值落在置信区间的可能性。

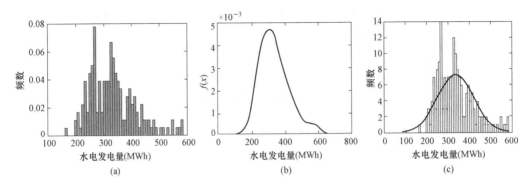

图 2.9 枯水期水量概率统计结果

（a）发电量频率直方图；（b）发电量概率分布曲线；（c）正态分布拟合曲线

表 2.1		枯水期电量置信区间		
显著性水平 α	0.05	0.10	0.15	0.20
置信度 $1-\alpha$	95%	90%	85%	80%
参数估计值	μ	0.4056	0.4056	0.4056	0.4056
	σ	0.1980	0.1980	0.1980	0.1980
参数区间	μ	[0.3765, 0.4347]	[0.3812, 0.4300]	[0.3843, 0.4270]	[0.3867, 0.4246]
	σ	[0.1794, 0.2208]	[0.1822, 0.2169]	[0.1841, 0.2145]	[0.1856, 0.2126]

表 2.1 的枯水期电量置信区间中，95%置信度下，均值 μ 和标准差 σ 落入的置信区间分别为 [0.3765, 0.4347]、[0.1794, 0.2208]，90%置信度下，均值 μ 和标准差 σ 落入的置信区间分别为 [0.3812, 0.4300]、[0.1822, 0.2169]，置信区间越大，置信度越高。据统计，枯水期水电发电量均值为 332.8841，标准差为 83.7836，经离差标准化后的枯水期水电发电量均值为 0.4056，标准差 为 0.1980。得到枯水期水电电量概率密度函数为

$$y = f(x \mid 0.4056, 0.1980) = \frac{1}{0.1980 \sqrt{2\pi}} e^{\frac{-(x-0.4056)^2}{2 \times 0.1980^2}} \tag{2-53}$$

枯水期水电电量概率分布函数为

$$F(x) = \int_{-\infty}^{x} f(x \mid 0.4056, 0.1980)\mathrm{d}x = \int_{-\infty}^{x} \frac{1}{0.1980 \sqrt{2\pi}} e^{\frac{-(x-0.4056)^2}{2 \times 0.1980^2}} \mathrm{d}x \tag{2-54}$$

2. 丰水期

图 2.10 为丰水期水电发电量概率统计结果。其中，图 2.10（a）为丰水期水电发电量的频率直方图，丰水期水电发电量出现频率最高的区间为 [1000, 1500]。图 2.10（b）为丰水期水电发电量的概率分布曲线，丰水期水电发电量取值区间为 [500, 3500]，出现在 1250 附近的可能性最大。图 2.10（c）为通过非参核密度估计拟合的丰水期水电发电量曲线，近似为正态分布。

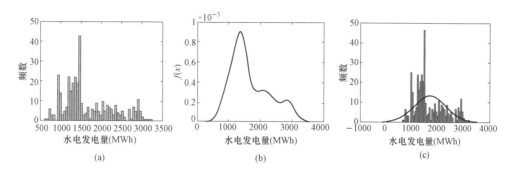

图 2.10　丰水期水量概率统计结果

（a）发电量频率直方图；（b）发电量概率分布曲线；（c）正态分布拟合曲线

据统计，丰水期水电发电量均值为 1672.7，标准差为 615.9694，经离差标准化后的丰水期水电发电量均值 μ 为 0.4000，标准差 σ 为 0.2366。得到丰水期水电电量概率密度函数为

$$y = f(x \mid 0.4, 0.2366) = \frac{1}{0.2366\sqrt{2\pi}} e^{\frac{-(x-0.4)^2}{2 \times 0.2366^2}} \tag{2-55}$$

3. 平水期

图 2.11 为平水期水电发电量概率统计结果。其中，图 2.11（a）为平水期水电发电量的频率直方图，平水期水电发电量出现频率最高的区间为 [500，1000]。图 2.11（b）为平水期水电发电量的概率分布曲线，平水期水电发电量取值区间为 [0，2000]，出现在 750 附近的可能性最大。图 2.11（c）为通过非参核密度估计拟合的平水期水电发电量曲线，近似为正态分布。

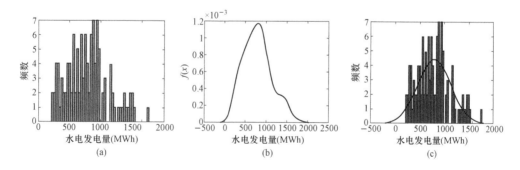

图 2.11　平水期水量概率统计结果

（a）发电量频率直方图；（b）发电量概率分布曲线；（c）正态分布拟合曲线

据统计，平水期水电发电量均值为 791.4852，标准差为 335.5988，经离差标准化后的平水期水电发电量均值 μ 为 0.3690，标准差 σ 为 0.2184。得到平水期水电电量概率密度函数为

$$y = f(x \mid 0.369, 0.2184) = \frac{1}{0.2184 \sqrt{2\pi}} e^{\frac{-(x-0.369)^2}{2 \times 0.2184^2}} \tag{2-56}$$

光伏发电量和负荷需求量的水电发电量统计过程类似,这里不再一一列举。

2.3.2 电力小时级模型

水电和光伏的小时级出力统计分析方法与负荷分析方法一致。所以本小节只讲述负荷统计过程。通过季节典型日的负荷电力数据进行概率密度拟合,得到四个季节的典型日负荷电力数据样本为一维分布,大致属于两个高斯分布,可采用高斯混合模型。高斯混合模型(gaussian mixed model,GMM)指的是多个高斯分布函数的线性组合,理论上 GMM 可以拟合出任意类型的分布。

高斯混合模型是指具有如下形式的概率分布模型

$$p(x \mid \pi, \mu, \Sigma) = \sum_{k=1}^{K} \pi_k N(x \mid \mu_k, \Sigma_k) \tag{2-57}$$

$$N(x \mid \mu_k, \Sigma_k) = \frac{1}{\sqrt{2\pi\Sigma_k}} \exp\left[-\frac{(x-\mu_k)^2}{2\Sigma_k^2}\right] \tag{2-58}$$

式中:$N(x \mid \mu_k, \Sigma_k)$ 为混合模型中的第 k 个分量;π_k 为混合系数,满足 $\sum_{k=1}^{K} \pi_k = 1$,$0 \leqslant \pi_k \leqslant 1$;$\pi_k$ 为每个分量 $N(x \mid \mu_k, \Sigma_k)$ 的权重。

假设负荷的电力数据服从混合高斯分布,需根据数据推出 GMM 的概率分布。使用 EM 算法求解 GMM 参数。定义 $K=2$,对应的 GMM 形式为

$$p(x) = \pi_1 N(x \mid \mu_1, \Sigma_1) + \pi_2 N(x \mid \mu_2, \Sigma_2) \tag{2-59}$$

$$p(x) = \frac{\pi_1}{\sqrt{2\pi\Sigma_1}} \exp\left[-\frac{(x-\mu_1)^2}{2\Sigma_1^2}\right] + \frac{\pi_2}{\sqrt{2\pi\Sigma_2}} \exp\left[-\frac{(x-\mu_2)^2}{2\Sigma_2^2}\right] \tag{2-60}$$

未知参数有 6 个:π_1、μ_1、Σ_1、π_2、μ_2、Σ_2。EM 算法分为两步,第一步先求出要估计参数的粗略值,第二步使用第一步的值最大化似然函数。首先分别求出三个参数的最大化似然函数

$$\mu_k = \frac{1}{N_k} \sum_{n=1}^{N} \gamma(z_{nk}) x_n \tag{2-61}$$

$$\Sigma_k = \frac{1}{N_k} \sum_{n=1}^{N} \gamma(z_{nk}) (x_n - \mu_k)(x_n - \mu_k)^T \tag{2-62}$$

$$\pi_k = \frac{N_k}{N} \tag{2-63}$$

其中

$$\gamma(z_k) = \frac{p(z_k=1)p(x \mid z_k=1)}{\sum_{j=1}^{K} p(z_j=1)p(x \mid z_j=1)} \tag{2-64}$$

EM 算法的步骤为:①对每个分量 k 设置初值 π_k,μ_k,Σ_k 的初始值;②根据当前

π_k、μ_k、Σ_k 计算后验概率 $\gamma\left(z_{nk}\right)$；③根据 $\gamma\left(z_{nk}\right)$ 计算新的 π_k、μ_k、Σ_k；④计算高斯混合模型概率分布函数的对数似然函数。

$$\ln p(x\mid\pi,\mu,\Sigma)=\sum_{n=1}^{N}\ln\left\{\sum_{k=1}^{K}\pi_k N(x_k\mid\mu_k,\Sigma_k)\right\} \tag{2-65}$$

检查参数是否收敛或对数似然函数是否收敛，若不收敛，则返回第②步。

EM 算法会收敛到局部极值，但不保证收敛到全局最优，且对初值很敏感；通常需要一个好的、快速的初始化过程，如 K - 均值。EM 算法适用于缺失数据不能太多、数据维数不能太高的情况。

图 2.12 为日负荷统计结果，负荷变化范围为 44～56MW，负荷高峰时段为 10：00～13：00 和 18：00～22：00，各小时负荷分布较均匀，负荷在 54～56MW 的范围出现频率最高，其概率分别曲线类似于具有双峰的正态曲线，使用高斯混合方法拟合模型参数。

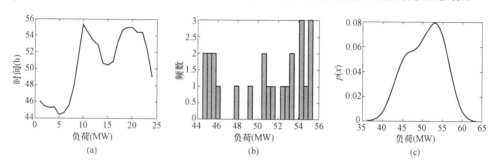

图 2.12　日负荷统计结果

（a）日负荷曲线；（b）频率直方图；（c）概率分布曲线

利用日负荷高斯混合模型的六个参数：

$\pi_1=0.2900$，$\mu_1=45.2157$，$\Sigma_1=0.5044$，$\pi_2=0.7100$，$\mu_2=52.6722$，$\Sigma_2=2.2373$，代入 $K=2$ 时的 GMM 形式，得到典型日负荷的电力概率模型：

$$p(x)=0.2900N(x\mid 45.2157,0.5044)+0.7100N(x\mid 52.6722,2.2373) \tag{2-66}$$

$$p(x)=\frac{0.2900}{0.5044\sqrt{2\pi}}\exp\left[-\frac{(x-45.2157)^2}{2\times(0.5044)^2}\right]+\frac{0.7100}{2.2373\sqrt{2\pi}}\exp\left[-\frac{(x-52.6722)^2}{2\times(2.2373)^2}\right] \tag{2-67}$$

2.3.3　电力动态模型

1. 水电机组动态模型

水轮机调节系统由水力系统、水轮发电机组、电力系统和调速器组成。为了综合考虑示范区电网整体的稳定性，需考虑水轮机水锤效应。非理想状态下的水轮机数学表达式为

$$
\begin{cases}
q = \dfrac{\partial q}{\partial h}h + \dfrac{\partial q}{\partial \omega}\omega + \dfrac{\partial q}{\partial y}y = a_{11}h + a_{12}\omega + a_{13}y \\[2mm]
m = \dfrac{\partial m}{\partial h}h + \dfrac{\partial m}{\partial \omega}\omega + \dfrac{\partial m}{\partial y}y = a_{21}h + a_{22}\omega + a_{23}y
\end{cases}
\tag{2-68}
$$

式中：ω 为水轮机转速偏差；y 为导水叶开度偏差。

系数 a_{11}，a_{12}，a_{13}，a_{21}，a_{22}，a_{23} 与电机负载有关。工程计算中，由于转速偏差 ω 很小，因此可直接忽略有关项。

联立上式，运用拉式变换后，可得到水轮机传递函数

$$
\frac{m}{y} = \frac{a_{23} - (a_{13}a_{21} - a_{11}a_{23})sT_{\mathrm{w}}}{1 + a_{11}sT_{\mathrm{w}}}
\tag{2-69}
$$

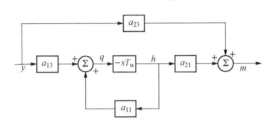

图 2.13　水轮机传递函数模型

依此可作出水轮机传递函数模型，如图 2.13 所示。

由于存在水锤效应，当系统中出现负荷扰动时，导叶水开度的变化超前于管道中水流的变化，导致水轮机会出现一个短暂的功率下跌，从而对系统稳定性产生影响。为了减弱这种影响，需要加入调速器。调速器的类型主要分为电气液压式调速器和机械液压式调速器，它们的工作原理是相似可以用同一种数学模型表达。可以通过暂态下降率补偿来限制导水叶开度的变化，有暂态下降补偿的调速器如图 2.14 所示。

图 2.14 中，R_{T} 为暂时下降率，R_{p} 为永久下降率，T_{R} 为复位时间。

水轮机发电机组转动部分可以视作一个绕顶轴转动的刚体，它的运动方程为

$$
J\frac{\mathrm{d}\omega}{\mathrm{d}t} = M_{\mathrm{t}} - M_{\mathrm{g}}
\tag{2-70}
$$

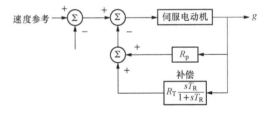

图 2.14　有暂态下降率补偿的调速器

式中：J 为组转动部分转动惯量；ω 为机组角速度；M_{t} 为水轮机主动力矩；M_{g} 为发电机组力矩。

设定初始稳定工况下，$t=0$ 时，$M_{\mathrm{t}}=M_{\mathrm{t0}}=M_{\mathrm{g}}=M_{\mathrm{g0}}$。当 $t>0$ 时，调节系统进入动态过程，$\omega=\omega_0+\Delta\omega$，$M_{\mathrm{t}}=M_{\mathrm{t0}}+\Delta M_{\mathrm{t}}$，$M_{\mathrm{g}}=M_{\mathrm{g0}}+\Delta M_{\mathrm{g}}$，代入式（2-70）得

$$
J\frac{\mathrm{d}\omega}{\mathrm{d}t} = \Delta M_{\mathrm{t}} - \Delta M_{\mathrm{g}}
\tag{2-71}
$$

一般地，将额定角速度 ω_{r} 作为 $\Delta\omega$ 的基准值，额定力矩 M_{r} 作为 ΔM_{t}，ΔM_{g} 的基准值，并用 $x=\dfrac{\Delta\omega}{\omega_{\mathrm{r}}}$，$m_{\mathrm{t}}=\dfrac{\Delta m_{\mathrm{t}}}{M_{\mathrm{r}}}$，$m_{\mathrm{g}}=\dfrac{\Delta m_{\mathrm{g}}}{M_{\mathrm{r}}}$ 分别表示转速、主动力矩、负载力矩偏差相对值，发电机负载力矩公式可以表示为

$$T_{a}\frac{\mathrm{d}x}{\mathrm{d}t}=m_{t}-m_{g} \qquad (2-72)$$

其中，$T_{a}=\dfrac{J\omega_{r}}{M_{r}}$ 为机组惯性时间常数。由于发电机负载力矩可分为两部分，第一部分为调节系统进入动态过程时随转速变化的力矩 $e_{g}x$，第二部分为在 $t=0$ 切除或投入的 $\omega=\omega_{0}$ 时刻负载力矩 m_{g0}，这部分力矩不会随着转速变化，是调节系统负荷扰动力矩。因此发电机负载力矩可表示为

$$m_{g}=e_{g}x+m_{g0} \qquad (2-73)$$

将该式代入（2-72）并取拉氏变换，得

$$X(s)=\frac{1}{T_{a}s}[M_{t}(s)-M_{g0}(s)-e_{g}x] \qquad (2-74)$$

用 $G_{r}(s)$ 表示水轮机传递函数；$G_{g}(s)$ 表示发电机传递函数，则发电机及负载传递函数可以表示为

$$G_{g}(s)=\frac{X(s)}{M_{t}(s)-M_{g0}(s)}=\frac{1}{T_{a}s+e_{n}} \qquad (2-75)$$

由上式知，发电机及负载传递函数为一阶惯性环节，其中 T_{a} 为机组惯性时间常数，$e_{n}=e_{g}-e_{x}$，为水轮发电机组综合自调节系数。依此作出发电机传递函数图，如图 2.15 所示。

可采用 PSD-BPA 软件搭建水电机组动态模型，水轮机的暂态仿真利用发电机模型（BPA 中 MF 卡），其类型设定为水轮机模型。水轮机的次暂态模型采用发电机次暂态参数模型（BPA 中 M 卡），其类型同样设置为水轮机

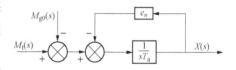

图 2.15 水轮发电机组

模型。其励磁系统采用直流励磁旋转系统（BPA 中 EA 卡），电机类型设置为水轮机。水电站的调速器部分仿真采用水轮机调速器和原动机模型（BPA 中的 GH 卡），该模型计及水轮机的水锤效应。水电站参数见表 2.2。

表 2.2   水 电 站 参 数

水电站额定功率（MW）	功率因数	爬坡率（min）	原动机调差参数	调速器响应时间（s）	水锤效应时间常数（s）
60/45/36	0.85	50%~100%	0.05	0.2	0.5

水电在应对光伏出力波动时，依靠可调节的水库库容，水电站可以快速启停或调整发电出力。示范区水电站的有功功率响应曲线如图 2.16 所示，当光伏出力发生突变时，水电站通过调节导叶开度和机械转速达到功率调控的目的，补偿光伏出力突然下降产生的有功功率缺失；当光伏出力上升时，水电站减小出力充分发挥水光的功率互补优势，图中三个水电机组爬坡率在 50%~100% 区间内，最大补偿功率综合达到 20MW，验证

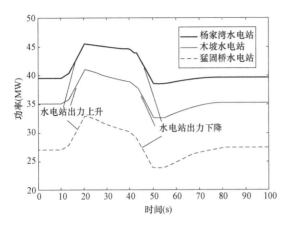

图 2.16 水电站有功出力响应曲线

了水库调节能力强的水电站可以保证电网的安全稳定运行。

2. 光伏动态建模

由于物理建模过程受实际环境影响比较复杂，而且不仅要将动态模型用于动态特性分析，还要用于协调控制，因而要求动态模型能够对输入快速响应。因此，这里提出非解析表达的光伏、负荷动态模型构建方法，采用人工智能方法构建光伏的动态模型，并以实时测量的辐射度、温度等气象

数据及时间变量等作为输入数据集合。负荷的动态建模过程与光伏类似，这里不再一一列举。

长短期记忆（long short - term memory，LSTM）不仅能够挖掘输出与相关输入变量之间的空间关联性，而且能够挖掘时序数据随时间变化的趋势，本书采用基于 LSTM 网络的光伏功率及负荷实时动态建模方法。

光伏功率输出具有一定的周期性，受天气的影响光伏输出会突然跌落，具有明显的非平稳性。将采集到的相关气象数据进行 MinMaxScaler 归一化处理，利用 LSTM 网络建模。LSTM 是循环神经网络的一种特殊类型，每一隐层不再是单一神经网络，而是由 4 个相互连接的神经网络（遗忘门、输入门、更新门和输出门）组成，将记忆信息与当前信息进行比较，通过自我衡量、选择忘记的机制进行学习，能够缓解循环神经网络训练过程中梯度消失及爆炸的问题。就光伏 LSTM 建模而言，将 t 时刻的太阳辐射度、环境温度、相对湿度、风速及云量变量 x_t 输入 LSTM 网络，h_t 表示输入序列的短期记忆信息，s_t 表示时间序列的长期记忆信息，显然短期记忆的更新速度远高于长期记忆的更新。通过门控单元（遗忘门 f_t、输入门 i_t 及输出门 o_t）按下式进行记忆单元信息的读取和修改。

$$
\begin{aligned}
f_t &= \sigma\{W_f \cdot [h_{t-1}, x_t] + b_f\} \\
i_t &= \sigma\{W_i \cdot [h_{t-1}, x_t] + b_i\} \\
\tilde{s}_t &= \tanh\{W_s \cdot [h_{t-1}, x_t] + b_c\} \\
o_t &= \sigma\{W_0 \cdot [h_{t-1}, x_t] + b_0\}
\end{aligned}
\tag{2-76}
$$

式中：W_f 为遗忘门的权重矩阵；W_i 为输入门的权重矩阵；W_o 为输出门的权重矩阵；b_f、b_i、b_o 为相应的偏置项；W_s 为输入单元状态权重矩阵；b_c 为输入单元状态偏置项；σ 为 Sigmoid 激活函数，将输出变换到 ［0，1］ 区间中；

tanh 为双曲正切激活函数，将输出变换到 ［-1，1］ 区间中。

将更新门后的隐层 h_t 输入得到光伏功率输出 y_t，计算如下

$$s_t = f_t \cdot s_{t-1} + i_t \cdot \tilde{s}_t$$

$$h_t = o_t \cdot \tanh(s_t) \qquad (2-77)$$

$$y_t = W_d h_t + b_d$$

式中：$\cdot$为矩阵元素相乘；W_d为输出层的可调权重矩阵；b_d为输出层的偏置向量。

　　本书利用实际采集小金示范区光伏发电及负荷功率数据，利用相应气象站所采集的辐射度、温度、相对湿度、风速和云量数据，在负荷动态建模中还考虑到月份、星期、工作日和节假日时间数据，由于晚间的光伏输出均为 0，所以光伏发电站每天取 7：00～19：00 的数据，共 735 个采样点，其光伏模拟结果如图 2.17 所示。

　　上述利用历史水电、光伏 与负荷数据，在长期通过非参核密度估计方法拟合水光荷电量曲线，得到不同置信度下的电量置信区间。在短期，利用条件概率和高斯混合模型进行小时级数据概率密度拟合，得到功率输出概率模型。在实时级，搭建了考虑水锤效应的水电机组出力模型，基于光荷分钟级数据，利用人工智能方法搭建光伏、负荷实时动态模型。

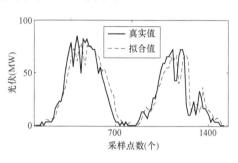

图 2.17　光伏模拟结果

本 章 小 结

　　通过对水光蓄互补发电系统特征分析，归纳出水光蓄互补发电系统的重要指标，并阐明指标计算方法；从规划角度，阐述水光蓄系统在并离网不同时间尺度下的目标函数；综合考虑系统的可靠性、安全性、稳定性、交互性以及经济性，提出规划方案评价体系指标，为后续研究提供基础。对水光蓄物理模型和水光荷不同时间尺度数字化模型进行介绍，为后续研究提供基础。

3

水光荷运行场景研究

水光荷系统中，对水、光出力及负荷增长变化的不确定的融合特性建模对水光互补系统的规划十分重要。场景生成是描述不确定性、随机性问题的一种常用方法。

对未来态的规划要考虑到未来水光荷的运行场景，将典型工况扩展至未来态运行工况需要对未来水光荷资源的发展进行预测并抽取典型运行工况，基于未来态典型运行场景进行电力系统的规划、运行、控制分析。

本章采用场景生成的方法基于历史水光荷数据对水电、光伏和负荷在不同时间尺度下的特性进行分析，得到典型水光荷场景。利用预测方法及水光荷不确定性及之间的相关性分析方法得到未来典型运行工况。

3.1 多尺度运行场景生成

在含有水电、光伏电源的规划运行中，水电出力、光伏出力及负荷功率与气候有着强相关的关系，具有强烈的日波动性和季节性，不考虑水光荷之间的相关性及时序性的规划模型，会导致规划场景不够准确，削弱规划结果的实际参考意义。因此有必要对规划场景的生成进行研究。

3.1.1 水光荷相关性分析

水力发电受自然径流影响具有明显的季节性，光伏和负荷都具有明显的日周期性，即每日波动情况相似，并具有明显的季节性，即波动幅值随所处季节不同而不同，首先结合水光荷数据分析它们之间的相关性，为后续互补规划提供一定参考。

在双变量的相关性分析中，皮尔逊相关系数是最普遍的分析工具，也称皮尔逊积矩相关系数，是一种线性相关系数，用来反映两个变量线性相关程度的统计量。相关系数用 r 表示，描述两个变量间线性相关强弱的程度。r 的绝对值越大表明相关性越强。双变量的皮尔逊相关系数的计算见式（3-1）。

$$r_{XY} = \frac{\sum\limits_{i=1}^{n}(X_i - \overline{X})(Y_i - \overline{Y})}{\sqrt{\sum\limits_{i=1}^{n}(X_i - \overline{X})^2}\sqrt{\sum\limits_{i=1}^{n}(Y_i - \overline{Y})^2}} \tag{3-1}$$

式中：r_{XY} 表示皮尔逊相关系数；n 为样本量；X_i，$\overline{X}$ 以及 Y_i，$\overline{Y}$ 分别为两个变量的观测值和均值；r 为两个变量间线性相关强弱的程度。

r 的取值在 -1 与 $+1$ 之间，若 $r>0$，表明两个变量是正相关，即一个变量的值越大，另一个变量的值也会越大；若 $r<0$，表明两个变量是负相关，即一个变量的值越大另一个变量的值反而会越小。r 的绝对值越大表明相关性越强，要注意的是这里并不存在因果关系。若 $r=0$，表明两个变量间不是线性相关，但有可能是其他方式的相关。一般情况下，$|r| \geqslant 0.6$ 时，可视为高度相关；$0.4 \leqslant |r| < 0.6$ 时，可视为中度相关；$|r| < 0.4$ 时，说明两个变量线性相关性弱，可视为非线性相关。

当前时段水光荷出力与相近时段出力有着较强的相关性，通常用自相关（auto - correlation function，ACF）和偏自相关性（partial auto - correlation function，PACF）指标分析时序之间的相关性。自相关系数反映了水光荷在间隔 τ 时刻时两出力序列的相关性，而偏自相关系数反映了间隔 τ 时刻之间两出力序列的相关性。

$$C_{ACF}(\tau) = \frac{E(S_t - \mu)(S_{t+\tau} - \mu)}{E(S_t - \mu)^2} \tag{3-2}$$

$$C_{PACF}(\tau) = \frac{E\{[S_t - \hat{E}(S_t)][S_{t+\tau} - \hat{E}(S_{t-\tau})]\}}{\sqrt{E[S_t - \hat{E}(S_t)]^2}\sqrt{E[S_{t-\tau} - \hat{E}(S_{t-\tau})]^2}} \tag{3-3}$$

式中：$C_{ACF}(\tau)$ 为自相关指标；$C_{PACF}(\tau)$ 为偏自相关指标；S_t 为真实样本或生成样本在 t 时刻的出力值；μ 为该出力序列的均值；τ 为时间间隔。

$\hat{E}(S_t)$ 为 S_t 与 $S_{t-\tau+1}$ 之间 $\tau-1$ 个时刻出力值对 S_t 的相关性，$\hat{E}(S_t) = E(S_t | S_{t-1}, \cdots, S_{t-\tau+1})$。

利用历史水光荷数据进行水/光/荷（即水电/光伏发电/负荷）时序相关性分析，自相关和偏自相关分析结果分别如图 3.1 和图 3.2 所示，水电与光伏发电出力在间隔 1～6h 内均有一定的自相关性，随着滞后时刻增加自相关降低。光伏自相关性随着时间间隔变化波动大，自相关性变化无规律可循。水/光/荷在间隔 1h 时有很强的偏自相关性，当时间间隔大于 1h 时，其出力点间偏自相关性明显减弱，有一定波动。

对历史水电、光伏发电量及负荷需求量样本进行皮尔逊相关系数分析计算可得水电发电量与光伏发电量的相关性比较集中，平均值为 -0.4910，说明水电发电量与光伏发电量具有一定负相关性；负荷需求量与光伏发电量的相关系数为 -0.2661，弱相关；水电发电量与负荷需求量的相关系数为 0.4440，中度相关。短期电力级水光出力与负荷功率日内皮尔逊相关性变化较大，无规律可循。显然，长期来水量丰富时光照相对不足，

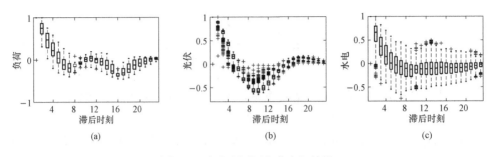

图 3.1　水电/光伏/负荷自相关性

（a）负荷自相关性；（b）光伏自相关性；（c）水电自相关性

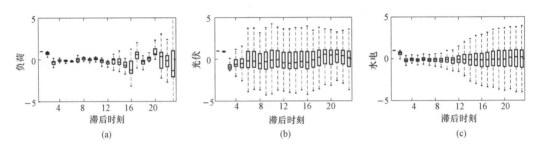

图 3.2　水电/光伏/负荷偏自相关性

（a）负荷偏自相关性；（b）光伏偏自相关性；（c）水电自相关性

来水量短缺时光照相对富裕，水能和太阳能资源相互补充，确保季/月中长期电量平衡。在短期，通过快速调节水电平滑光伏出力波动，实现日内/分钟级短期电力互补与平衡。

3.1.2　水光荷场景生成

电力系统规划和运行需要基于水电、光伏发电出力及负荷的日特性和年特性，进行场景分析，将水/光出力及负荷增长变化的不确定性转化为多个确定性的场景，为后续水光互补系统的优化运行和规划提供基础。上节主要对水光荷时序性、它们之间的相关性进行分析，在规划场景生成过程中，应充分考虑水光荷时序性及它们之间的相关性信息。传统统计学模型难以对水光出力及负荷功率不确定性做出较为全面的建模，多数模型仅针对出力的某一特征进行设计，而水光出力不确定性包含了复杂的时间 - 空间以及气象相关性，并且可能存在一定的未知相关性。本书主要介绍基于数据驱动的水光荷场景生成方法。

为了兼顾水光荷不确定源场景生成的速度和精度，本章采用长短期记忆网络与自编码机技术相结合（LSTM＿AE）的方法生成典型水光荷不确定性源场景。首先，分析水光发电系统水光荷时间序列数据特点，在数据预处理阶段结合数据分布特性，利用高斯滤波和分段 B - spline 进行数据清洗，保证了数据的完整，减少噪声数据对实验的干扰。其次，利用 LSTM 学习时间水光荷序列数据的隐式表达，结合自编码机进行数据降维，

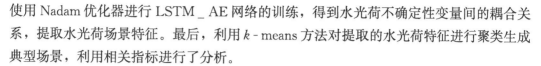

使用 Nadam 优化器进行 LSTM_AE 网络的训练，得到水光荷不确定性变量间的耦合关系，提取水光荷场景特征。最后，利用 k-means 方法对提取的水光荷特征进行聚类生成典型场景，利用相关指标进行了分析。

1. 水/光/荷场景生成总体框架

基于 LSTM-AE 方法的多尺度水/光/荷场景生成框架如图 3.3 所示，主要分为 4 个步骤。

（1）利用数据补全和数据校正技术对采集的多尺度水/光/荷时序数据进行数据清洗及归一化，完成数据预处理。

（2）利用长短期记忆网络和自编码机技术结合获得水/光/荷不确定性变量强弱耦合关系，抽取水/光/荷数据的低维特征，采用 Adam 优化器调整模型参数，以提高训练的精度，将此阶段称为水/光/荷不确定性变量耦合关系获取并显著性关联特征抽取。

（3）对嵌入的多尺度下的低维特征，采用间隔统计方法进行聚类个数的选择，并通过 k-means++ 聚类得到初始的聚类结果。

（4）将所得的多尺度水/光/荷特征聚类中心进行解码，生成多时间尺度的水/光/荷场景，并通过聚类指标进行性能评估分析。

2. 数据预处理

数据完整性和准确性是聚类分析的前提，但在数据采集过程中不可避免地存在部分错误数据，可分为冗余数据、异常数据和缺测数据。本章通过检测时间值是否唯一找出冗余数据，采用数据补全技术和数据校正技术对异常值和缺测值进行清洗。清洗流程见图 3.3。

由于采用传统回归、贝叶斯等方法建模增加了计算的复杂度，本章采用统计学习和推理方法进行数据清洗，首先对水、光、负荷数据进行描述性统计分析得出大致概率分布，遍历整个实验数据集，利用拉格朗日插值对缺测值进行填充，见式（3-4）。若发现数据有多行缺省时，考虑采用 B-spline 分段拟合进行数据恢复。

$$x = \sum_{j=0}^{23} x_j \frac{(t-t_1)(t-t_2)\cdots(t-t_{i-1})(t-t_{i+1})\cdots(t-t_{23})}{(t_j-t_1)(t_j-t_2)\cdots(t_j-t_{i-1})(t_j-t_{i+1})\cdots(t_j-t_{23})} \tag{3-4}$$

式中：x 为一天时刻点 t_i 的缺失的数据；x_j 为当天其余 23 时刻 t_j 已知的数据；t_1，…，t_{23} 为其余的时刻点且不包含 t_j。

若 t 时刻测量的水/光/荷数据的变化率与前一时刻的变化率相比有较大差异，或远高于或者低于统计描述的范围时，将其称为异常值即"离群点"，可以采用高斯滤波的方法进行消噪，也可以将其删除并利用数据补全技术进行插补。为了进行 LSTM-AE 神经网络训练，对水、光、负荷数据分别进行 MinMaxScaler 归一化到 [0，1]，采用离差标准化公式

$$x' = \frac{x - x_{\min}}{x_{\max} - x_{\min}} \tag{3-5}$$

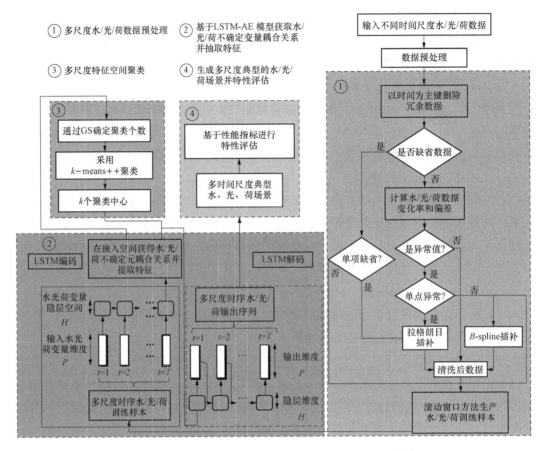

图 3.3　基于 LSTM-AE 的多尺度水/光/荷场景生成框架

式中：x 为清洗后的水/光/荷数值；x' 为归一化后水/光/荷的数值；x_{max} 为样本的最大值；x_{min} 为样本的最小值。

LSTM 是个多层递归的神经网络，归一化后的数据按时间展开成时间序列，训练数据时间总步长为 T，利用 LSTM-AE 进行水光荷特征提取时，要考虑基于 LSTM 网络的水光荷训练样本的生成，根据实际情况选择一个固定的时间步 T' 进行 LSTM 训练，显然 $T' \ll T$，由于本章对多时间尺度电量级、小时级和分钟级的水光荷数据进行聚类，所以选择每隔 1月、1d 生成训练数据，又因为分别每隔 1d、1h、1min 采集一次数据，所以时间步 T' 分别为 30、24、1440，通过递归移动一个时间步 T' 直到到达训练集的末端点 T，总共生成了 $T/30$、$T/24$、T、1440 个训练样本，如果在线采集数据便可以产生无穷的样本。

3. 场景初始特征提取

LSTM 是 RNN 的一种特殊类型，可以规避 RNN 长时间序列数据学习时出现的梯度弥散和梯度爆炸现象，通过门控单元可以学习较长时间的信息。LSTM 每一个隐层不仅仅是一个神经网络，而是由包含遗忘门、输入门、更新门和输出门相互连接的 4 个神经网络组成，产生了一个通过将记忆信息与当前信息进行比较的一个自我衡量、选择忘记的机制进行学习。

LSTM_AE 包括 LSTM 编码和 LSTM 解码两个部分，编码器读取输入的水、光、荷时间序列数据，通过 LSTM 训练将输入的数据变换为低维度向量，然后将低维度向量输入解码器重建原始水光荷时间序列。

编码、解码的过程见式（3-3）和式（3-4）。

$$f_{encoder} : \{x_t^P : t \in [1, T]\} \rightarrow z \tag{3-6}$$

$$f_{decoder} : z \rightarrow \{x_t^P : t \in [1, T]\} \tag{3-7}$$

$f_{encoder}$ 和 $f_{decoder}$ 分别代表 LSTM 编码和解码的过程，其中输入 x 分别为不同时间尺度下的水、光、负荷高维的时间序列数据，维度为 P，z 为相应时间尺度下嵌入低维度的水光荷特征向量，其维度为 H，编码将输入的水光荷复杂时间序列变换到低维度的特征向量中，后续可以在嵌入的低维度特征空间进行聚类，降低水光荷聚类时间维度。解码是编码的相反过程，利用 LSTM 神经网络对编码得到的特征向量训练进行解码，输出仍为 P 维的原始水光荷时间序列，训练过程中使重构误差最小不断调参实现输出数据对输入的复现，使得水光荷时序信息无损重构。通过梯度下降方法进行 LSTM-AE 网络反向传播训练，选择 Adam 优化器进行梯度的更新。

4. 基于聚类目标的场景特征优化

采集实际数据为电量级水电发电量、光伏发电量及负荷用电量，小时级及分钟级水电输出功率、光伏发电功率和实际负荷功率。水电受到自然水文条件的影响，丰水年、枯水年、丰水期、枯水期等年际年内发电量大小变化趋势明显，光伏发电随天气变化出力大小变化明显，负荷需求量也随着时间变化，受温度、实际运行及经济发展的影响，一年不同月份，工作日和节假日量值变化明显。聚类核心问题为相似性度量的问题，本章旨在通过历史时间序列数据得到一些典型工况，而各个变量数据随着时间量值变化明显，可以通过欧式距离进行相似性度量。已经证明在当采用欧式距离的时候 k-means 算更加通用。

k-means 是一种迭代求解的划分聚类分析算法，该算法对初始选取的聚类中心点非常敏感，一旦初始值选择得不好，只能得到局部最优解，无法得到全局的最优解，所以采用 k-means＋＋算法。k-means＋＋选取尽可能离得远的聚类中心。随机选择一个样本为初始聚类中心，计算每个样本与当前已有聚类中心的最短距离，接着计算每个样本被选为下一个聚类中心的概率，最后用轮盘法选择出下一个聚类中心，重复直至选出 k 个聚类中心。

本章采用 k-means＋＋方式在嵌入的低维水光荷特征空间进行聚类产生典型水光荷场景。在原始的 k-means＋＋算法中，每一次的划分所有的样本都要参与运算，数据量大则运算时间长，可以采用 Mini Batch（分批处理）的方法，不必使用所有的数据样本，而是从不同类别的样本中抽取一部分样本来代表各自类型进行计算从而减少计算量。

在嵌入的不同时间尺度下的低维水/光/荷特征空间，对抽取的特征向量 z 进行 k-means＋＋聚类，为了保证聚类的质量，首先需要对场景分型个数进行选择，本章采用间隔统计方法确定最佳聚类个数。

间隔统计量（gap statistics，GS）方法不强依赖经验，只需要找到最大 gap statistic 所对应的聚类个数，首先引入参考测度，这个参考值可以由 Monte Carlo 采样的方法获得。

$$Gap_n(k) = 1/N \sum_{n=1}^{N} \log D_{kn}^* - \log D_k \qquad (3-8)$$

令 $w = (1/N) \sum_{n=1}^{N} \log(D_{kn}^*)$，计算标准偏差见式（3-9）。

$$sd(k) = \left[(1/N) \sum_{n=1}^{N} (\log D_{kn}^* - w)^2 \right]^{1/2} \qquad (3-9)$$

令 $s_k = \sqrt{(1+N)/N} sd(k)$，选择满足 $Gap_n(k) \geqslant Gap_n(k+1) - s_{k+1}$ 的最小的 k 值作为水光荷特征的聚类个数。

5. 仿真实例

本章利用改进 LSTM-AE 特征提取和聚类技术生成某地区水光互补系统典型场景，并通过聚类评价指标与其他传统的场景聚类方法进行分析对比。电量级、分钟级水光荷场景与小电力级水光荷场景生成方法类似，这里只分析电力级水光荷生成场景，电量级与分钟级算例仿真不再一一列举。

首先对采集的数据进行描述性统计分析，得出水、光、负荷时间序列数据的分布，并对响应数据进行均值、标准差、最小值、最大值及 1/4、1/2、3/4 分位数描述，得到数据大致的概率分布。通过高斯滤波消噪剔除异常值，对单点缺测值进行拉格朗日插值，在实验过程中，发现负荷数据有多行大量缺失，对负荷数据进行恢复重构。根据负荷曲线在不同的时刻波动程度不同，将每天分为 5 个时间段，在不同时间段使用不同节点个数进行一次 B 样条曲线拟合，根据负荷年月因子对负荷数据重构后，典型日拟合对比结果如图 3.4 所示。

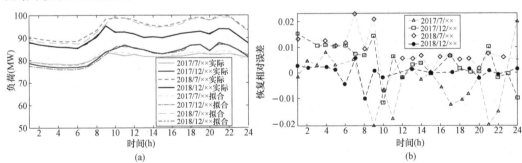

图 3.4 负荷数据恢复结果

（a）B 样条分段负荷重构；（b）负荷恢复相对误差

可以看出通过分段一次 B 样条技术进行负荷数据恢复，相对误差在 2.2 以内，平均绝对百分误差为 4.45%，可以有效地补全负荷数据，完成了水/光/荷数据清洗。

在 Keras 框架下，对归一化的水/光/荷样本进行 LSTM-AE 训练，采用 Adam 优化器,以 MSE(均方根相对误差,Mean - Square Error)作为损失函数进行编译,初始学习率设置为 0.1,批尺寸设置为 32,epoch 设置为 100。

在嵌入的低维水/光/荷特征空间,对提取的特征向量 z_i 进行 k - means++聚类,为保证聚类的质量,首先通过 GS 方法得到最佳聚类个数 k 为 9,生成的典型场景如图 3.5 所示。

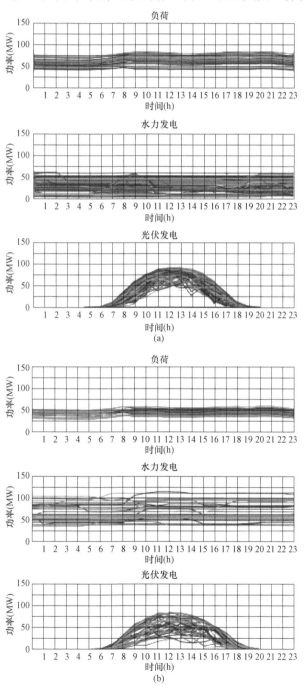

图 3.5 电力级水光荷典型场景(一)

(a)类 1;(b)类 2

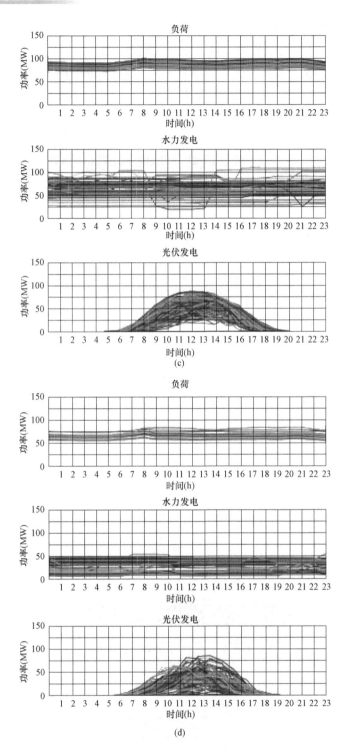

图 3.5　电力级水光荷典型场景（二）

（c）类 3；（d）类 4

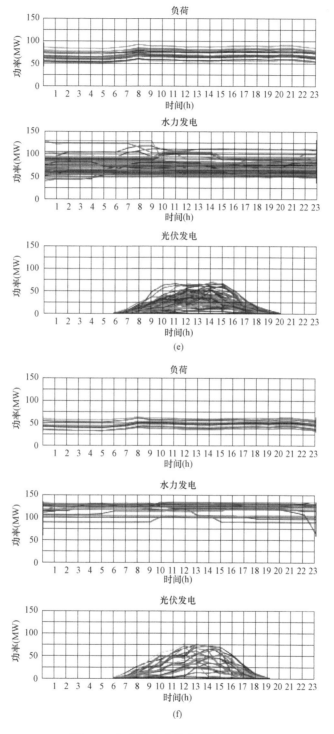

图 3.5　电力级水光荷典型场景（三）

（e）类 5；（f）类 6

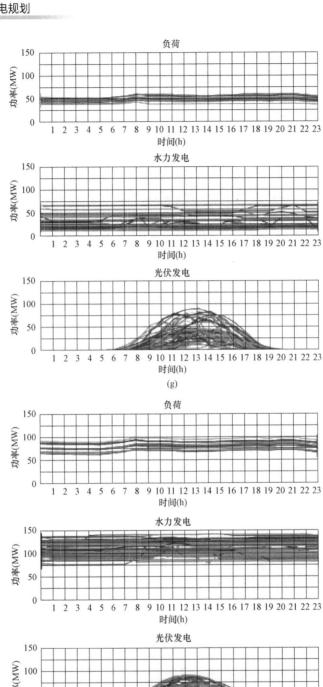

图3.5　电力级水光荷典型场景（四）

（g）类7；（h）类8

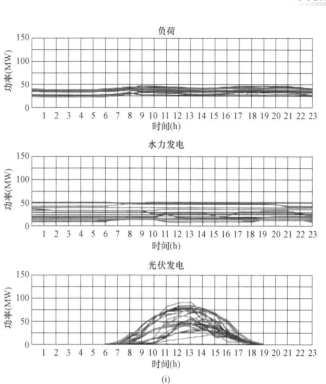

图 3.5 电力级水光荷典型场景（五）

(i) 类 9

水电由于自然径流影响，年内分配不均匀，丰平枯不同时期来水量有较大差异，丰水期流量大，枯水期流量小且稳定。丰水期水电出力大致可达到装机容量的70%～80%多，一般分布在年内 5～10 月；平水期来水量相对稳定，水电出力大致为装机容量的 40%～60%多，一般分布在年内 4、11 月；枯水期降雨量小，来水主要靠地下水补给，水电出力大致为装机容量的 30%左右，分布在 12～3 月。光伏出力曲线为近似正弦包络线，随天气变化曲线波动情况不同，晴天出力曲线平滑，最大出力可达装机容量的 80%，多云天气曲线变化幅度较大，出力可瞬间跌落，阴雨天太阳辐射度小，整体出力偏低。负荷为典型双峰曲线，由于工业生产、居民用电占比不同，负荷消纳水平也不相同，休息日和工作日负荷需求不同，具有明显的日历特性，负荷也随环境温度变化而变化。一般工作日工业生产负荷占比较大，用电负荷大，休息日减少了某些工商业负荷，用电负荷减小，节假日某些工业可能停产，负荷进一步减小。

算例分析中光伏装机 100MW，水电装机 141MW，从图 3.5 中可以看出，聚类得到了 9 类典型场景，第五、六、八类处于丰水期，水电出力大致在 100MW，达到装机容量的 70%～80%多。第八类为晴天大负荷，光伏出力曲线平滑，出力大致在 70～80MW 左右，负荷为典型双峰曲线，大致在 80MW 左右，从聚类结果的时间标签看，主要分布在 7～9 月工作日，聚类所得光伏与爬虫所得的气象数据大致一致，此时间段正好处于丰水期，且由于工作日工业生产和空调等负荷占比大，与聚类所得的负荷特性一致；第五、六类为光伏整体出力较小，主要原因是雨天太阳辐射度小，第五类负荷在 70MW 左右，主要分布在 6～8 月工作日，第六类负荷在 50MW 左右，分布在 6～9 月休息日，由于休息日减少了某些商业负荷，与本地实际负荷特性基本一致，所以第五类代表丰水阴雨大负荷场景，第六类代表丰水阴雨中负荷场景，第八类代表丰水晴天大负荷场景。第二、三类水电出力为 50～80MW 左右，处于平水期，第二类光伏出力波动性大，负荷 50MW 左右，主要分布在 4 月工作日及 11 月休息日，第三类光伏出力曲线平滑，负荷在 80MW 左右，主要分布在 11 月工作日，因此第二类为平水多云中负荷场景，第三类为晴天大负荷场景。第一、四、七、九类水电出力为 30～40MW 左右，为平水期，第一类负荷在 60MW 左右，主要分布在 12 月工作日，第四、七、九类光伏出力整体波动大，第九类负荷极小，主要分布在 2 月，由于当地某重工业停产，导致负荷极大降低。聚类的结果和当地实际情况一致。所生成的 9 类场景与气象数据大体一致，聚类所得典型场景基本反映了负荷的变化，及自然来水的变化和光伏依据天气出力的变化情况。上述聚类得到的 9 类代表性场景分析结果见表 3.1。

表 3.1　　　　　　　　　　　电力级代表性场景

类别	场景	类别	场景	类别	场景
1	枯水晴天大负荷	4	枯水多云大负荷	7	枯水多云中负荷
2	平水多云中负荷	5	丰水阴雨大负荷	8	丰水晴天大负荷
3	平水晴天大负荷	5	丰水阴雨中负荷	9	枯水多云小负荷

聚类评价指标可以对聚类结果进行定量分析，利用误差平方和（sum of squared error, SSE）指标、SIL（轮廓系数，silhousette）指标、CHI（calinski - harabasz index）指标对聚类生成的水光荷场景性能进行分析，其具体计算公式见式（3 - 10）～式（3 - 12）。

（1）SSE 指标。SSE 指标通过计算数据与所处类中心的距离平方和得到

$$s_{SSE} = \sum_{i=0}^{k} \sum_{z \in c_i} \sqrt{(z - c_i)^2} \qquad (3 - 10)$$

式中：s_{SSE} 为 SSE 指标；c_i 为第 i 类簇的聚类中心；z 为聚类到第 i 类簇数据。

s_{SSE} 越小表示聚类质量越好，曲线拐点处为最佳聚类数。

（2）SIL 指标。SIL 指标最早由 Peter J. Rousseeuw 提出，结合内聚度和分离度，将单个样本与同类簇样本相似程度其他类簇样本相似程度进行比较。其计算公式为

$$s_{SIL} = \frac{\sum_{z_i, z_j \notin c_i} \sqrt{(z_i - z_j)^2} - \sum_{z_i, z_j \in c_i} \sqrt{(z_i - z_j)^2}}{\max\left\{\sum_{z_i, z_j \notin c_i} \sqrt{(z_i - z_j)^2}, \sum_{z_i, z_j \in c_i} \sqrt{(z_i - z_j)^2}\right\}} \qquad (3 - 11)$$

式中：s_{SIL} 为 SIL 指标；z_i，$z_j \in C_i$ 为 z_i 和 z_j 是属于同一类簇的样本；z_i，$z_j \notin C_i$ 为 z_i 和 z_j 是不同类簇的样本，取值范围为 $-1 \sim 1$。

SIL 指标值越高，聚类效果更佳。

（3）CHI 指标。CHI 指标为类间离差矩迹与类内离差矩迹的比值，用簇间分散性［用 $tr(B_k)$ 表示］和簇内紧凑性［用 $tr(A_k)$ 表示］来评定聚类质量，其计算公式为

$$s_{CHI} = \frac{tr(B_k)/(k-1)}{tr(A_k)/(n-k)} \quad (3-12)$$

式中：s_{CHI} 为 CHI 指标；n 为训练样本；k 为类别；B_k 为类别之间的协方差矩阵；A_k 为类别内数据的协方差矩阵；tr 为矩阵的迹。

类别内部数据的协方差越小，即簇内越紧凑，类别之间的协方差越大，簇间越分散，CHI 值越高，聚类效果越好。

分别设置聚类数 k 为 $2 \sim 12$，将本章所提的聚类算法和传统的 DTW、k-means 进行对比分析，其评价结果如图 3.6 所示。

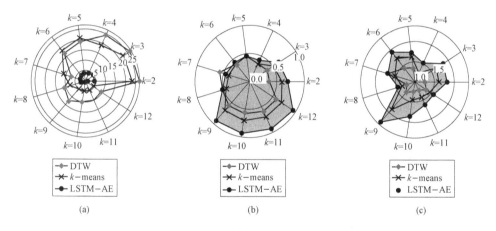

图 3.6　性能指标评价结果

（a）SSE/25；（b）SIL；（c）CHI/20

综合考虑这三项指标，由图 3.6 可知，SSE 指标 $k=9$ 时减小趋于稳定，SIL 指标 $k=9$ 时增大趋于稳定，CHI 指标 $k=9$ 时最大，由此可确定最优聚类数为 $k=9$，所以小时级水光荷场景分型个数应选择为 9。本章所提算法的聚类性能指标 SIL、CHI 基本均高于直接 k-means 和 DTW 方法，而 SSE 指标基本均小于 k-means 和 DTW 算法，由此可见，所提算法的聚类质量要优于直接 k-means 和 DTW 算法。

本节介绍了考虑水力发电、光伏发电、负荷功率相关性的规划场景的生成方法，对规划地区水光发电量及负荷需求量之间的相关性及水光出力与负荷时序相关性进行了分析，基于实际采集的历史水光荷数据，提取水、光、荷典型特征，通过聚类方法对水光荷多变量的融合特性进行建模，构建了典型的水光荷场景。

3.2　多尺度复杂运行工况扩展

本节提出马尔科夫链与序贯蒙特卡洛双重模拟相结合的水光荷典型数据统计特性抽取方法以及基于多尺度时序建模与估计的水光荷不确定性生产数据扩展方法，从而实现水光荷多尺度复杂运行工况的扩展。本节运行工况扩展方法是本章第三节光荷不确定性表达方法研究的前提与基础。

将典型工况扩展至全过程复杂运行工况包含两部分内容，一是如何从历史数据中获取水光荷的时序统计特性；二是将具有时序统计特性的典型数据如果扩展至水光荷全过程复杂运行工况。前者属于电力数据特征抽取，后者属于电力数据扩展。在电力数据特征抽取的基础上开展电力数据多尺度扩展，使得电力数据生成与扩展兼具典型及普适意义。寻求合适的电力数据生成及扩展方法并最大限度地提高数据精度具有重要的应用价值。

电力时序数据与其诸多影响因素之间的复杂非线性关系对电力数据扩展影响巨大。当前，电力数据扩展的常用基本思路是寻求影响因素与负荷之间的非线性关系并进行建模。人工神经网络、支持向量机等一些智能算法凭借其良好的非线性拟合能力，在电力数据生成中具有很大优势。此外，各种改进型优化算法也大规模应用于电力数据扩展与生成。例如有文献提出的基于小波变换和模糊自适应共振理论映射网络的新的混合智能算法、经验模式分解方法、基于加权最小二乘的状态预估模型和算法等，都展示了在电力数据预测与扩展方便的应用，并取得了不错效果。

上述方法在充足样本数据时均具有较好的数据恢复水平，但是由于实际系统条件差别很大，若电力历史数据有限或存有缺陷，电力数据统计特性不能完整体现，实际应用中会受到很大限制。因此，这里提出了电力数据特征抽取与数据生成扩展相结合的电力数据两阶段扩展方法。首先采用马尔科夫链与序贯蒙特卡洛模拟联合方法提取水光荷等电力数据统计特性，然后采用多时间尺度时序建模与估计的方法进行电力数据时序扩展。以下将对水光荷等不确定性电力时序数据统计特性抽取及多尺度时序建模与估计方法展开阐述。

3.2.1　典型水光荷数据统计特征抽取

1. 水光荷随机数据马尔科夫链解析表达

水光荷不确定性时序数据可以用随机过程表示，并利用马尔科夫链解析法对其进行建模。基本思路是将水光荷时序随机过程根据模拟精度划分成有限个离散状态，所有的离散状态集合与各离散状态间的转移关系即可构成一个马尔科夫链。

将水光荷不确定时序数据划分成 N 个离散状态，定义状态 i 与状态 j 之间的转移率为

$$\lambda_{ij} = \frac{N_{ij}}{T_i} \qquad (3-13)$$

式中：λ_{ij} 为转移率（次/h）；N_{ij} 为从状态 i 到状态 j 转移的次数；T_i 为 i 状态在整个统计周期内的持续时长。

以光伏离散状态时序出力为例，其状态空间如图 3.7 所示。

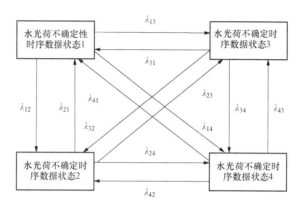

图 3.7　水光荷不确定性时序数据离散状态空间

根据水光荷不确定性时序数据状态空间图建立状态转移矩阵。状态转移矩阵定义为维数为不确定性时序数据状态数 N，各不确定性时序数据状态对应矩阵中一行和一列。转移率 λ_{ij} 则为矩阵中第 i 行 j 列的元素，状态 i 向 j 无转移则该元素为零。各行对角线元素等于 1 减其余元素之和。N 离散状态不确定时序数据转移矩阵 $\boldsymbol{T}$ 可表示为式（3-14）。

$$\boldsymbol{T} = \begin{bmatrix} 1 - \sum\limits_{j=1\&j\neq1}^{N} \lambda_{1j} & \lambda_{12} & \cdots & \lambda_{1N} \\ \lambda_{21} & 1 - \sum\limits_{j=1\&j\neq2}^{N} \lambda_{2j} & \cdots & \lambda_{2N} \\ \vdots & \cdots & \ddots & \vdots \\ \lambda_{N1} & \lambda_{N2} & \cdots & 1 - \sum\limits_{j=1\&j\neq N}^{N} \lambda_{Nj} \end{bmatrix} \qquad (3-14)$$

根据马尔科夫过程逼近原理，极限状态概率在进一步转移过程中保持不变，其数学表示为

$$P(\boldsymbol{T} - \boldsymbol{I}) = 0 \qquad (3-15)$$

式中：P 为状态概率矢量，由水光荷不确定性时序数据各离散状态发生概率构成；$\boldsymbol{I}$ 为单位矩阵。

考虑到全概率条件，水光荷不确定性时序数据各离散状态发生概率之和为 1，即可构成用于求解水光荷不确定性时序数据各离散状态概率的 N 维线性方程组，见式（3-16）。

$$\begin{bmatrix} 1 & 1 & \cdots & 1 \\ \lambda_{12} & -\sum_{j=1\&j\neq2}^{N}\lambda_{2j} & \cdots & \lambda_{N2} \\ \vdots & \cdots & \ddots & \vdots \\ \lambda_{1N} & \lambda_{2N} & \cdots & -\sum_{j=1\&j\neq N}^{N}\lambda_{Nj} \end{bmatrix} \begin{bmatrix} \boldsymbol{P}_1 \\ \boldsymbol{P}_2 \\ \vdots \\ \boldsymbol{P}_N \end{bmatrix} = \begin{bmatrix} 1 \\ 0 \\ \vdots \\ 0 \end{bmatrix} \qquad (3-16)$$

式中：$\boldsymbol{P}_1$、$\boldsymbol{P}_2$，…，$\boldsymbol{P}_N$ 为各状态发生概率值。

依据频率-持续时间法，可由式（3-17）计算光伏进入各出力状态的频率。光伏各出力状态平均持续时间可用离开该状态转移率总和的倒数表示，具体见式（3-18）。

$$f_i = P_i \sum_{j=1}^{N_d^i} \lambda_{ij} \qquad (3-17)$$

$$t_i = \frac{1}{\sum_{j=1}^{N_d^i} \lambda_{ij}} \qquad (3-18)$$

式中：f_i 为光伏状态 i 的进入频率；t_i 为状态 i 的平均持续时长；N_d^i 为离开状态 i 的转移数。

至此，可由上述解析法得到水光荷不确定性时序数据各离散状态的发生概率、进入各状态频率以及各状态持续时长等参数。

2. 水光荷随机数据序贯蒙特卡洛模拟

序贯蒙特卡洛法在模拟过程中考虑了时序因素，在整个模拟过程是根据时间顺序推进的，所以序贯蒙特卡洛法可以模拟真实运行过程，在处理时变性问题时具有其独特优势。基于状态持续时间的序贯蒙特卡洛模拟法流程如图 3.8 所示。

根据由马尔科夫链解析法求得的水光荷状态概率及状态持续时长等参数，采用双重序贯蒙特卡洛抽样法对模拟水光荷随机数据，得到其时序数据序列。以下仍以不确定时序数据模拟为例，阐述水光荷双重蒙特卡洛模拟的具体流程。

首先对水光荷不确定性时序数据状态进行抽样。在 N 个水光荷不确定性时序数据中，根据计算获得的各状态发生概率，在 [0，1] 区间抽取均匀分布随机数 S，根据式（3-19）由大数定律即可确定水光荷不确定性时序数据所处状态。

$$PV = \begin{cases} PV_1 & 0 \leqslant S \leqslant P_1 \\ PV_2 & P_1 \leqslant S \leqslant P_1 + P_2 \\ \vdots & \vdots \\ PV_N & \sum_{i=1}^{N-1} P_i \leqslant S \leqslant \sum_{i=1}^{N} P_i \end{cases} \qquad (3-19)$$

式中：PV、PV_1、PV_2，…，PV_N 为水、光当前出力及随机负荷状态。

然后，在已确定的水光荷时序数据状态下抽取该状态的实际持续时间。资料显示，

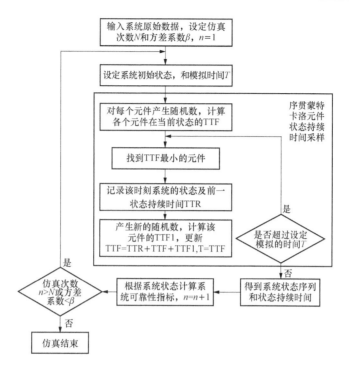

图 3.8　序贯蒙特卡洛模拟法流程图

水光荷等随机生产数据等效为多状态随机时序过程，且各状态持续时间可按服从指数分布处理。指数分布的累积概率分布函数可表示为

$$F(d) = 1 - e^{-\frac{1}{T}d} \qquad (3 - 20)$$

式中：d 为各状态实际持续时长，s；$F(d)$ 为持续时间累积分布函数；T 为各状态平均持续时长。

生成一个服从均匀分布的随机数 R，将其等价于水光荷不确定性时序数据状态持续时长累积概率，并进行逆变换处理，即得对实际持续时长抽样的抽样公式

$$d = -T\ln(R) \qquad (3 - 21)$$

式中：R 为 $[0，1]$ 区间内的均匀分布随机数。

由式（3-19）与式（3-21），可模拟得到水、光实际出力及实际负荷时序曲线。采用马尔科夫链解析与双重序贯蒙特卡洛模拟法的水光荷不确定性时序生产数据整体模拟流程如图 3.9 所示。

3.2.2　水光荷多尺度时序建模与估计

1. 水光荷多尺度时间特性及建模

上述章节提出了基于 LSTM 的自编码机降低数据维度，采用 Nadam 优化器调参，利用随时间方向传播算法进行 LSTM 自编码机神经网络的训练从而对降维度的数据进行 FCM 聚类，得到低维空间的聚类中心。最后，对所得的低维聚类中心进行解码得到原

65

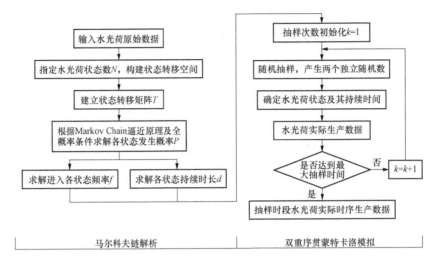

图 3.9 水光荷不确定性时序生产数据模拟流程

始高维数据的聚类中心,对所得的典型场景进行分析。这里基于该聚类方法,对水光荷生产数据进行扩展。

这里介绍用于水光荷数据扩展的多尺度时序建模与估计方法。从数据统计的视角来看,日水光不确定性出力及负荷功率数据是关于时间的函数。而不同年份、月份,不同时刻的水光荷不确定性数据也不尽相同,故可将某一典型日的水光荷看作关于年份、月份、时刻的多元函数,见式(3-22)。当社会经济逐年稳步发展时,若以年为时间颗粒度,各年的水光荷不确定性数据大小应随年份的增加而单调递增,而时序水光荷曲线基本形态保持不变。可认定典型日水光荷不确定性数据大小是年份的线性函数。用数学符号表示两者关系,见式(3-23)。

$$y = \Phi(y, m, t) \tag{3-22}$$

$$y = (\beta_1 + \beta_2 y)\varphi(t) \tag{3-23}$$

由于不同月份的日水光荷数据随年份变化关系不同,式(3-23)中 β_1 与 β_2 不是常数系数,而是月份的函数。资料显示,电力水光荷的中长期变化通常具有一定惯性。在年水光荷数据中,具有相同温度、天气等外部条件下的月份中,电力水光荷不确定性数据往往很接近。比如同年度中,一月份的日水光荷数据与十二月份的日水光荷数据基本保持一致。基于此,日水光荷与月份的变化关系可以采用二次函数来刻画。数学表达见式(3-24)和式(3-25)。

$$\beta_1(m) = b_{11} + b_{12}m + b_{13}m^2 \tag{3-24}$$

$$\beta_2(m) = b_{21} + b_{22}m + b_{23}m^2 \tag{3-25}$$

式(3-22)中使用 y 刻画典型日水光荷与年份的关系不具有解释性和实际意义。本文引入年特征变量 γ_{year} 代替 y。其确定方法为选定具有代表性的某年水光荷作为基准年水光荷,利用式(3-26)确定 γ_{year}:

$$\gamma_{\text{year}} = \frac{\text{第 } y \text{ 年日平均负荷}}{\text{基准年日平均负荷}} \tag{3-26}$$

将式（3-24）～式（3-26）代入式（3-23）中，即可得日水光荷模型，具体如下：

$$y = \begin{bmatrix} (b_{11} + b_{12}m + b_{13}m^2) \\ + (b_{21} + b_{22}m + b_{23}m^2)\gamma_{\text{year}} \end{bmatrix} \varphi(t) \tag{3-27}$$

令

$$\alpha(y,m) = \beta_1(m) + \beta_2(m)\gamma_{\text{year}} \tag{3-28}$$

则式（3-22）可以变形为

$$y = \Phi(y,m,t) = \alpha(y,m)\varphi(t) \tag{3-29}$$

2. 模型非参处理及估计方法

由上述推导可知，式（3-22）所表示的日水光荷模型是 $\varphi(t)$ 的一个变系数模型。其中 $\alpha(y, m)$ 是 y，m 的参数函数，$\varphi(t)$ 是 t 的非参数函数。对于 $\varphi(t)$，这里采用 B-spline 基展开，可得

$$\varphi(t) = \sum_{k=1}^{K} c_k B_k(t), t = 1, \cdots, 24 \tag{3-30}$$

式中：$B_k(t)$ 为 k 次 B 样条基函数；c_k 为 k 次 B 样条基函数系数。

将式（3-30）代入式（3-29）中，展开即可得到日水光荷的最终模型，见式（3-31）。

$$y = \begin{bmatrix} (b_{11} + b_{12}m + b_{13}m^2) + \\ (b_{21} + b_{22}m + b_{23}m^2)\gamma_{\text{year}} \end{bmatrix} \sum_{k=1}^{K} c_k B_k(t) \quad t = 1, \cdots, 24 \tag{3-31}$$

（1）模型参数估计。式（3-31）所示模型中的系数有 b_{11}，b_{12}，b_{13}，b_{21}，b_{22}，b_{23} 和 c_k，$k=1$，$\cdots$，K，令

$$b = (b_{11}, b_{12}, b_{13}, b_{21}, b_{22}, b_{23}) \tag{3-32}$$

$$c = (c_k, k = 1, \cdots, K) \tag{3-33}$$

$$\theta = (b, c) \tag{3-34}$$

这里采用二次损失函数，最小化残差平方和对模型中参数进行估计。此时，θ 值可以通过式（3-35）得出。

$$\theta = \arg_{\theta}\min \sum_{y\_\min}^{y\_\max} \sum_{m=1}^{12} \sum_{t=1}^{24} \left[y_{y,m,t} - \alpha(y,m) \sum_{k=1}^{K} c_k B_k(t) \right]^2 \tag{3-35}$$

日水光荷模型参数估计的主要步骤如图 3.10 所示。

参数 c_k 的估计表达式见式（3-36）：

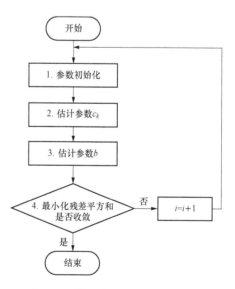

图 3.10　模型参数估计主要步骤

$$c^i = \arg_c \min \sum_{y\_min}^{y\_max} \sum_{m=1}^{12} \sum_{t=1}^{24} \left\{ y_{y,m,t} - \begin{bmatrix} (b_{11}^{i-1} + b_{12}^{i-1}m + b_{13}^{i-1}m^2) + \\ (b_{21}^{i-1} + b_{22}^{i-1}m + b_{23}^{i-1}m^2)\gamma_{year} \end{bmatrix} \sum_{k=1}^{K} c_k B_k(t) \right\}^2$$

$$(3-36)$$

参数 b 的估计表达式见式（3-37）。

$$b^i = \arg_b \min \sum_{y\_min}^{y\_max} \sum_{m=1}^{12} \sum_{t=1}^{24} \left\{ y_{y,m,t} - \begin{bmatrix} (b_{11} + b_{12}m + b_{13}m^2) + \\ (b_{21} + b_{22}m + b_{23}m^2)\gamma_{year} \end{bmatrix} \sum_{k=1}^{K} c_k^i B_k(t) \right\}^2$$

$$(3-37)$$

（2）B-spline 参数优选及误差衡量指标。式（3-31）所示的日水光荷模型中，非参函数 $\varphi(t)$ 采用 B-spline 基函数线性组合表示。基函数系数由上述参数估计方法求得，而 B-spline 样条节点数目及样条次数等参数由日水光荷曲线的波动变化决定，需要对其进行优选。而日水光荷曲线在日内不同时段内的波动形态不尽相同。为此，需要对日水光荷进行分段处理，在不同时段使用不同节点个数和不同次数的 B 样条来逼近 $\varphi(t)$。

根据常见水光荷日内波动的统计规律，1~3 点、3~9 点两时段水光荷曲线波动较小；9~13 点，水光荷曲线随时间变化稍微波动；13~21 点，水光荷曲线波动较大；21~24 点，水光荷曲线随时间变化直线下降。据此规律，将日水光荷按以下三种情形分段，并对各时段采用不同次数的 B-spline 拟合：

情形一：将水光荷日分为 [1:13]，[13:17]，[17:21]，[21:24] 四个时段，对第一时段用二次 B 样条拟合，其他三个时段一次 B 样条拟合；

情形二：将水光荷日分为 [1:9]，[9:17]，[17:21]，[21:24] 四个时段，对第一时段和第二时段用二次 B 样条拟合，最后两个时段用一次 B 样条拟合；

情形三：将水光荷日分为 [1:9]，[9:13]，[13:17]，[17:21]，[21:24] 五个时段，对五个时段分别用一次 B 样条拟合。

分别对以上三种情形下的拟合结果进行评判，选取拟合误差最小时的参数作为日水光荷 B-spline 节点个数和样条次数的指定参数。对于 B-spline 拟合误差衡量指标，以下将引入尺度化残差平方和（residual sum of squares，SSR）、平均绝对百分误差（mean absolute percentage error，MAPE）、尺度化残差（scaled residual，SR）、相对误差（relative error，RE）多维误差指标对日水光荷数据拟合误差进行综合评判，并取四种指标表现均优的参数作为 B-spline 参数的最优值，并将其反馈于日水光荷模型最优参数估计。

3. 周尺度水光荷数据生成方法

在日水光荷数据生成方法的基础上，开展对周水光荷数据生成方法的讨论。在电力水光荷管理中，各年度的周一至周日平均水光荷与本地年平均水光荷的比值是一个重要的统计参数。周水光荷由工作日水光荷和周末水光荷组成，这里设置工作日水光荷特征变量与周末水光荷特征变量共同表征周水光荷特性，分别用 ω_w，$w=1$，2，…，5、ω_w，$w=1$，2 表示。以下给出工作日水光荷生成方法，周末水光荷与之同理，不再赘述。

采用上文中所述水光荷数据生成方法对典型工作日水光荷进行再生与恢复，并将其作为一月之中具有代表性的工作日水光荷数据，认定其曲线即是当月平均工作日水光荷曲线。基于此，典型工作日平均水光荷与年平均水光荷的比值百分数 $\bar{\omega}$ 可用式（3-38）表示。

$$\bar{\omega} = \frac{1}{5}\sum_{w=1}^{5}\omega_w \times 100\% \tag{3-38}$$

待求日水光荷估计 $\hat{g}$ 与典型日水光荷 $\hat{y}$ 之比和两者分别与年平均水光出力及负载功率的百分数之比相同，用数学等式表示为

$$\frac{\hat{g}}{\hat{y}} = \frac{\hat{g}/V_A}{\hat{y}/V_A} = \frac{\omega_w}{\bar{\omega}} \tag{3-39}$$

式中：V_A 为年平均水光出力及负载功率，MW。

整理式（3-39），并将式（3-38）代入，即得周内每日的水光荷曲线估计表达式

$$\hat{g}(y,m,d,t) = \hat{y}_{y,m,t} \times \frac{\omega_w}{\bar{\omega}} = \hat{y}_{y,m,t} \times \frac{5\omega_w}{\sum_{w=1}^{5}\omega_w} \tag{3-40}$$

式中：$\hat{g}(y,m,d,t)$ 为周内工作日水光荷曲线估计。

周末水光荷亦可采用该方法进行生成，由此即可得周内每日水光荷数据时序表达。若时序完成各周水光荷的数据生成，则可获得月、年、多年等中长时间尺度的水光荷时序数据。

3.2.3 算例及分析

以上各小节阐述了基于多尺度时序建模与估计的水光荷等不确定时序生产数据生成方法。由于对水光荷所有情况进行算例分析是不现实的，因此本小节将以电力负荷为例，选取某地区 2013～2018 年典型历史负荷数据进行负荷数据生成，以验证所提数据生成方法的有效性及可行性。

历史负荷数据选取时间跨度为 6 年，每年 7 月份（夏季）和 12 月份（冬季）各有一天典型日负荷数据（小时级），共计 6×2 天负荷数据，6×2×24 个数据点，从图 3.11 和图 3.12 历史各日负荷时序曲线可以看出，7 月和 12 月日负荷随着年份变化曲线形状基本保持不变，曲线位置发生了平移。7 月日负荷随着年份的增加而单调递增，增长速度先慢后快。而 2015 年 12 月典型日负荷小于 2014 年和 2016 年 12 月典型日负荷，12 月典型日负荷随着年份的增加不具有单调递增性质。因此，典型日负荷随着年份的变化而发生改变，7 月和 12 月典型日负荷呈现不同的变化规律。

按照上述三种情形下的 B-spline 节点及样条次数，分别拟合各日负荷，并按给定方法对参数 c_k 和 b 分别进行估计，直至参数收敛。负荷数据生成结果分别在图 3.13～图 3.18 中集中展示。

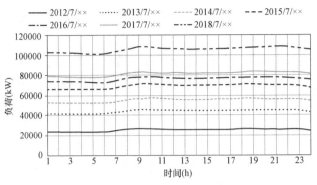

图 3.11 2013～2018 年 7 月（夏季）日负荷曲线

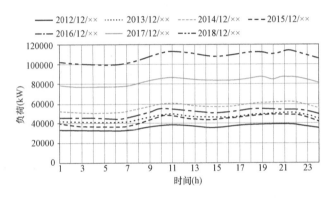

图 3.12 2013～2018 年 12 月（冬季）日负荷曲线

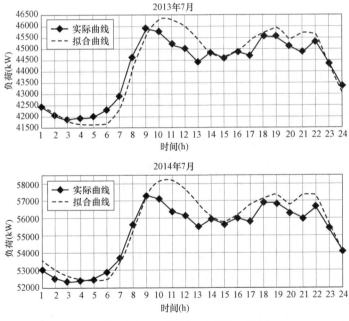

图 3.13 7 月（夏季）日负荷生成曲线（情形一）（一）

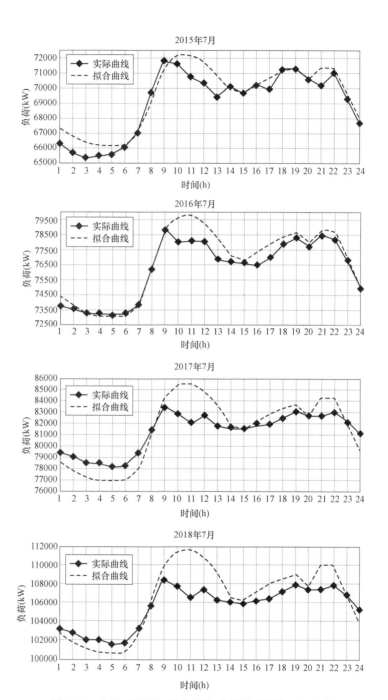

图 3.13　7 月（夏季）日负荷生成曲线（情形一）（二）

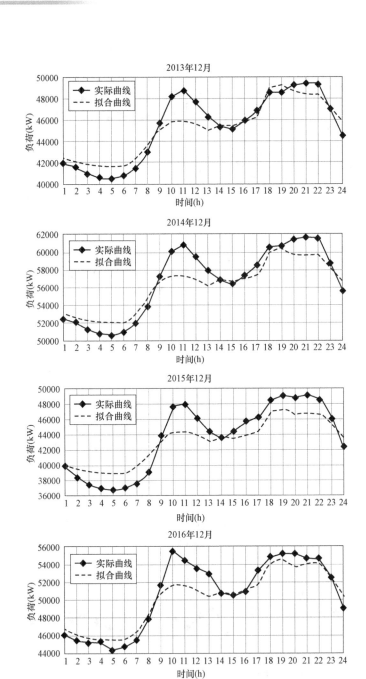

图 3.14　12 月（冬季）日负荷生成曲线（情形一）（一）

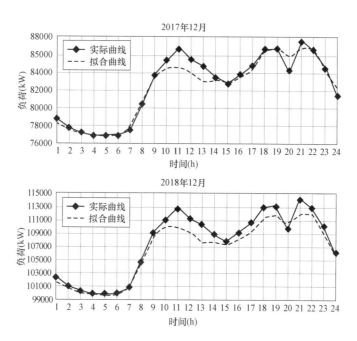

图 3.14　12 月（冬季）日负荷生成曲线（情形一）（二）

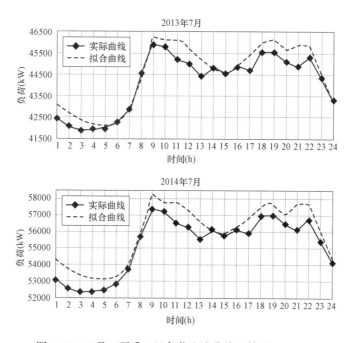

图 3.15　7 月（夏季）日负荷生成曲线（情形二）（一）

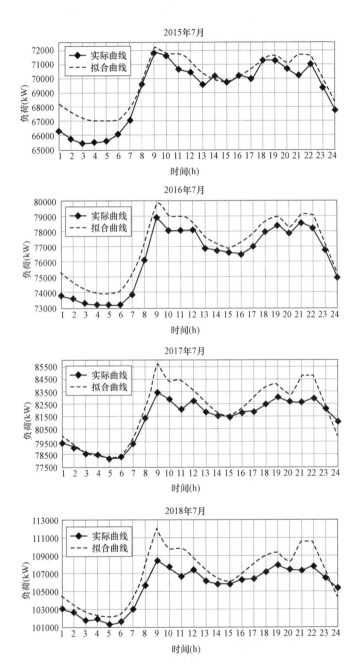

图 3.15　7月（夏季）日负荷生成曲线（情形二）（二）

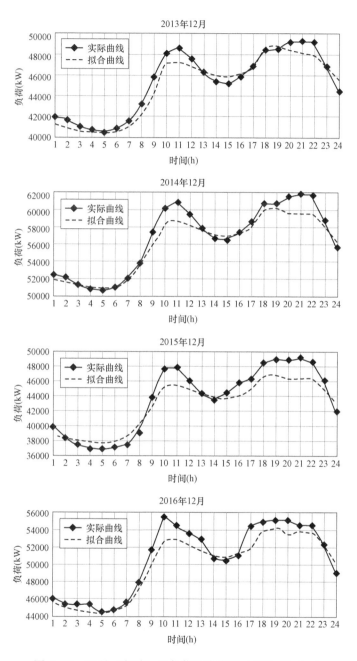

图 3.16 12 月（冬季）日负荷生成曲线（情形二）（一）

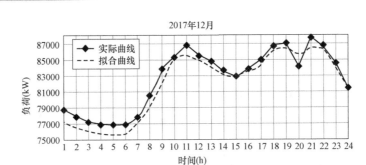

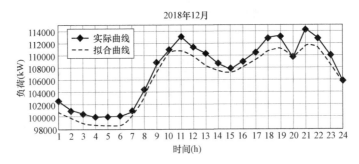

图 3.16　12 月（冬季）日负荷生成曲线（情形二）（二）

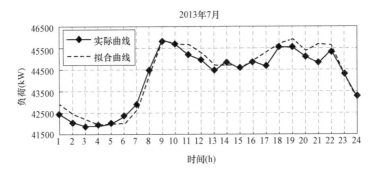

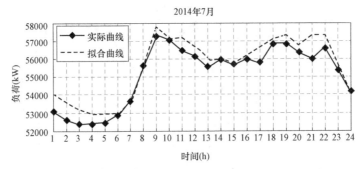

图 3.17　7 月（夏季）日负荷生成曲线（情形三）（一）

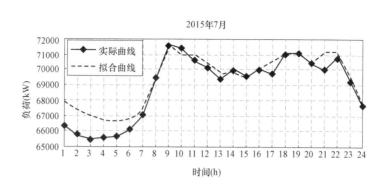

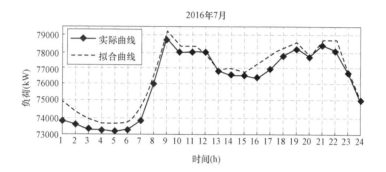

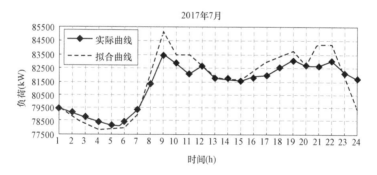

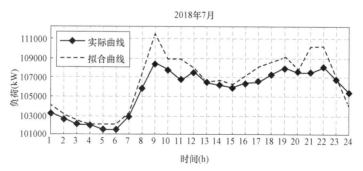

图 3.17　7 月（夏季）日负荷生成曲线（情形三）（二）

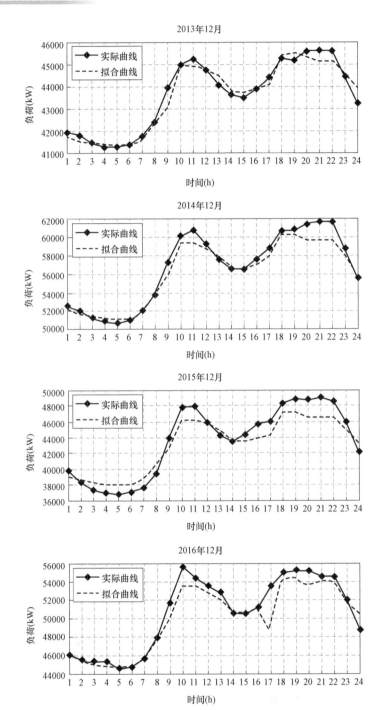

图 3.18　12月（冬季）日负荷生成曲线（情形三）（一）

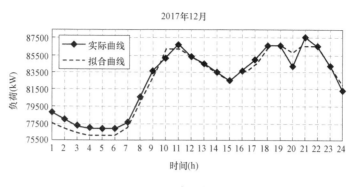

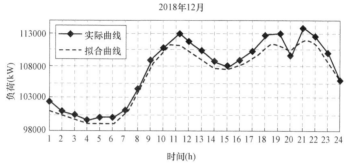

图 3.18　12 月（冬季）日负荷生成曲线（情形三）（二）

图 3.13～图 3.18 中，虚线表示生成的负荷曲线，实线表示实际负荷曲线。可以看得出来，三种拟合情形下生成的日负荷曲线与实际日负荷曲线都很接近，说明具有复杂波动的负荷曲线可以被较好地生成出来，从而验证了本节所提方法的有效性。其中，采用情形三参数拟合到的日负荷曲线与真实典型日负荷最接近，说明情形三设定的五个时间段，分别采用一次样条进行 B - spline 拟合是最有效的。接下来，采用 SSR、MAPE、SR 和 RE 等四种误差衡量指标分别对各情形下数据生成误差进行评判，以再次求证 B - spline 拟合的最优参数。误差评价结果具体如下：

（1）SSR。三种情形下恢复得到的负荷数据的 SSR 见表 3.2。

表 3.2　　　　　　　　　　　不同情形下负荷数据 SSR

情形	情形一	情形二	情形三
SSR	0.0155	0.0149	0.0142

由表 3.2 可知，情形三下的样条分段和样条次数选择方案所取得的恢复效果最佳，尺度化残差平方和最小。

（2）MAPE。根据三种情形下负荷数据，求取各自 MAPE，具体见表 3.3。

表 3.3　　　　　　　　　　　　不同情形下负荷数据 MAPE

情形	情形一	情形二	情形三
MAPE/%	4.84	4.72	4.45

可以看出，仍然是情形三下所生成的负荷数据平均绝对百分误差（MAPE）最小，说明此时数据生成结果相较于实际数据的平均偏离程度最低。

（3）SR。三种情形下生成的负荷数据尺度化残差图如图 3.19 和图 3.20 所示。

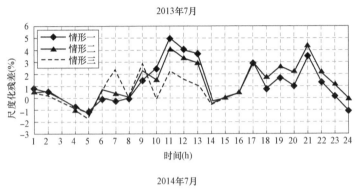

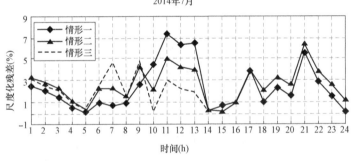

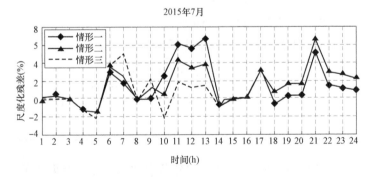

图 3.19　三种情形下 7 月（夏季）负荷数据残差图（一）

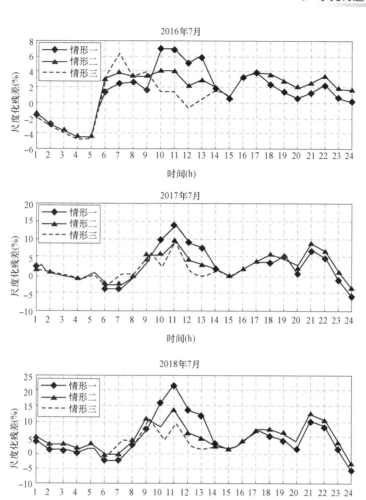

图 3.19 三种情形下 7 月（夏季）负荷数据残差图（二）

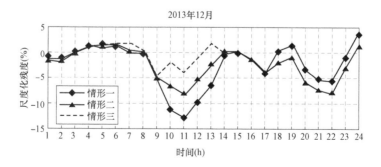

图 3.20 三种情形下 12 月（冬季）负荷数据残差图（一）

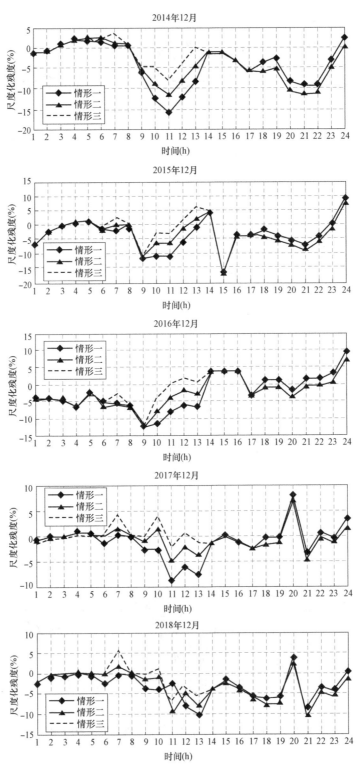

图 3.20　三种情形下 12 月（冬季）负荷数据残差图（二）

从图 3.19 和图 3.20 可以看出，7 月和 12 月典型日负荷恢复的尺度化残差在情形三下的样条分段方案下最接近零，与真实典型日负荷差距最小。因此，情形三把负荷日分为[1:9]，[9:13]，[13:17]，[17:21]，[21:24]五个时段，对五个时段分别用一次 B - spline 拟合的方案是最优方案。

（4）RE。按照三种情形设定的 B - spline 节点及样条次数，生成的日负荷数据相对误差图如图 3.21 和图 3.22 所示。

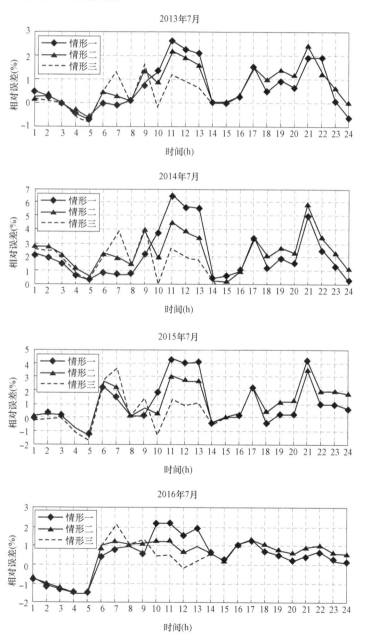

图 3.21　三种情形下 7 月（夏季）负荷数据相对误差图（一）

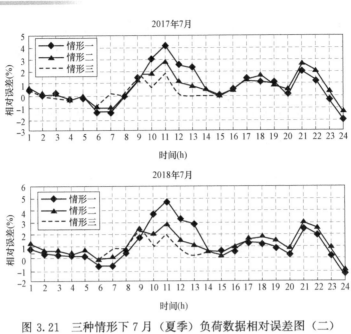

图 3.21　三种情形下 7 月（夏季）负荷数据相对误差图（二）

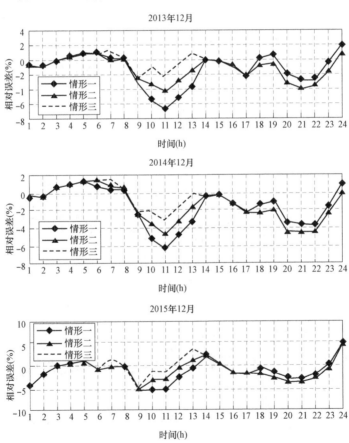

图 3.22　三种情形下 12 月（冬季）负荷数据相对误差图（一）

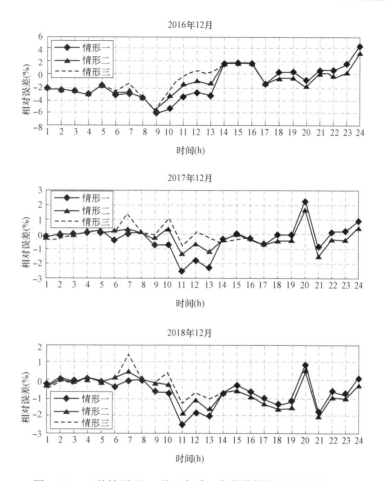

图 3.22 三种情形下 12 月（冬季）负荷数据相对误差图（二）

从图 3.21 和图 3.22 可以看出，7 月和 12 月典型日负荷生成的相对误差在三种情形下都接近零，其中第三种样条分段情况下最接近于零，与真实典型日负荷差距最小。因此，在第三种样条分段和样条次数选择下负荷数据的生成效果最佳，再次验证了情形三设定的 B-spline 参数为最佳。

综合三种情形下不同 B-spline 拟合参数的日负荷数据生成效果，及四种评价指标对不同情形下误差评判结果来看，情形三的日负荷恢复效果最佳，这说明情形三设定的 B-spline 节点与样条次数等参数是应用于生成日负荷曲线的最优参数。

对于周负荷数据的生产，这里选取某地区 2004—2008 年周负荷数据。其周一至周日的日平均负荷与年平均负荷的百分数见表 3.4。将表中数据按照上述周负荷数据生成方法设置成为周负荷工作日特征变量及周末特征向量，运用估计公式（3-40）就可以通过已生成的日负荷数据得到一周之内各天的日负荷估计曲线，从而达到周负荷数据生成与预测目的。

表 3.4		某地区周内各日平均负荷与年均负荷百分数（%）		
年度	2004	2005	2006	2007	2008
周一	100.1	99.71	99.8	99.11	99.38
周二	100.03	100.55	100.57	99.81	100.07
周三	100.26	100.62	100.63	100.47	100.31
周四	100.49	100.79	101.39	101.1	100.19
周五	100.84	101.42	101.25	101.57	101.04
周六	99.59	99.5	98.96	99.85	100.43
周日	98.69	97.42	97.4	98.08	98.58

图 3.23 和图 3.24 是分别是 2007 年 10 月份和 2008 年 3 月份一周内各天负荷数据生成结果。如各周分别生成某日负荷数据作为典型日负荷，然后按照该方法则可扩展至月、年，甚至多年的日负荷数据生成。

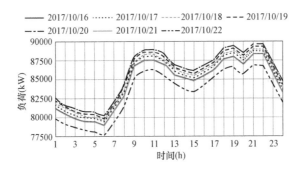

图 3.23 2007 年 10 月份周负荷恢复曲线

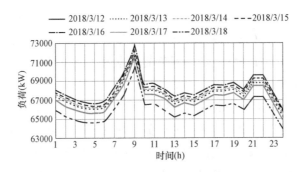

图 3.24 2008 年 3 月份周负荷恢复曲线

本节首先对用于水光荷多状态概率性时序数据模拟的马尔科夫链（Markov chain）—序贯蒙特卡洛模拟（sequential monte - carlo simulation）法展开介绍，然后在抽取水光荷统计特性基础上，引入数据处理与分析思想建立了电力负荷多尺度时序模型，给出了基于 B - spline 基函数展开法的模型求解方法，并运用最小化样本残差平方策略对负荷模型中的参量及非参量进行估计。引入评价电力负荷数据生成误差的四个衡量指标，并对三种情形下负荷生成结果进行评价，最终得到用于电力负荷生成的 B-spline 最优参数。基于典型日负荷估计曲线，给出了周负荷数据生成方法。通过某地区负荷数据的算例验证，证实了本方法的可行性及有效性，为水光荷等不确定生产数据生成及预测提供了一种行之有效的新方法。

3.3 水光蓄电力电量全工况及未来工况不确定性表达

在水光蓄多尺度复杂运行工况扩展分析的基础上，对于水光蓄互补联合发电系统多尺度不确定特性，本节集中对联合发电系统中强不确定性的光伏系统与电力负荷的不确定表达方法展开探讨。

3.3.1 光伏电力电量全工况及未来工况不确定表达

采用聚类分析与混合高斯拟合相结合的方法，提取与估计不同时间尺度的光伏概率性波动区间，配合光伏预测技术得到未来不同工况下光伏出力区间分位点概率不确定性表达。

1. 光伏未来工况不确定性分析

光伏出力预测模型是指能预测未来一定时间内光伏出力的模型。光伏出力预测的模型随着需要预测的对象不同而不同，没有一个统一的预测模型。对于光伏出力预测而言，既可以建立单个光伏阵列的预测模型，也可以建立一大块地理区域内的系统聚合模型。光伏出力的预测方法可以大致分为物理方法和统计方法。物理方法使用太阳能和光伏模型来生成光伏预测出力，而统计方法主要依靠过去的数据来"训练"模型，很少或根本不依赖太阳能和光伏模型，两种方式各有特点和优劣，其适用范围也有所不同。

光伏功率预测方法的分类方式很多，根据预测过程的不同，可分为直接法和间接法；根据建模方式的不同，可分为物理方法和统计方法；根据预测时间尺度不同，可分为超短期（0~6h）、短期（6h~1d）和中长期（1月~1年）预测法；根据预测的空间范围大小不同，可分为单场预测和区域预测。直接预测法是根据光伏功率历史数据直接进行预测；间接预测法是首先预测地表或光伏电池板接收的太阳辐照度，再预测光伏功率。直接法与间接法预测流程如图 3.25 所示。

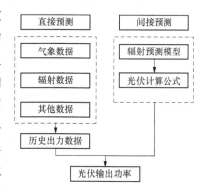

图 3.25 直接法与间接法预测流程图

本文对小金县实际数据进行建模，将小金县光伏电站 1 年分钟级别数据分为 $365 \times 24 \times 60$ 样本，例如每个小时（6：30—7：30）的 60 个数据归为 7：00 样本集中，以此类推，将一年数据分为 12 个。在聚类出 $3 \times 24 \times 60$ 的点上，将 6：30 到 7：30 全部数据在聚类中心 7 点的基础上利用式（2-1）得到标准化的波动样本，利用标准化提取对应的短时（分钟级别）波动量，建立波动频率统计直方图，使用高斯回归过程拟合三种典型类型下的累积分布函数。将一年小时级别数据聚类为三类，并利用相似办法提取小时波动规律。最后通过实际案例验证提取波动规律的准确性。

2. 光伏历史数据分析

根据历史的光伏数据，选取一天光伏数据如图 3.26 所示，15min 级和小时级光伏数据基本能反映出光伏的趋势序列，相对于分钟级别光伏数据而言，体现由大气、云层运动导致的短时波动，而小时级别数据体现的是比较平滑的光伏出力趋势。因此，为了更好地挖掘出光伏功率曲线的特性，把光伏曲线分解为小时级别光伏趋势分量与分钟级别波动分量叠加。

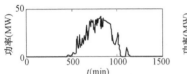 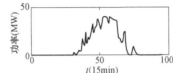 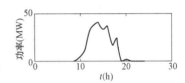

图 3.26　同一天不同时间级别光伏出力图

为了提取光伏小时级别趋势序列，将光伏数据分成 4 个样本子集，分别是 1—3 月、4—6 月、7—9 月、10—12 月，以季度为单位的样本集合能很好地保留了其季节特性。针对历史数据中某一个季度的数据如图 3.27 所示。本文通过聚类的方法来提取小时级别趋势序列，假设原本样本集是 90d×1440min 的矩阵，将样本划分为 90×（24×60），其含义为将 9：30—10：30 所涵盖的所有分钟级别数据全部归为 9：00 时刻的样本集合，其余每个整点数据集合以此类推。

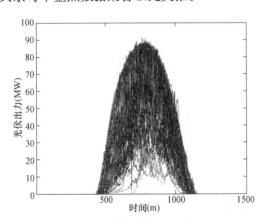

图 3.27　某季度光伏数据曲线

因为天气是影响光伏出力的主要原来，不同气象条件下光伏出力具有很明显的特征，晴天、阴天和雨天最明显的特征就在于光伏出力峰值差异，且有些天气多变的季节一天会出现复杂多变的天气。所以对每个样本子集 90×60（一个季度整点时刻集合）单独聚类，每个样本子集设定为 3。通过 FCM 得到 24×3 的矩阵，该矩阵就代表光伏功率小时级别趋势序列。

通过聚类算法提取聚类中心可以有效地忽略幅值较小的短时功率波动的影响以及多云/少云等气象因素的影响，集中于大时间尺度规律的挖掘。

光伏功率分钟级波动具有显著的短时波动特性，这主要是由于大气和云层运动造成的。在多云、阴雨天波动较为明显。以小金县光伏电站分钟级别出力为例，分析光伏短时波动特性。从图 3.28 中选取比较典型三种情况的波动情况图。

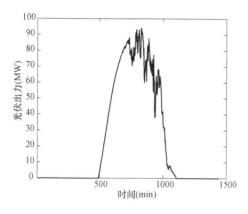

图 3.28 典型出力曲线 1

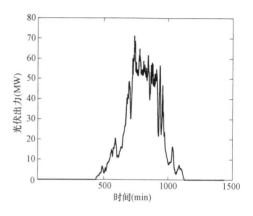

图 3.29 典型出力曲线 2

从图 3.30～图 3.32 可以看出这三种典型出力幅值是不相同的，而其波动性也有很大的差异性。对于图 3.30 来说，其波动在短时间可能会比较大，而波动时间随着云层运动也会逐渐变化；对于图 3.31 这种场景主要是幅值会受到一定影响，但是波动性可能不会太大，波动时间会比图 3.30 时间长；图 3.32 这种场景幅值一般很低，而且波动性强，持续时间也长。

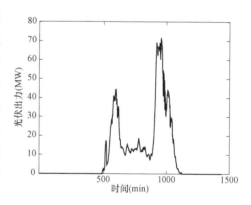

图 3.30 典型出力曲线 3

对于光伏功率波动样本标准化处理，前面通过 FCM 聚类得到一个 24×3 的集合，代表高中低三种典型小时级别光伏出力曲线。为了保留多云/少云造成的短时波动模式变化，这里采用前述章节的聚类结果，设计了以下短时波动样本提取和标准化方法。

$$\begin{cases} P_s^* = \dfrac{c_s - p_s}{c_s - c_o} \\[2mm] P_o^* = \dfrac{c_o - p_o}{c_o - c_r} \\[2mm] P_r^* = \dfrac{c_r - P_r}{c_r} \end{cases} \tag{3-41}$$

式中：P_s^*、P_o^*、P_r^* 为提取的短时功率波动特征样本；P_s、P_o、P_r 为每个聚类中心对应的所有实际功率 MW；c_s、c_o、c_r 为三种典型出力曲线的聚类中心。

图 3.31 以图形化的方式描述了样本标准化处理的原理。

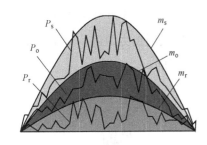

图 3.31 样本标准化原理图

经上述标准化处理之后，三种典型场景下的短时波动样本绝大多数都集中在 [-1，1] 数值区间。由于小时尺度的功率变化的影响已经被消除，因此可以归并同一场景条件下不同钟点的样本以减少短时的模型个数。

3. 基于混合高斯波动模拟的光伏出力预测模型

无论是从前面分析，还是从其他研究文献，可以知道，光伏的波动量的概率分布很少满足单高斯分布，单高斯分布无法产生实际光伏短时波动量的样本。事物的数学表现形式就是曲线，任何一个曲线，无论多么复杂，都可以用若干个高斯曲线来无限逼近它，这就是高斯混合模型的基本思想。所以，当单高斯分布模型无法满足要求的时候，就采取混合高斯模型去精确的拟合短时波动的概率分布。因此对于所提取的三种场景标准化之后的波动样本进行统计分析，利用混合高斯模型去拟合波动样本频率直方图。

基于混合高斯波动模拟的光伏出力预测算法流程如图 3.32 所示。

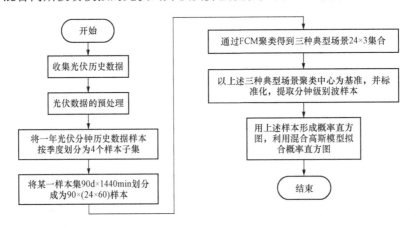

图 3.32 模型流程图

4. 光伏出力预测模型的仿真

预测模型的构建完成之后，为了验证理论成果，在 matlab 2014Aa 环境中进行实验的分析。所使用的数据为四川省小金县 2017 年 9 月到 2018 年 9 月的实际数据。这里主要将 2018 年 1 月份情况结果进行分析。

（1）通过聚类提取短期小时级别光伏曲线。FCM 聚类结果如图 3.33 所示。

（2）短期分钟和小时级别光伏波动提取及验证。利用式（3-41）对波动样本进行标准化处理之后，使波动样本数据在 [-1，1]，再通过高斯过程去拟合统计的直方图。通过聚类得到三种场景，根据峰值大小分为高中低场景。

高、中、低三种出力场景概率分布函数拟合如图 3.34～图 3.36 所示。

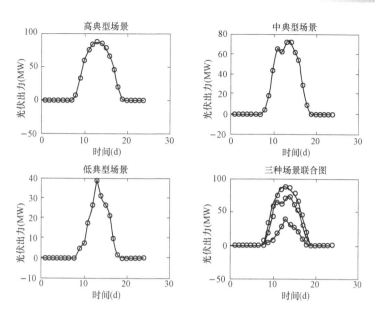

图 3.33 FCM 聚类结果

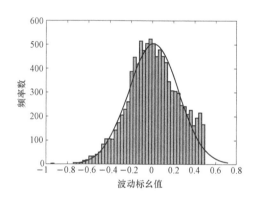

图 3.34 高出力场景概率分布函数拟合图 图 3.35 中出力场景概率分布函数拟合图

分钟级别波动拟合分布高光伏出力场景用高斯分布拟合，其参数为（0.0860，0.3208）。中光伏出力场景使用混合三种高斯模型分布拟合，其权重参数分别为（0.0518，0.7602，0.1880），均值和方差分别为（－0.4348，－0.0463，0.3503），（0.0720，0.1358，0.0913）。

低光伏出力场景使用混合两种高斯分布拟合，其权重参数分别为（0.5158，0.4842），均值和方差分别为（－0.3056，0.3631），

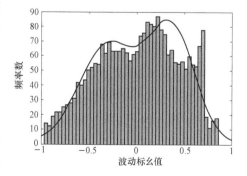

图 3.36 低出力场景概率分布函数拟合图

（0.3030，0.2471）。从图 3.37～图 3.39 中也可以看出，高频数＞中频数＞低频数，这

正好也与前述三种典型出力曲线相对应。而且低场景和中典型场景下的短时波动也并不满足单高斯分布，而需要高阶的高斯分布去逐步拟合。

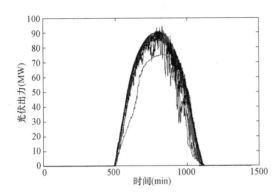

图 3.37　高出力场景与短时波动曲线对比

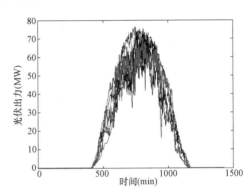

图 3.38　中出力场景与短时波动曲线对比

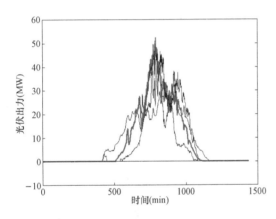

图 3.39　低出力场景与短时波动曲线对比

高典型场景匹配平均相对误差为4.84%，中典型场景匹配平均相对误差为9.425%，低典型平均相对误差为10.22%。

从上述图以及平均相对误差结果可以看出，三种典型场景依靠短时波动样本规律生成的曲线与实际曲线匹配程度很相近，大致波动趋势是一致的，可以从图3.39和3.41看出，中低场景波动明显大于高出力场景的情况，这也是将样本划分为三类提取波动性的原因。通过数据分析低中场景相对误差较大原因：

1) 模型造成的误差，由于参数设置上会存在不精确及某些参数本身选择未做到精准合理而造成此类误差。

2) 有些场景实际波动值很大，导致提取波动值也很大。

3) 混合高斯模型并不能完全地拟合短时波动概率分布。

5. 基于系统动力学的光伏容量预测

相对传统发电而言光伏发电的节能环保优势明显，同时光伏发电凭借其消耗可再生资源、政府的大力扶持等优势，成为发电行业发展的方向。近些年来，光伏产业的不断发展，对于新建的光伏电站而言，缺乏历史数据和经验参考。通过对我国光伏产业发展现状的分析，结合影响光伏产业发展的主要因素，利用系统动力学的理论和方法，将系统的观点引入光伏产业中，将光伏产业作为一个系统，构建有关于光伏发展的系统动力学模型，便于动态展现其变化规律以及子系统之间的影响作用，并研究不同政策、人口、经济发展对光伏容量的推动作用。通过量化分析和科学预测，把握光伏发展方向。

（1）系统动力学模型。系统动力学模型可以划分为多个子系统，子系统又由不同的一阶反馈系统组成。一阶反馈系统主要分为正反馈系统和负反馈系统。光伏发电产业是一个复杂的动态系统，通过技术革新、成本变动、政策导向、能源结构、社会因素变化等推动着光伏发电产业的发展。

1）因素筛选。系统动力学分析的系统行为是基于系统内部各因素相互作用而产生的，并假定系统外部环境变化不给系统行为带来本质影响，不受系统内部因素的控制。这里需要筛选影响系统的关键因素放入模型之内，在界限外部的那些概念与变量应排除在模型之外。光伏电站的发展是一个复杂的系统，受到了经济、技术、政策、基础设施、环境保护等各种因素的影响。结合模型选取了人均国内生产总值（gross domestic product，GDP）、人口、政策补贴、技术进步、环境收益等因素。

2）子模块建立。系统内因果关系的相互作用决定系统功能和行为，根据之前分析的关键因素，建立各因素间的因果与相互关系，如图 3.40 所示。本文将 PV 容量预测系统划分为 3 个子模块：电力需求模块、政策模块、电价模块。电力需求模块模拟整个区域用电发展需求；政策板块模拟政府通过各类政策推动 PV 发展；电价模块通过研究上网电价对于光伏容量的影响。因果关系只能反映因素间的定性关系，为了进一步表达变量性质和定量关系，需要使用存量，利用存量流量，准确地反映系统中各变量的积累效应及变化速率。本文通过 Vensim 软件对各变量建立因果反馈关系，用各式箭头记号将各式变量记号连接，并且以公式的方式将变量之间的关系录入模型。

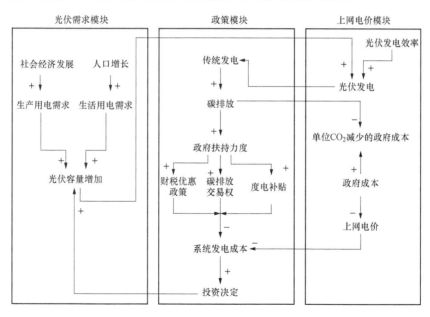

图 3.40　因果与相互关系

a. 电力需求模块。随着经济和人口的发展，对电力需求也在不断增加。人口增长促进生活所需用电，GDP 的增长促进生产所需用电。通过考虑 GDP 年增加率和人口总量变化来研究对光伏容量的影响。电力需求模块存量流量如图 3.41 所示。

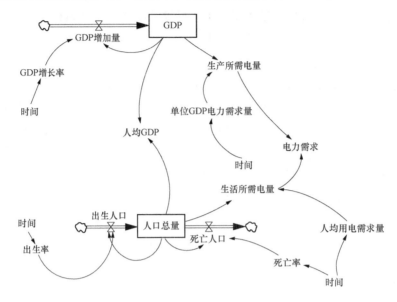

图 3.41　电力需求模块存量流量

电力需求模块的具体公式和主要方程为

$$N_c(t) = N_p(t) + N_1(t) \tag{3-42}$$

$$N_p(t) = C_{GDP}(t) \times N_{Gun}(t) \tag{3-43}$$

$$N_1(t) = POP(t) \times N_{Pun}(t) \tag{3-44}$$

$$C_{GDP}(t) = \sum_0^T C_{GDP}(t) + C_{GDP}(t_0) \tag{3-45}$$

$$C_{GDC}(t) = C_{GDP}(t) \times DC(t) \tag{3-46}$$

$$POP(t) = \sum_0^T [P_{br}(t) - P_{de}(t)] + POP(t_0) \tag{3-47}$$

$$P_{br}(t) = POP(t) \times BR(t) \tag{3-48}$$

$$P_{de}(t) = POP(t) \times DE(t) \tag{3-49}$$

式中：$N_c(t)$ 为电力需求总量，由生产所需电量 $N_p(t)$ 和生活所需电量 $N_1(t)$ 共同决定；C_{GDP} 为 GDP 总量，亿元；$N_{Gun}(t)$ 为单位 GDP 电力需求量，MW/亿元；$POP(t)$ 为人口总量，万；$N_{Pun}(t)$ 为人均用电需求量，MW/万人；$G_{GDC}(t)$ 为 GDP 增加量，亿元；$DC(t)$ 为 GDP 增长率；$P_{br}(t)$ 为出生人口，万；$P_{de}(t)$ 为死亡人口，万 $BR(t)$ 为人口出生率；$DE(t)$ 为人口死亡率。

b. 政策模块。政策模块模拟政府的政策行为。近年来，由于能源问题以及环境问题日益严重，为了推动新能源光伏的发展，我国先后出台了多轮补贴政策，我国光伏补贴政策已日趋成熟。政策方面主要考虑度电补贴、碳排放交易权以及贷款利率对光伏发展的影响。政府利用价格杠杆作用对光伏发电进行补贴，降低贷款利率和度电补贴从而推动光伏发展。政策模块存量流量如图 3.42 所示。

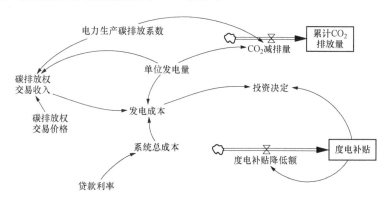

图 3.42　政策模块存量流量

政策模块的具体公式和主要方程分别为

$$C_{\text{ini}}(t) = C_{\text{ini}}(t-1) - c \tag{3-50}$$

$$C_{\text{r}}(t) = C_{\text{ini}}(t)\left\{1 - L \cdot \frac{\ln\left[\dfrac{R_{\text{c}}(t) + R_{\text{a}}(t)}{R_{\text{c}}(t)}\right]}{\ln 2}\right\} \tag{3-51}$$

$$D = \frac{P_{\text{s}}(t)}{C_{\text{gen}}(t)} \tag{3-52}$$

$$C_{\text{gen}}(t) = \frac{C_{\text{t}}(t) - S_{\text{t}}(t)}{G \cdot Y \cdot 365 \cdot \beta} \tag{3-53}$$

$$S(t) = G \cdot \xi \cdot \gamma \cdot 365 \cdot P_{\text{c}}(t) \tag{3-54}$$

$$C(t) = C_{\text{ini}}(t) \cdot (1 + \theta + \sigma + \partial) + C_{\text{op}}(t) \tag{3-55}$$

$$P_{\text{s}}(t) = P_{\text{s}}(t-1) - P_{\text{r}}(t) \tag{3-56}$$

$$P_{\text{r}}(t) = \begin{cases} r & D > \varphi \\ 0 & D \leqslant \varphi \end{cases} \tag{3-57}$$

$$E_{\text{a}}(t) = G \cdot \xi \cdot R_{\text{a}}(t) \cdot \gamma \cdot 365 \tag{3-58}$$

$$R_{\text{a}}(t) = D \cdot R_{\text{p}}(t) \cdot \frac{R_{\text{c}}(t)}{R_{\text{t}}(t)} \tag{3-59}$$

$$R_{\text{c}}(t) = \sum_{0}^{\text{T}} R_{\text{c}}(t) + R_{\text{a}}(t_0) \tag{3-60}$$

$$E_{\text{t}}(t) = E_{\text{t}}(t-1) + E_{\text{a}}(t) \tag{3-61}$$

$$P_{\text{s}}(t) = \begin{cases} \dfrac{C_{\text{inv}} - (C_{\text{in}} - C_{\text{out}}) \times \text{APV}}{Q_{\text{gen}} \times \text{APV}} & \text{IRR} > L_{\text{fiir}} \\ 0 & \text{IRR} \leqslant L_{\text{fiir}} \end{cases} \tag{3-62}$$

式中：$C_{\text{t}}(t)$ 为系统总成本，亿元；$C_{\text{op}}(t)$ 为系统运行成本，亿元；$C_{\text{ini}}(t)$ 为初始成本，亿元；$C_{\text{r}}(t)$ 为成本降低额，亿元；$C_{\text{gen}}(t)$ 为发电成本，亿元；C_{in} 为政府给予分布式光伏发电补贴每年现金流入，亿元；C_{out} 为政府未给予分布式光伏发电项目初始投资补贴情况下项目每年现金流出，亿元；$R_c(t)$ 为累计装机容量，MW；$R_a(t)$ 为年装机容量，MW；$S(t)$ 为碳排放交易权收入，亿元；$E_a(t)$ 为年 CO_2 减排量，t；$E_t(t)$ 为累计 CO_2 减排量，t；$P_s(t)$ 为度电补贴，元；$P_r(t)$ 为度电补贴降低额，元；$P_c(t)$ 为碳排放交易价格，元；D 为投资决定，亿元；G 为单位日均发电量，MWh；γ 为光伏电池使用寿命，a；β 为综合发电率；r 为设定降低值；ξ 为电力生产碳排放系数；APV 为折现率为基准投资收益时的年金现值折算因子。

c. 上网电价模块。光伏装机容量的发展受众多因素的影响，比如前面模块中的人口、经济以及政策等因素，这些都在上面模块给予了描述。上网电价也是影响光伏装机容量的一个重要因素，上网电价（feed in tariff，FIT）的收益由光伏系统的容量因子和 FIT 价格决定。上网电价越高，光伏发电企业盈利越多，投资回报越高，投资安装光伏容量的热情也就越高，同时会增加政府的成本负担。上网电价模块存量流量如图 3.43 所示。

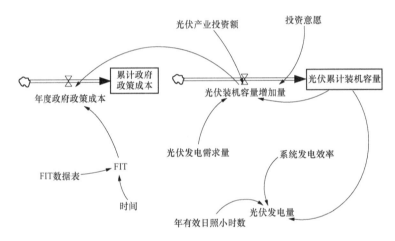

图 3.43 上网电价模块存量流量

上网电价模块的具体公式和主要方程分别为

$$C_{gov}(t) = R_a(t) \cdot \phi \cdot P_{FIT} \cdot 365 \cdot 20 \tag{3-63}$$

$$P_{GE}(t) = R_c(t) \cdot L_{EY} \cdot \beta \tag{3-64}$$

$$P_{FIT} = \frac{C_{equ} \times (1+K_{ins}) \times [PVA + (K_{ope} + K_{loan} + i_{loan})]}{M \cdot H \cdot \eta} \times (1+r) \times [1+t_1 \times (1+t_2)] \tag{3-65}$$

式中：$C_{gov}(t)$ 为年度政府政策成本，亿元；P_{FIT} 为上网电价，元/MWh；L_{EY} 为年光照有效小时数，小时；φ 为 PV 容量因子；r 为准许利润率；t_1 为增值税税率；t_2 为增值税附加税率；C_{equ} 为设备总成本，亿元；K_{ope} 为分布式电源项目年运营管理费率；K_{loan} 为项目带六安占建设成本的比例，i_{loan} 为项目贷款利率；PVA 为将建设成本折为等额年值得系数因子；M 为项目装机容量，MW；H 为年标准日照小时数，h；η 为光伏项目系统综合效率。

（2）参数设定与模型验证。为了验证前述 SD 模型的适用性，本文利用 Vensim 软件包将理论模型具象化，进行仿真试验，以四川小金县城市为例，通过查询该区域数据统计数据年鉴得到该地区的基础数据值进行模拟仿真。

1）参数设定。模型参数的设定将会影响最终仿真结果。在参数设定时，不但要与实际情况接近，同时要尽量简洁以便于计算。参数初始值设定见表 3.5，统计数据见表3.6～表 3.8。

表 3.5 参数初始值设定

参数	初始值	数据来源
人口总数	8341 万人	中华人民共和国国家统计局
贷款利率	6%	—
光伏发电成本	8500 元/kW	小金县实际项目
光照年有效小时数	2500h	—
电力生产碳排放系数	0.9 kgCO$_2$/kW·h	—
系统发电综合效率	75%	—
光伏容量初值	100WM	小金县实际项目

表 3.6 四川省人口统计数据

指标	2017	2016	2015	2014	2013	2012	2011	2010
出生率（‰）	11.26	10.48	10.30	10.22	9.90	9.89	9.79	8.93
死亡率（‰）	7.03	6.99	6.94	7.02	6.90	6.92	6.81	6.62
自然增长率（‰）	4.23	3.49	3.36	3.20	3.00	2.97	2.98	2.31

表 3.7 四川省经济统计数据

指标	2017	2016	2015	2014	2013	2012	2011	2010
GDP（%）	8.1	7.8	7.9	8.5	10.0	12.6	15.0	15.1

表 3.8 2010—2020 年光伏发电上网电价变化情况表

年份	2010	2011	2012	2013	2014
上网电价 （元/kW·h）	1.152～1.228	1.045～1.115	0.998～1.115	0.931～0.994	0.876～0.935
2015	2016	2017	2018	2019	2020
0.782～0.834	0.726～0.774	0.676～0.721	0.629～0.671	0.587～0.626	0.549～0.586

2）仿真实验。为了验证前述 SD 模型的适用性，本文利用 Vensim 软件包将理论模型具象化，进行仿真试验，并且利用已有的度电补贴和上网电价与实态进行对比分析。2015—2020 年上网电价补贴水平测算表见表 3.9。

表 3.9　　　　　　　　2015—2020 年上网电价补贴水平测算表

年份	2015	2016	2017	2018	2019	2020
度电补贴 （元/kW·h）	0.428~0.480	0.372~0.420	0.322~0.367	0.275~0.317	0.223~0.272	0.195~0.232

图 3.44 设置参数度电补贴为 0.32 元/kW·h，其他参数上表的参数设定，可以看出随着价格的上升，光伏容量增长趋势呈二次函数增长形式，当电价为 0.3 元/kW·h 时，光伏容量增长趋势就很小，几乎到后面就停止了增长，这与实际情况也是符合的。而图 3.46 设置不同的度电补贴额，但是上网电价通过真实模型计算得到，可以看出随着后面增长趋势也有所减慢，光伏电站初期，补贴因素比较多，利润会导致光伏容量的增加，而随着持续补贴，政府累积成本增加，也导致了补贴的减少，使得后面光伏容量趋势减弱。所以，影响光伏容量增长的关键因素还是在于成本与利润之间的问题。

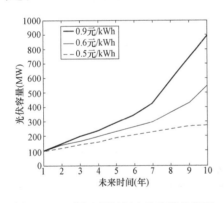

图 3.44　不同上网标杆电价容量趋势图　　图 3.45　不同度电补贴电价容量趋势图（坐标单位）

在不同置信度的情况下，光伏场景波动与出力情况也会有一些区别。下面以 0.95 的置信度为例，描述多尺度下的光伏出力结果。综合光伏典型场景波动性提取与光伏容量预测，对未来态光伏出力进行预测，流程图及预测结果如图 3.46~图 3.49 所示。

通过上述流程图，分别画出了典型光伏出力场景对应第一年、第五年和第十年的光伏发电出力数据，可以看出三者总体趋势接近，区别在于短时的波动和随着年份增加，光伏发电幅值的增加。

以上是置信度为 0.95 的光伏发电多尺度出力结果，在不同置信度下的光伏多尺度出力边界见表 3.10。

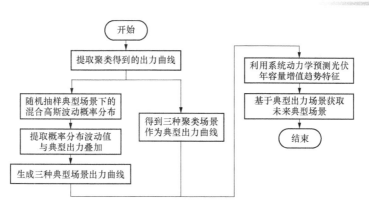

图 3.46　未来典型场景预测模型流程图

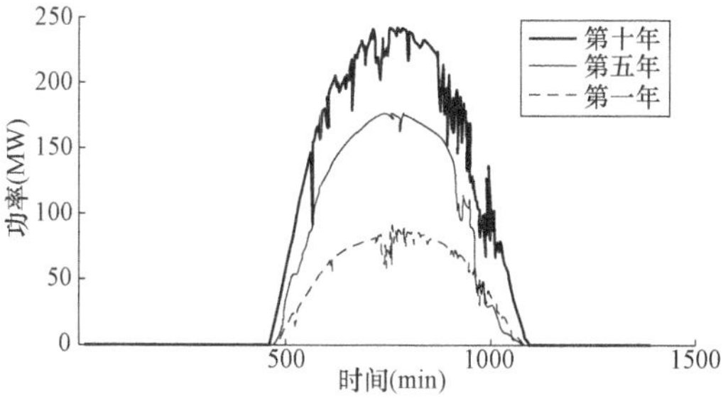

图 3.47　光伏发电容量晴天预测结果 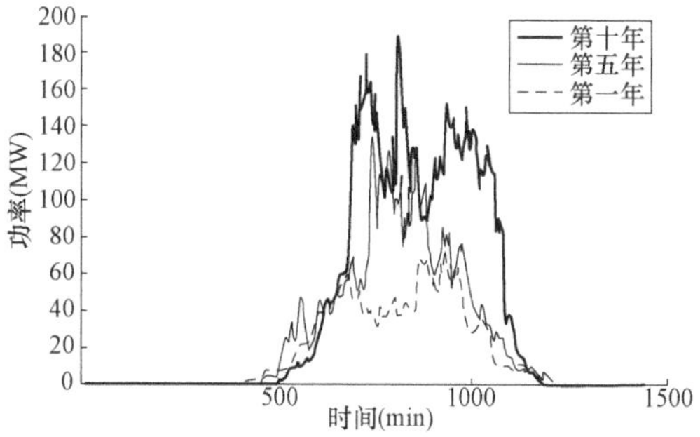　　图 3.48　光伏容量阴天预测结果

表 3.10　　　　　　　不同置信度下的光伏多尺度出力

置信度			0.80			0.70			0.55
天气		晴	阴	雨	晴	阴	雨	晴	阴	雨
分钟级	最大值（MW）	247	182	142	240	175	136	236	162	131
	平均值（MW）	152	127	115	146	124	107	143	119	98
小时级	最大值（MW）	236	147	125	229	141	113	227	129	109
	平均值（MW）	141	112	91	138	107	85	135	101	76

3.3.2　电力负荷未来工况不确定表达

1. 最小二乘支持向量机

支持向量机回归（support vector regression，SVR）理论是建立在支持向量机分类问题的基础上的，确 Vapnik 通过引入不敏感损失函数 ε，将 SVM 分类理论中得到的结果推广，使其可以用于函数回归。

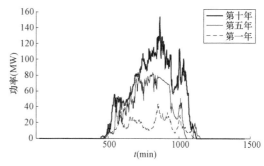

图 3.49　光伏发电容量雨天预测结果

99

与支持向量机的其他版本相比 LS-SVM 的待选参数少，而且用等式约束来代替原有的不等式约束，减少了一些不确定性因素，它的损失函数直接定义为误差平方和，将优化中的不等式约束转化为等式约束，由此将二次规划问题转化为线性方程组求解，降低了计算复杂性，加快了求解速度。其基本原理如下。

对非线性负荷预测模型

$$f(x) = [\omega, \varphi(x)] + b \tag{3-66}$$

给定一组数据点集 (x_i, y_i)，$i=1, \cdots, l$，$x_i \in R^d$ 是与预测量密切相关的影响因素，如历史负荷数据、气象因素等，d 为所选输入变量的维数。

$y_i \in R$ 是预测量的期望值，l 是已知数据点的总数。

$\varphi(x)$ 是从输入空间到高维特征空间的非线性映射。按结构最小化原理，LS-SVM 优化目标可表示为

$$\min\left(\frac{1}{2}\|\omega\|^2 + \frac{1}{2}\gamma\sum_{i=1}^{l}e_i^2\right) \tag{3-67}$$

$$\text{s. t. } \omega^T\varphi(x_i) + b + e_i = y_i, i = 1, \cdots, l \tag{3-68}$$

式中：e_i 为误差；$e \in R^{l \times 1}$ 为误差向量；γ 为正则化参数，控制对误差的惩罚程度。

引入 Lagrange 乘子，$\lambda \in R^{l \times 1}$，式（3-67）可转化为

$$\min\left\{J = \frac{1}{2}\|\omega\|^2 + \frac{1}{2}\gamma\sum_{i=1}^{l}e_i^2 - \sum_{i=1}^{l}\lambda_i[\omega^T\varphi(x_i) + b + e_i - y_i]\right\} \tag{3-69}$$

由 KKT 条件，得

$$\begin{cases} \dfrac{\partial J}{\partial \omega} = 0 \rightarrow \sum_{i=1}^{l}\lambda_i\varphi(x_i) \\ \dfrac{\partial J}{\partial b} = 0 \rightarrow \sum_{i=1}^{l}\lambda_i = 0 \\ \dfrac{\partial J}{\partial e_i} = 0 \rightarrow \lambda_i = \gamma e_i, i = 1, 2, \cdots, l \\ \dfrac{\partial J}{\partial \lambda_i} = 0 \rightarrow \omega^T\varphi(x_i) + b + e_i - y_i = 0, i = 1, 2, \cdots, l \end{cases} \tag{3-70}$$

消去 ω 和 e，则式（3-69）的解为

$$|y(d,t) - \overline{y(t)}| > \theta, \text{则 } y(d,t) = \begin{cases} \overline{y(t)} + \theta \ y(d,t) > \overline{y(t)} \\ \overline{y(t)} - \theta \ y(d,t) < \overline{y(t)} \end{cases} \tag{3-71}$$

式中：$[\lambda_1, \lambda_2, \cdots, \lambda_l]^T$，$[1, 1, \cdots, 1]^T$ 为 $l \times 1$ 维列向量，$[y_1, y_2, \cdots, y_l]^T$，$\Omega \in R^{l \times l}$，且 $\Omega_{ij} = \varphi(x_i)^T\varphi(x_j) = K(x_i, x_j)$；$K$ 为满足 Mercer 条件的核函数，$y = \sum_{i=1}^{l}\lambda_i K(x_i, x) + b$，用原空间的核函数取代高维特征空间中的点积运算，使计算得以简化。因此非线性预测模型的表达式为

$$y = \sum_{i=1}^{l}\lambda_i K(x_i, x) + b \tag{3-72}$$

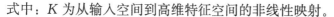

式中：K 为从输入空间到高维特征空间的非线性映射。

λ_i、b 可由式（3-70）的线性方程求出 $K(x_i, x)$。

2. 改进粒子群优化理论

本文中针对粒子群的早熟收敛问题，设计了一种以粒子群优化算法为基础的，通过多样性度量指标控制种群特征的改进粒子群优化算法。具体实现包括以下两个方面：

（1）选取初始种群。初始粒子群的选取是随机的，理想状况下其位置应遍布整个解空间以增加搜索到全局最优解的概率。但是粒子的个数是有限的，解空间又相对较大，如果不能保证有限个粒子均匀分布在整个解空间，就加大了陷于局部最优的可能。

为此，引入平均粒距的概念，定义为

$$D(t) = \frac{1}{mL} \sum_{i=1}^{m} \sqrt{\sum_{d=1}^{n} (p_{id} - \overline{p_d})^2} \qquad (3-73)$$

式中：L 为搜索空间对角最大长度；n 为解空间维数；p_{id} 为第 i 个粒子位置的第 d 维坐标值；$\overline{p_d}$ 为所有粒子位置的第 d 维坐标值的均值。

平均粒距表示种群中各个粒子彼此间分布的离散程度，$D(t)$ 越小，表示种群越集中；$D(t)$ 越大，表示种群越分散。

（2）判断早熟收敛。标准粒子群优化算法在整个迭代过程中，粒子朝全局历史最优解方向靠近，在算法运行的初期，收敛速度较快，后期减慢。若遇到局部极值点，所有粒子的速度便很快下降为零而停止运动，种群丧失了进化的能力，导致算法过早收敛而陷入局部最优点。而粒子位置决定着粒子的适应度大小，因此，根据种群中所有粒子适应度的整体变化可以判断出种群当前所处的状态。若设第 i 个粒子当前的适应度为 f_i，种群当前的平均适应度为 $\overline{f}$，则可定义种群的适应度方差为

$$\sigma^2 = \sum_{i=1}^{m} \left[\frac{f_i - \overline{f}}{f} \right]^2 \qquad (3-74)$$

式中：m 为种群粒子数目；f 为归一化定标因子，用来限制 σ^2 的大小，取值采用式（3-75）。

$$f = \begin{cases} \max|f_i - \overline{f}|, & \max|f_i - \overline{f}| > 1 \\ 1, & \text{其他} \end{cases} \qquad (3-75)$$

适应度方差反映的是种群中粒子的聚集程度，σ^2 越小，则种群中粒子的聚集程度越大；反之，则聚集程度越小。随着迭代次数的增加，种群中粒子的适应度会越来越接近，σ^2 就会越来越小。当 β（β 为某一给定的阈值）时，认为算法进入后期搜索阶段，此时种群容易陷入局部最优而出现早熟收敛现象。

具体预测流程如下所示：

1）将需要训练的参数标准化处理。

2）选取 $\exp(-||x-xi||)/\sigma \times 2$ 作为 SVM 的核函数。

3）利用改进 PSO 算法寻得最优 σ 和 C。

4）将前 7 年数据作为 LS-SVM 的训练样本，训练模式为前 6 年数据生产第七年数据。

5）通过（1）和（2）中学习的规律，将第 2～7 年的数据输人，得到第 8 年预测数据。

6）最后将输出第 8 年预测结果与实际数据进行对比，分析预测精度。

3. 仿真实验及分析

在不同置信度的情况下，负荷的预测情况也会有一些区别。下面以 0.95 的置信度为例，描述多尺度下的负荷预测结果。

仿真在 matlab2014a 实验平台运行，选取四川省小金县 2012 年到 2018 年通过前面分析恢复数据进行仿真实验，各数据曲线如图 3.50～图 3.58 所示。

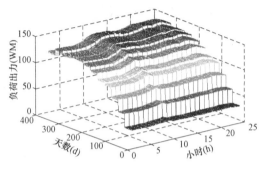

图 3.50　第一年 365d 预测出力曲线

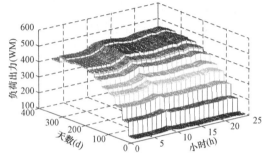

图 3.51　第五年 365d 预测出力曲线

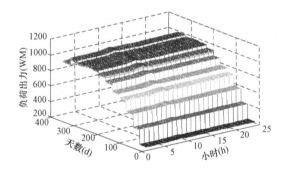

图 3.52　第十年 365d 预测出力曲线

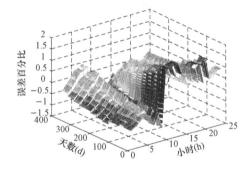

图 3.53　第一年预测数据与实际数据误差图

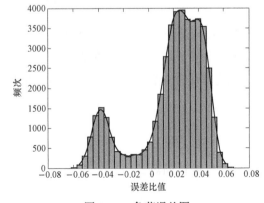

图 3.54　负荷误差图

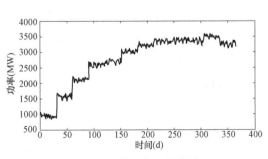

图 3.55　第一年电量曲线

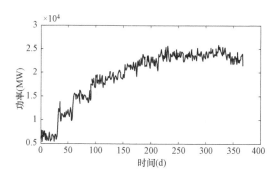

图 3.56　第五年电量曲线

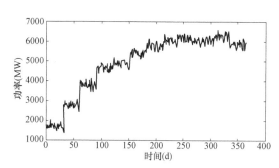

图 3.57　第十年电量曲线

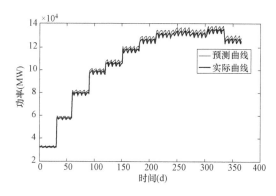

图 3.58　第一年电量与实际数据曲线图

从图 3.50～图 3.58 可以看出，由于输入数据很大，利用八年历史数据预测未来一年的数据，使得误差基本在 1.5% 以内，预测能达到一个比较好的预期结果。利用机器学习滚动预测得到第五年和第十年的负荷出力曲线，并对负荷每天出力曲线积分得到每天负荷电量曲线。从预测第一年数据与实际真实数据比较，误差较小，能满足预测需求。

本 章 小 结

本章基于水光荷历史数据，采用场景生成方法对水光荷不同时间尺度的特性展开分析，得到水光荷典型运行场景。基于水光荷典型运行数据，分别提出了马尔科夫链与序贯蒙特卡洛双重模拟相结合的水光荷生产数据模拟方法以及基于多尺度时序建模与估计的水光荷不确定性生产数据扩展方法，并对典型场景下的水光蓄供需匹配模式进行分析。另外，对互补联合发电系统中的光伏系统及负荷分别给出了未来全工况不确定性表达方法。本章对水光荷运行场景的研究是水光蓄容量配置及电网支撑能力评估等研究的有力支撑与基础。

4
并网与离网梯级水光蓄互补电站容量配置方法

大力开发可再生能源已成为我国能源发展的重要战略举措。然而，由于规划、管理、技术等方面的原因，我国可再生能源的"弃水弃光弃风"问题十分突出。通过多种可再生能源进行协调互补，能够实现不同能源类型间的优势互补，对于减少可再生能源弃电、建设清洁低碳的现代能源体系具有重要的价值。水电是我国装机容量最大的可再生能源，具有发电成本低、调节能力强等特点，是除储能之外实现多能互补发电的重要纽带，也是世界各国开展多能互补发电的主要研究与实践方向。维持电能的供需平衡是电力系统安全稳定运行的基础，大规模间歇式新能源接入电网后，可再生能源出力的随机性和不可控性对传统"源随荷动"的平衡模式带来巨大挑战。如何提升含高比例可再生能源系统的供需平衡能力，如何满足实际工程中的地理约束、边界条件和经济要求等，是新能源系统规划中一项极具挑战性的工作。在此背景下，本文开展了新能源系统规划技术研究，探索多目标要求下提升可再生能源系统供需平衡和系统外送能力的方法，具有十分重要的理论意义和工程应用价值。

我国可再生能源发电快速发展，但可再生能源发电系统，尤其是以风电和光伏发电为主的发电系统的出力具有极大的波动性和随机性，在可再生能源发电并网容量日益增大的形势下，电力系统的稳定运行将迎来挑战，以上问题如果从电力装机的角度来研究，可以发现，我国的可再生能源发展的时间节点规划、区域平衡、发展模式和运行机制出现了偏差，如缺乏光伏电站、水电、储能之间的协调运行规划机制。随着多能互补物理系统与数学模型的研究逐渐深入，多类型乃至异质能源的协同利用为解决可再生能源消纳问题提供了新的解决思路。本书以促进可再生能源消纳为主线，对可再生能源多能系统规划进行研究，并结合多类型可再生能源消纳情景，分别构建各有侧重的多能协同调度优化模型。

本书针对的水光蓄互补电站位于偏远地区，与主电网连接较弱。因此，并网和离网两种运行状态都存在于这个系统中。无论是离网还是并网运行的可再生能源互补电站都具有各自的特点。在并网条件下，该互补电站作为源侧旨在最大化外送功率以提高可再生能源消纳水平并降低"窝电"现象，以及最小化外送功率波动性以降低该互补电站对电网造成的不利影响，因此，在并网容量配置过程中除满足最小化系统投资成本以外，还应计及上述目标，以实现并网条件下的最优容量配置。在离网条件下，该互补电站由于某种极端情况而与电网断开，为了保证当地的负荷需求，容量配置过程中应考虑最大负荷供电可靠性。这样，即使在与电网断开条件下，也能够保证当地的正常电力需求。因此，在离网容量配置过程中除满足最小化系统投资成本以外，还应考虑当地负荷最大供电可靠性。在并网和离网运行条件下，水光蓄互补电站主要通过调节水电和抽蓄的动作实现与光伏互补以达到相应的要求。

为了实现混合可再生能源系统的最优设计，本章将分别建立离网与并网模式下的系统模型，同时确定系统的优化目标并据此进行系统的最优化设计。此外，水光蓄互补系统的规划设计需要同时考虑经济性目标、可靠性目标以及波动性目标等多个目标，并且会涉及多个决策变量，因此这种问题本质上是一个多目标优化问题。多目标优化问题相对比较复杂。本章将基于粒子群优化算法对该系统进行容量配置优化。

4.1　水光蓄并网和离网容量配置模型

在长中短期不同时间尺度下，水光蓄互补电站所要实现的目标不同且数据精细度不同，不同时间尺度下的互补电站规划模型的颗粒度将存在明显差异。为了解决新能源系统在不同时间尺度下规划模型的差异性以及满足不同系统需求等问题，本节提出了水光蓄互补系统在不同时间尺度下的规划模型。在并网条件的长中期电量级容量配置中，考虑各子系统（光伏电站、水电站和抽蓄电站）出力一天的累积量，旨在实现最大外送功率，而在短期小时级和分钟级旨在降低外送功率波动以支撑中长期最大化功率外送。在离网条件的长中短期容量配置中，均以负荷供电可靠性和最小化弃电率为目标，为保证当地负荷在不同时间尺度均能满足。为了满足水光蓄互补电站在实时的供需平衡问题，本文中主要以分钟级的模型所得优化为主，以小时级（60min 数据积分为 1h）和天级（24h 数据积分为 1d）的模型为验证。在不同时间尺度下，下面给出了不同的目标函数，为后文水光蓄系统容量配置优化奠定理论基础。

1. 中长期电量互补的水光资源和调度模型

（1）水电站模型。水电站通过释放水库中所存储的水来发电，其发电量主要由出水流量、水轮机水头高度和水轮机的效率决定，且上游水库的水量变量由天然来水和释放的水量共同决定。

$$W_{hyd,i,d} = 9.81\eta_i H_{i,d} Q_{i,d}^H \tag{4-1}$$

$$V_{i,d}^{end} = V_{i,d}^0 + Q_{i-1,d} - Q_{id} \tag{4-2}$$

式中：$W_{hyd,i,d}$ 为水电站 i 在第 d 天的发电量，kW·h；η_i 为水电站 i 在第 d 天的发电效率；$H_{i,d}$ 为水电站 i 在第 d 天的平均净水头，m；$Q_{i,d}^H$ 为水电站 i 在第 d 天的计划发电水量，m³。

（2）光伏发电模型。光伏发电是存在波动性和间歇性，其出力是一个不确定性变量。预测结果难以保证准确无误，因此考虑预测结果的误差值来处理不确定性出力影响。

$$W_{\text{pv},i,d} = W_{\text{pv},i,d}^{*} + \Delta W_{\text{pv},i,d} \qquad (4-3)$$

式中：$W_{\text{pv},i,d}$ 表示光伏在第 d 天的发电量，kW·h；$W_{\text{pv},i,d}^{*}$ 为光伏在第 d 天的预测电量，kW·h；$\Delta W_{\text{pv},i,d}$ 为光伏在第 d 天的电量的误差值，kW·h。

（3）主网交互电量。当水光蓄系统的发电量充足时，多余电量可以通过传输线路输送给主网；当水光蓄系统的发电量不足时，主网也可以向该地区提供足够的电能以满足当地负荷需求。

$$W_{\text{ch},d} = \sum_{i}^{n_{\text{hyd}}} W_{\text{hyd},i,d} + \sum_{i}^{n_{\text{pv}}} W_{\text{pv},i,d} - \sum_{i}^{n_v} W_{\text{v},i,d} \qquad (4-4)$$

式中：$W_{\text{ch},d}$ 为主网交互电量，kW·h；$W_{\text{v},i,d}$ 为负荷用电量，kW·h；n_{hyd} 为水电站的数量，n_{pv} 为光伏的数量，n_v 为负荷点的数量。

2. 短期小时互补的水光蓄控制能力模型

（1）水电站出力模型。水电站的出力可以表示为一个常数乘以水电站发电效率乘以相应时段的净水头和平均发电流量，其出力模型可表示为

$$P_{\text{hyd},i,t} = 9.81 \eta_i H_{i,t} Q_{i,t}^{H} \qquad (4-5)$$

式中：$P_{\text{hyd},i,t}$ 为水电站 i 在 t 时刻的出力 kW·h；$Q_{i,t}^{H}$ 为水电站 i 在 t 时刻的平均发电流量，m^3/h；$H_{i,t}$ 为水电站 i 在 t 时刻的净水头，m；η_i 为水电站 i 发电效率。

水电站等式约束：梯级水电站的库容，需要考虑水库区间来水，区间来水要计入天然来水量和上游水库的发电流量和弃水流量，可得公式如下

$$V_{i,t} = V_{i,t-1} + 60(Q_{i,t}^{S} - Q_{i,t}^{H} - Q_{i,t}^{d})\Delta t \qquad (4-6)$$

$$Q_{i,t}^{S} = I_{i,t} + \xi_{i,t} + Q_{i-1,t}^{H} + Q_{i-1,t}^{d} \qquad (4-7)$$

$$Z_{i,0}^{\text{up}} = Z_{i,T}^{\text{up}} \qquad (4-8)$$

式中：$V_{i,t}$ 为第 i 个水库在 t 时刻的水库蓄水量，m^3；$Q_{i,t}^{S}$ 为时段 t 的区间来水，m^3；$I_{i,t}$ 为天然来水量，m^3；$\xi_{i,t}$ 为天然来水量的预测误差并服从正态分布；$Q_{i,t}^{d}$ 为水库 i 的弃水量，m^3；$Q_{i,t}^{H}$ 为水库 i 的发电水量，m^3；Δt 为优化调度的分钟时段，min；$Q_{i-1,t}^{d}$ 为上游水库的弃水量，m^3；$Q_{i-1,t}^{H}$ 为上游水库的发电水量，m^3；$Z_{i,0}^{\text{up}}$ 为水库 i 调度的初时刻的蓄水位，m；$Z_{i,T}^{\text{up}}$ 为水库 i 调度的末时刻的蓄水位，m。

天然来水量预测误差可认为其服从以零为均值，σ_{w} 为标准差的正态分布 [$\xi_{i,t} \sim N(0,1)$]，其概率密度函数为

$$f(\xi_{i,t}) = \frac{1}{\sqrt{2\pi}\sigma_{\text{w}}} e^{\frac{(\xi_{i,t}-\mu)^2}{2\sigma_{\text{w}}^2}} \qquad (4-9)$$

式中：σ_{w} 由预测来水量决定，即 $\sigma_{\text{w}} = \alpha \xi_{i,t}$，来水量越大则偏差越大，来水量小则偏差相对较小；$V_{i,t}$ 为第 i 个水库在 t 时刻的水库蓄水量，m^3；$Q_{i,t}^{S}$ 为时段 t 的区间来水，m^3；$I_{i,t}$ 为天然来水量，m^3；$Q_{i,t}^{d}$ 为水库 i 的弃水量，m^3；$Q_{i,t}^{H}$ 为水库 i 的发电水量，m^3；Δt

为优化调度的分钟时段，min；$Q_{i-1,t}^d$ 为上游水库的弃水量，m^3；$Q_{i-1,t}^H$ 为上游水库的发电水量，m^3；$Z_{i,0}^{up}$ 为水库 i 调度的初时刻的蓄水位，m；$Z_{i,T}^{up}$ 为水库 i 调度的末时刻的蓄水位，m。

水电站的净水头计算公式如下

$$H_{i,t} = \frac{Z_{i,t-1}^{up} + Z_{i,t}^{up}}{2} - Z_{i,t}^{down} - H_{i,t}^d \tag{4-10}$$

式中：$Z_{i,t}^{up}$ 为水库 i 在 t 时刻的下游水位，m；$Z_{i,t}^{down}$ 为水库 i 在 t 时刻的下游水位，m；$Z_{i,t-1}^{up}$ 为水库 i 在 $t-1$ 时刻的上游水位，m。

水电站的水头损失 $H_{i,t}^d$ 可拟合为关于下泄流量 $Q_{i,t}$ 的二次函数，水电站的水头损失可拟合为关于发电流量的二次函数，公式如下

$$H_{i,t}^d = a_{QH,i}(Q_{i,t}^H)^2 + b_{QH,i} \tag{4-11}$$

式中：$H_{i,t}^d$ 为水库 i 在 t 时段的水头损失，m；$a_{QH,i}$、$b_{QH,i}$ 为水头损失—下泄流量关系函数的参数。

水库上游水位可拟合为关于水库蓄水量的三次函数，公式如下

$$Z_{i,t}^{up} = a_{ZV,i}V_{i,t}^3 + b_{ZV,i}V_{i,t}^2 + c_{ZV,i}V_{i,t} + d_{ZV,i} \tag{4-12}$$

式中：$Z_{i,t}^{up}$ 为水电站在 t 时刻的上游水位，m；$a_{ZV,i}$、$b_{ZV,i}$、$c_{ZV,i}$、$d_{ZV,i}$ 为水库库容—上游水位关系函数的参数。

水电站下游水位可拟合为关于下泄流量的二次函数，公式如下

$$Z_{i,t}^d = a_{ZQ,i}(Q_{i,t})^2 + b_{ZQ,i}Q_{i,t} + c_{ZQ,i} \tag{4-13}$$

式中：$Z_{i,t}^d$ 为水电站在 t 时刻的下游水位，m；$a_{ZQ,i}$、$b_{ZQ,i}$、$c_{ZQ,i}$ 为发电流量—下游水位关系参数。

不等式约束

$$P_{hyd,i}^{min} \leqslant P_{hyd,i,t} \leqslant P_{hyd,i}^{max} \tag{4-14}$$

$$V_{i,min} \leqslant V_{i,t} \leqslant V_{i,max} \tag{4-15}$$

$$Q_{i,min} \leqslant Q_{i,t} \leqslant Q_{i,max} \tag{4-16}$$

式中：$P_{hyd,i}^{min}$ 为水电站 i 的最小出力，kW；$P_{hyd,i}^{max}$ 为水电站 i 的最大出力，kW；$V_{i,min}$ 为水库 i 的最小库容约束，m^3；$V_{i,max}$ 分别为水库 i 的最大库容约束，m^3；$Q_{i,min}^d$ 为水库 i 的最小发电流量，m^3/h；$Q_{i,max}^d$ 为水库 i 的最大发电流量，m^3/h。

（2）抽水蓄能电站模型。抽水蓄能电站包含上游水库和下游水库，且上下游水库的约束效果是相同的，上下手水库库容计算通式为

$$V_{pm,k,t} = V_{pm,k,t-1} + \eta_{pm,k}\Delta t P_{pm,k,t} - \eta_{gn,k}\Delta t P_{gn,k,t} \tag{4-17}$$

式中：$V_{pm,k,t}$ 为抽蓄机组 k 在 t 时刻的库容，m^3；$V_{pm,k,t-1}$ 为抽蓄机组 k 在 $t-1$ 时刻的库容，m^3；$\eta_{pm,k}$、$\eta_{gn,k}$ 为抽蓄机组 k 在抽水和发电工况下的平均电量/水量转换系数。

抽蓄机组库容约束

$$V_{pm,k}^{min} \leqslant V_{pm,k,t} \leqslant V_{pm,k}^{max} \tag{4-18}$$

$$V_{pm,k,0} = V_{pm,k,T} \tag{4-19}$$

式中：$V_{pm,k}^{max}$ 为抽蓄机组的最大库容约束，m^3；$V_{pm,k}^{min}$ 为抽蓄机组的最小库容约束，m^3；$V_{pm,k,0}$ 为抽蓄机组的优化调度的初库容约束，m^3；$V_{pm,k,T}$ 为抽蓄机组的优化调度的末库容约束，m^3。

抽水发电工况约束

$$y_{pm,k,t} + y_{gn,k,t} \leqslant 1 \quad y_{pm,k,t}, y_{gn,k,t} \in \{0,1\} \tag{4-20}$$

当 $y_{pm,k,t} = 1$ 时，抽蓄机组 k 处于工作状态；当 $y_{gn,k,t} = 1$ 时，抽蓄机组 k 处于发电状态，$y_{pm,k,t} = y_{gn,k,t} = 0$，则抽蓄机组处于闲置状态。

抽蓄机组出力约束

$$\begin{cases} y_{pm,k,t} P_{pm,k}^{min} \leqslant P_{pm,k,t} \leqslant y_{pm,k,t} P_{pm,k}^{max} \\ y_{gn,k,t} P_{gn,k}^{min} \leqslant P_{gn,k,t} \leqslant y_{gn,k,t} P_{gn,k}^{max} \end{cases} \tag{4-21}$$

式中：$P_{pm,k}^{min}$ 为抽蓄机组 k 的最小抽水功率，kW；$P_{pm,k}^{max}$ 为抽蓄机组 k 的最大抽水功率，kW；$P_{gn,k}^{min}$ 为抽蓄机组 k 的最小发电功率，kW；$P_{gn,k}^{max}$ 为抽蓄机组 k 的最大发电功率，kW。

（3）分布式光伏出力模型。通过实际数据分析可知，在天气较为晴朗时光伏出力误差的概率分布服从正态分布，对光伏预测进行建模。

$$P_{pv,t}^{da} = L_{AC,i,t}[1 + k_T(T_{c,i,t} - T_r)]/L_{stc} \tag{4-22}$$

$$P_{pv,t}^{re} = P_{pv,t}^{da} + \Delta P_{pv,t} \tag{4-23}$$

式中：$P_{pv,t}^{da}$ 为光伏实际出力，kW；$P_{pv,t}^{re}$ 为光伏的预测出力，kW；$\Delta P_{pv,t}$ 为光伏为预测偏差，kW；光伏预测误差的标准差为可认为其服从以零为均值；σ_{pv} 为标准差的正态分布，其概率密度函数为

$$f(\Delta P_{pv}) = \frac{1}{\sqrt{2\pi}\sigma_{pv}} e - \frac{(\Delta P_{pv} - \mu)^2}{2\sigma_{pv}^2} \tag{4-24}$$

式中：σ_{pv} 与预测出力成正比，即 $\sigma_{pv} = P_{pv} \times \beta\%$；$\beta\%$ 为标准差；σ_{pv} 为占光伏预测出力的比例系数。

3. 水光蓄分钟级控制模型

抽蓄机组是相对独立的，与梯级水电出力机组无关联。在分钟级模型中，梯级水电的爬坡能力受限，抽蓄无爬坡约束。

（1）梯级电站模型。水电站出力模型：水电站的出力可以表示为一个常数乘以水电站发电效率乘以相应时段的净水头和平均发电流量，其出力模型可表示为

$$P_{hyd,i,t} = 9.81\eta_i H_{i,t} Q_{i,t}^H \tag{4-25}$$

式中：$P_{hyd,i,t}$ 为水电站 i 在 t 时刻的出力，kW；$Q_{i,t}^H$ 为水电站 i 在 t 时刻的平均发电流量，m^3/h；$H_{i,t}$ 为水电站 i 在 t 时刻的净水头，m；η_i 为水电站 i 发电效率。

水电站等式约束：梯级水电站的库容，需要考虑水库区间来水，区间来水要计入天然来水量和上游水库的发电流量和弃水流量，可得公式如下

$$V_{i,t} = V_{i,t-1} + 60(Q_{i,t}^S - Q_{i,t}^h - Q_{i,t}^d) \tag{4-26}$$

$$Q_{i,t}^S = I_{i,t} + \xi_{i,t} + Q_{i-1,t}^H + Q_{i-1,t}^d \tag{4-27}$$

$$Z_{i,0}^{\text{up}} = Z_{i,T}^{\text{up}} + \Delta Z^{\text{up}} \tag{4-28}$$

天然来水量预测误差可认为其服从以零为均值，σ_{w} 为标准差的正态分布 [$\xi_{i,t} \sim N(0，1)$]，其概率密度函数为

$$f(\xi_{i,t}) = \frac{1}{\sqrt{2\pi}\sigma_{\text{w}}} e^{-\frac{(\xi_{i,t}-\mu)^2}{2\sigma_{\text{w}}^2}} \tag{4-29}$$

式中：σ_{w} 由预测来水量决定，即 $\sigma_{\text{w}} = \alpha\xi_{i,t}$，来水量越大则偏差越大，来水量小则偏差相对较；$V_{i,t}$ 为第 i 个水库在 t 时刻的水库蓄水量，m^3；$Q_{i,t}^S$ 为时段 t 的区间来水，m^3；$I_{i,t}$ 为天然来水量，m^3；$\xi_{i,t}$ 表示天然来水量的预测误差并服从正态分布，$Q_{i,t}^d$ 为水库 i 的弃水量，m^3；$Q_{i,t}^H$ 为水库 i 的发电水量，m^3；Δt 为优化调度的分钟时段，min；$Q_{i-1,t}^d$ 为上游水库的弃水量，m^3；$Q_{i-1,t}^H$ 为上游水库的发电水量，m^3；$Z_{i,0}^{\text{up}}$ 为水库 i 调度的初时刻的蓄水位，m；$Z_{i,T}^{\text{up}}$ 为水库 i 调度的末时刻的蓄水位，m；Δt 为优化调度的分钟时段，min；ΔZ^{up} 为水位的变化量，m。

水电站的净水头计算公式如下

$$H_{i,t} = \frac{Z_{i,t-1}^{\text{up}} + Z_{i,t}^{\text{up}}}{2} - Z_{i,t}^{\text{down}} - H_{i,t}^d \tag{4-30}$$

式中：$Z_{i,t}^{\text{up}}$ 为水库 i 在 t 时刻的上游水位，m；$Z_{i,t}^{\text{down}}$ 为水库 i 在 t 时刻的下游水位，m；$Z_{i,t-1}^{\text{up}}$ 为水库 i 在 $t-1$ 时刻的上游水位，m。

水电站的水头损失 $H_{i,t}^d$ 可拟合为关于下泄流量 $Q_{i,t}$ 的二次函数，水电站的水头损失可拟合为关于发电流量的二次函数，公式如下

$$H_{i,t}^d = a_{\text{QH},i}(q_{i,t}^H)^2 + b_{\text{QH},i} \tag{4-31}$$

式中：$H_{i,t}^d$ 为水库 i 在 t 时段的水头损失，m；$a_{\text{QH},i}$、$b_{\text{QH},i}$ 为水头损失-下泄流量关系函数的参数。

水库上游水位可拟合为关于水库蓄水量的三次函数，公式如下

$$Z_{i,t}^{\text{up}} = a_{\text{ZV},i}V_{i,t}^3 + b_{\text{ZV},i}V_{i,t}^2 + c_{\text{ZV},i}V_{i,t} + d_{\text{ZV},i} \tag{4-32}$$

式中：$Z_{i,t}^{\text{up}}$ 为水电站在 t 时刻的上游水位，m；$a_{\text{ZV},i}$、$b_{\text{ZV},i}$、$c_{\text{ZV},i}$、$d_{\text{ZV},i}$ 为水库库容-上游水位关系函数的参数。

水电站下游水位可拟合为关于下泄流量的二次函数，公式如下

$$Z_{i,t}^d = a_{\text{ZQ},i}(q_{i,t})^2 + b_{\text{ZQ},i}q_{i,t} + c_{\text{ZQ},i} \tag{4-33}$$

式中：$Z_{i,t}^d$ 为水电站在 t 时刻的下游水位，m；$a_{\text{ZQ},i}$、$b_{\text{ZQ},i}$、$c_{\text{ZQ},i}$ 为发电流量-下游水位关系参数。

不等式约束如下

$$P_{\text{hyd},i}^{\min} \leqslant P_{\text{hyd},i,t} \leqslant P_{\text{hyd},i}^{\max} \tag{4-34}$$

$$V_{i,\min} \leqslant V_{i,t} \leqslant V_{i,\max} \tag{4-35}$$

$$Q_{i,\min}^{H} \leqslant Q_{i,t}^{H} \leqslant Q_{i,\max}^{H} \tag{4-36}$$

式中：$P_{\mathrm{hyd},i}^{\min}$ 为水电站 i 的最小出力，kW；$P_{\mathrm{hyd},i}^{\max}$ 为水电站 i 的最大出力，kW；$V_{i,\min}$ 为水库 i 的最小库容约束，m^3；$V_{i,\max}$ 为水库 i 的最大库容约束，m^3；$Q_{i,\min}^{d}$ 为水库 i 的最小发电流量，m^3/h；$Q_{i,\max}^{d}$ 为水库 i 的最大发电流量，m^3/h。

（2）抽水蓄能电站模型。抽水蓄能电站包含上游水库和下游水库，且上下游水库的约束效果是相同的，一般只需对上水库库容进行约束。上水库库容计算式为

$$V_{\mathrm{pm},k,t} = V_{\mathrm{pm},k,t-1} + \eta_{\mathrm{pm},k}\Delta t P_{\mathrm{pm},k,t} - \eta_{\mathrm{gn},k}\Delta t P_{\mathrm{gn},k,t} \tag{4-37}$$

式中：$V_{\mathrm{pm},k,t}$ 为抽蓄机组 k 在 t 时刻的库容，m^3；$V_{\mathrm{pm},k,t-1}$ 为抽蓄机组 k 在 $t-1$ 时刻的库容，m^3；$\eta_{\mathrm{pm},k}$ 为抽蓄机组 k 在抽水和发电工况下的平均电量转换系数；$\eta_{\mathrm{gn},k}$ 为抽蓄机组 k 在抽水和发电工况下的平均水量转换系数。

抽蓄机组库容约束如下

$$V_{\mathrm{pm},k}^{\min} \leqslant V_{\mathrm{pm},k,t} \leqslant V_{\mathrm{pm},k}^{\max} \tag{4-38}$$

$$V_{\mathrm{pm},k,0} = V_{\mathrm{pm},k,T} \tag{4-39}$$

式中：$V_{\mathrm{pm},k}^{\max}$ 为抽蓄机组的最大库容约束，m^3；$V_{\mathrm{pm},k}^{\min}$ 为抽蓄机组的最小库容约束，m^3；$V_{\mathrm{pm},k,0}$ 为抽蓄机组的优化调度的初库容约束，m^3；$V_{\mathrm{pm},k,T}$ 为抽蓄机组的优化调度的末库容约束，m^3。

抽水发电工况约束

$$y_{\mathrm{pm},k,t} + y_{\mathrm{gn},k,t} \leqslant 1 \quad y_{\mathrm{pm},k,t}, y_{\mathrm{gn},k,t} \in \{0,1\} \tag{4-40}$$

当 $y_{\mathrm{pm},k,t}=1$ 时，抽蓄机组 k 处于工作状态；当 $y_{\mathrm{gn},k,t}=1$ 时，抽蓄机组 k 处于发电状态，$y_{\mathrm{pm},k,t}=y_{\mathrm{gn},k,t}=0$，则抽蓄机组处于闲置状态。

抽蓄机组出力约束

$$\begin{cases} y_{\mathrm{pm},k,t}P_{\mathrm{pm},k}^{\min} \leqslant P_{\mathrm{pm},k,t} \leqslant y_{\mathrm{pm},k,t}P_{\mathrm{pm},k}^{\max} \\ y_{\mathrm{gn},k,t}P_{\mathrm{gn},k}^{\min} \leqslant P_{\mathrm{gn},k,t} \leqslant y_{\mathrm{gn},k,t}P_{\mathrm{gn},k}^{\max} \end{cases} \tag{4-41}$$

式中：$P_{\mathrm{pm},k}^{\min}$ 为抽蓄机组 k 的最小抽水功率，kW；$P_{\mathrm{pm},k}^{\max}$ 为抽蓄机组 k 的最大抽水功率，kW；$P_{\mathrm{gn},k}^{\min}$ 为抽蓄机组 k 的最小发电功率，kW；$P_{\mathrm{gn},k}^{\max}$ 为抽蓄机组 k 的最大发电功率，kW。

抽水/发电工况转换停机时间约束：抽水/发电工况转换停机时间约束抽蓄机组在抽水和发电工况下一般不进行连续启停转，需要至少停机半小时。日前调度阶段，则需要至少两个时段的切换时间，故抽蓄机组需满足如下约束

$$\begin{cases} y_{\mathrm{pm},k,t} + y_{\mathrm{gn},k,t+15} \leqslant 1 \quad t=1,2,\cdots,T-1 \\ y_{\mathrm{pm},k,t+15} + y_{\mathrm{gn},k,t} \leqslant 1 \quad t=1,2,\cdots,T-1 \\ y_{\mathrm{pm},k,t} + y_{\mathrm{gn},k,t+30} \leqslant 1 \quad t=1,2,\cdots,T-2 \\ y_{\mathrm{pm},k,t+30} + y_{\mathrm{gn},k,t} \leqslant 1 \quad t=1,2,\cdots,T-2 \end{cases} \tag{4-42}$$

（3）分布式光伏出力模型。通过实际数据分析可知，在天气较为晴朗时光伏出力误

差的概率分布服从正态分布，对光伏预测进行建模。

$$P_{\mathrm{pv},t}^{\mathrm{da}} = L_{\mathrm{AC},i,t}\left[1 + k_T(T_{\mathrm{c},i,t} - T_{\mathrm{r}})\right]/L_{\mathrm{stc}} \tag{4-43}$$

$$P_{\mathrm{pv},t}^{\mathrm{re}} = P_{\mathrm{pv},t}^{\mathrm{da}} + \Delta P_{\mathrm{pv},t} \tag{4-44}$$

式中：$P_{\mathrm{pv},t}^{\mathrm{da}}$ 为光伏实际出力，kW；$P_{\mathrm{pv},t}^{\mathrm{re}}$ 为光伏的预测出力，kW；$\Delta P_{\mathrm{pv},t}$ 为光伏为预测偏差，kW；光伏预测误差的标准差为可认为其服从以零为均值，σ_{pv} 为标准差的正态分布，其概率密度函数为

$$f(\Delta P_{\mathrm{pv}}) = \frac{1}{\sqrt{2\pi}\sigma_{\mathrm{pv}}} e - \frac{(\Delta P_{\mathrm{pv}} - \mu)^2}{2\sigma_{\mathrm{pv}}^2} \tag{4-45}$$

式中：σ_{pv} 与预测出力成正比，即 $\sigma_{\mathrm{pv}} = P_{\mathrm{pv}} \times \beta\%$；$\beta\%$ 为标准差；σ_{pv} 为占光伏预测出力的比例系数。

4.2　水光蓄并网和离网多目标优化

本书将储能规划模型分解为由投资层与运行层双层结构组成的双层决策模型以简化该问题的求解难度。双层优化问题是一种具有双层递阶结构的系统优化问题，该模型中上下两层有各自的目标函数与约束条件，同时两层间相互依赖，通过中间变量及相互间的反馈作用建立联系。由于抽蓄电站和水电站的长期规划和短期运行方案相互影响，形成互有联系的投资层与运行层，所以双层优化适用于解决储能规划问题，本文双层优化模型如下

$$\begin{cases} \min C = C(x^{\mathrm{inv}}, w) \\ \mathrm{s.\,t.\,} R(x^{\mathrm{inv}}) \leqslant 0 \\ \qquad H(x^{\mathrm{inv}}) = 0 \\ \max w = c(x^{\mathrm{inv}}, x_t^{\mathrm{ope}}) \\ \mathrm{s.\,t.\,} r(x^{\mathrm{inv}}, x_t^{\mathrm{ope}}) \leqslant 0 \\ \qquad h(x^{\mathrm{inv}}, x_t^{\mathrm{ope}}) = 0 \end{cases} \tag{4-46}$$

式中：$C(x^{\mathrm{inv}}, w)$ 和 $c(x^{\mathrm{inv}}, x_t^{\mathrm{ope}})$ 分别为上层和下层目标函数；w 为下层最优值；$R(x^{\mathrm{inv}})$ 和 $H(x^{\mathrm{inv}})$ 分别为上层等式、不等式约束；$r(x^{\mathrm{inv}}, x_t^{\mathrm{ope}})$ 和 $h(x^{\mathrm{inv}}, x_t^{\mathrm{ope}})$ 分别为下层等式、不等式约束；x^{inv} 和 x^{ope} 分别为上层和下层决策变量。

双层规划模型中的上层问题，即投资层以系统的投资费用（包括下层所返回运行成本）最小为目标函数，其中需要优化变量需要包括水电站、抽蓄和光伏的位置和容量；下层问题，即抽蓄电站运行问题，以系统波动性最小（并网）或可靠性最大（离网）（包括降损）为目标函数，以抽蓄电站的各时段充放电功率作为优化变量，下层目标优化结果反馈到上层规划中。运行层中，抽蓄电站可改善电压质量，并提供备用容量，运行层约束条件将体现抽蓄的作用。

本项目将进行多时间尺度的规划，分为电量级、小时级和分钟级。但是，在电量

级、小时级和分钟级下，上层的目标函数和约束条件一致。而下层的运行层的目标函数一致，但约束条件将有所不同，因为需要考虑抽蓄响应速度、状态切换、爬坡率等以及梯级水电站的级联特性等约束。下面将首先给出多时间尺度下通用的目标函数和约束条件，不同之处将在后面进行单独说明。

1. 水光蓄系统并网和离网多目标优化模型

多目标优化模型中，以系统收益减去系统的投资费用（包括下层所返回运行成本）最大和以系统波动性最小（并网）或可靠性最大（离网）（包括降损）为多目标函数，其中需要优化变量需要包括水电站、抽蓄和光伏的位置和容量。本书将进行多时间尺度的规划，分为电量级、小时级和分钟级。

2. 并网和离网上层模型

（1）目标函数。以最大化水光蓄系统收益为目标函数，为了计算水光蓄系统的收益，我们需要考虑两个因素：卖电收入和投资成本。投资成本是指系统在整个寿命周期内的净费用，它反映了系统的经济性。我们用全寿命周期净现值来计算投资成本，它是系统成本和收入的差值。其中，系统成本包括初始化投资、运行维护、设备更新等，系统收入则是设备残余价值，其表达式如下

$$f_1(x) = R \cdot K - \sum_{K=1}^{K} \frac{C(k)}{(1+r)^k} - B_{\text{salvage}} \qquad (4-47)$$

式中：R 为每年通过卖电获得的收益，¥；k 为系统工程寿命，a；r 为贴现率；$C(k)$ 为第 k 年系统成本，¥；$B(k)$ 为 k 年剩余价值，¥。

$C(k)$ 可用如下公式求得

$$C(k) = C_t(k) + C_R(k) + C_M(k) \qquad (4-48)$$

式中：$C_t(k)$ 为第 k 年系统初始化成本，¥；$C_R(k)$ 为第 k 年设备更新费用，¥；$C_M(k)$ 为第 k 年的设备维护费用，¥。各变量的具体计算如下

$$C_t(k) = C_{\text{Ihydro1}} + C_{\text{Ihydro2}} + C_{\text{Ihydro3}} + C_{\text{Ipv}} + C_{\text{IPHS}} \qquad (4-49)$$

式中：C_{Ihydro1}、C_{Ihydro2}、C_{Ihydro3} 分别为第 1、2、3 级水电站投资费用，¥；C_{Ipv} 为光伏系统的投资成本，¥；C_{IPHS} 为抽水蓄能电站的投资费用，¥。

$$C_R(k) = C_{\text{Rhydro1}}(k) + C_{\text{Rhydro2}}(k) + C_{\text{Rhydro3}}(k) + C_{\text{Rpv}}(k) + C_{\text{RPHS}}(k) \qquad (4-50)$$

式中：$C_{\text{Rhydro1}}(k)$、$C_{\text{Rhydro2}}(k)$、$C_{\text{Rhydro3}}(k)$ 为第 1、2、3 级水电站第 k 年的更新费用，¥；$C_{\text{Rpv}}(k)$ 为光伏系统的更新费用，¥，$C_{\text{RPHS}}(k)$ 为抽水蓄能电站的更新费用，¥。

$$C_M(k) = C_{\text{Mhydro1}}(k) + C_{\text{Mhydro2}}(k) + C_{\text{Mhydro3}}(k) + C_{\text{Mpv}}(k) + C_{\text{MPHS}}(k) \qquad (4-51)$$

式中：$C_{\text{Mhydro1}}(k)$、$C_{\text{Mhydro2}}(k)$、$C_{\text{Mhydro3}}(k)$ 分别为第 1、2、3 级水电站第 k 年水电站维护费用，¥；$C_{\text{Mpv}(k)}$ 表示第 k 年光伏系统维护费用，¥；$C_{\text{MPHS}(k)}$ 为第 k 年抽水蓄能电站维护费用，¥。

$$B_{\text{salvage}} = B_{\text{hydro1}} + B_{\text{hydro2}} + B_{\text{hydro3}} + B_{\text{pv}} + B_{\text{PHS}} \qquad (4-52)$$

式中：B_{salvage} 为设备的残余价值，¥；B_{hydro1}、B_{hydro2}、B_{hydro3} 分别为第 1、2、3 级水电站

在项目生命周期末的残余价值，¥；B_{pv}、B_{PHS} 分别为伏系统和抽水蓄能电站在项目生命周期末的残余价值，¥。

残余价值代表系统寿命结束时设备的折旧价值。

（2）约束条件。考虑到各个设备的安装和修建都有一定的时间周期，因此规划的第 $y1$ 年的结果的前 $y2$ 年就需要开始修建，$y2$ 由各设备各自的实际安装周期决定。

由于地理环境等条件约束，需要对水光蓄系统中各主体的容量进行约束。

$$0 \leqslant P_{pv,y1} \leqslant P_{pv,\max,y1} \tag{4-53}$$

式中：$P_{pv,y1}$ 表示第 $y1$ 年光伏的规划装机容量，kW，$P_{pv,\max,y1}$ 表示第 $y1$ 年光伏的最大装机容量，kW，且需要保证第 $y1+1$ 年的规划结果大于等于第 $y1$ 年规划结果 $P_{pv,y1} \leqslant P_{pv,y1+1}$。

$$\begin{cases} 0 \leqslant V_{PHS\_upper,y1} \leqslant V_{PHS\_upper,\max,y1} \\ 0 \leqslant V_{PHS\_lower,y1} \leqslant V_{PHS\_lower,\max,y1} \end{cases} \tag{4-54}$$

式中：$V_{PHS\_upper,y1}$ 表示第 $y1$ 年规划的抽蓄电站上游水库容量，m³；$V_{PHS\_lower,y1}$ 为第 $y1$ 年规划的抽蓄电站下游水库容量，m³；$V_{PHS\_upper,\max,y1}$ 为第 $y1$ 年抽蓄电站上游水库最大容量，m³，$V_{PHS\_lower,\max,y1}$ 表示第 $y1$ 年抽蓄电站下游水库最大容量，m³。且需要保证第 $y1+1$ 年的规划结果大于等于第 $y1$ 年规划结果 $V_{PHS\_upper,y1} \leqslant V_{PHS\_upper,y1+1}$ 和 $V_{PHS\_lower,y1} \leqslant V_{PHS\_lower,y1+1}$。

$$0 \leqslant P_{PHS,y1} \leqslant P_{PHS,\max,y1} \tag{4-55}$$

式中：$P_{PHS,y1}$ 为第 $y1$ 年抽蓄电站的规划出力容量，kW；$P_{PHS,\max,y1}$ 为第 $y1$ 年抽蓄电站的最大装机容量，kW。且需要保证第 $y1+1$ 年的规划结果大于等于第 $y1$ 年规划结果 $P_{PHS,y1} \leqslant P_{PHS,y1+1}$。

$$0 \leqslant P1_{hydro,y1} \leqslant P1_{hydro,\max,y1} \tag{4-56}$$

$$0 \leqslant P2_{hydro,y1} \leqslant P2_{hydro,\max,y1} \tag{4-57}$$

$$0 \leqslant P3_{hydro,y1} \leqslant P3_{hydro,\max,y1} \tag{4-58}$$

式中：$P1_{hydro,y1}$、$P2_{hydro,y1}$、$P3_{hydro,y1}$ 为第 1、2、3 级水电站第 $y1$ 年的规划出力容量，kW；$P1_{hydro,\max,y1}$、$P2_{hydro,\max,y1}$、$P3_{hydro,\max,y1}$ 为第 1、2、3 级水电站第 $y1$ 年最大装机容量，kW。

需要保证第 $y1+1$ 年的规划结果大于等于第 $y1$ 年规划结果，即 $P1_{hydro,y1} \leqslant P1_{hydro,y1+1}$、$P2_{hydro,y1} \leqslant P2_{hydro,y1+1}$、$P3_{hydro,y1} \leqslant P3_{hydro,y1+1}$。

$$0 \leqslant V1_{hydro,y1} \leqslant V1_{hydro,\max,y1} \tag{4-59}$$

$$0 \leqslant V2_{hydro,y1} \leqslant V2_{hydro,\max,y1} \tag{4-60}$$

$$0 \leqslant V3_{hydro,y1} \leqslant V3_{hydro,\max,y1} \tag{4-61}$$

式中：$V1_{hydro,y1}$、$V2_{hydro,y1}$、$V3_{hydro,y1}$ 为第 1、2、3 级水电站第 $y1$ 年规划的上游水库容量，m³；$V1_{hydro,\max,y1}$、$V2_{hydro,\max,y1}$、$V3_{hydro,\max,y1}$ 为第 1、2、3 级水电站第 $y1$ 年的上游水库最大容量，m³。

需要保证第 $y1+1$ 年的规划结果大于等于第 $y1$ 年规划结果，即 $V1_{hydro,y1} \leqslant V1_{hydro,y1+1}$、$V2_{hydro,y1} \leqslant V2_{hydro,y1+1}$、$V3_{hydro,y1} \leqslant V3_{hydro,y1+1}$。

$$0 \leqslant P_{\text{otherhydro},i,y1} \leqslant P_{\text{otherhydro,max},y1} \tag{4-62}$$

式中：$P_{\text{otherhydro},i,y1}$ 为与上述梯级水电站不在同一流域的第 i 个水电站在第 $y1$ 年的规划出力容量，kW，$P_{\text{otherhydro,max},y1}$ 表示不在同一流域的第 i 个水电站在第 $y1$ 年的最大装机容量，kW。

需要保证第 $y1+1$ 年的规划结果大于等于第 $y1$ 年规划结果 $P_{\text{otherhydro},i,y1} \leqslant P_{\text{otherhydro},i,y1+1}$。

$$0 \leqslant V_{\text{otherhydro},i,y1} \leqslant V_{\text{otherhydro,max},i,y1} \tag{4-63}$$

式中：$V_{\text{otherhydro},i,y1}$ 为与上述梯级水电站不在同一流域的第 i 个水电站在第 $y1$ 年的规划上游水库容量，m³；$V_{\text{otherhydro,max},i,y1}$ 为不在同一流域的第 i 个水电站在第 $y1$ 年的上游水库最大容量，m³。

需要保证第 $y1+1$ 年的规划结果大于等于第 $y1$ 年规划结果 $V_{\text{otherhydro},i,y1} \leqslant V_{\text{otherhydro},i,y1+1}$。

3. 多时间尺度并网下层优化模型

（1）水光互补系统中长期电量互补模型。中长期的目标函数旨在满足联络线约束的条件下使得水光蓄系统外送功率最大，而抽蓄考虑每天的充放电能量相同，因此在中长期目标函数中，抽蓄一天的动作累积量和假设为 0，其目标函数表达式为

$$\max F_{\text{out}} = \max \sum_{d=1}^{D} (P_{\text{hyd},d} + P_{\text{pv},d}) \tag{4-64}$$

式中：F_{out} 为目标函数，表示中长期外送功率，kW；$P_{\text{hyd},d}$ 为在第 d 天的水电总出力，kW；$P_{\text{pv},d}$ 为在第 d 天的光伏总出力，kW。

其主要约束条件为联络线的约束为

$$P_{\text{hyd},d} + P_{\text{pv},d} \leqslant P_{l,\text{max}} \tag{4-65}$$

式中：$P_{l,\text{max}}$ 为联络线在中长期尺度下的最大传输功率，kW。

（2）短期小时级水光蓄互补发电系统模型。电网调度的过程中，需要让水光蓄系统的出力和调度曲线尽可能一致。但是，由于光伏的强波动性，调度曲线很难完全匹配。为了解决这个问题，本项目提出了一个最小波动的优化目标，用它来生成一个更合理的调度曲线。基于这个调度曲线，本项目利用梯级水电和抽水蓄能的灵活性，采用小时级控制模型来调节水光蓄系统的波动。提高系统出力的互补指标，减小系统出力的波动性，波动性缓解的目标函数为

$$\min F = \min k_{\text{ch}} \tag{4-66}$$

式中：k_{ch} 为主网联络线最大功率波动点，kW。

水光蓄互补发电系统，充分利用各个电源出力特性，增强电源端的互补特性，其总出力为

$$P_{\text{L},t} = \sum_{i=1}^{n_{\text{hyd}}} P_{\text{hyd},i,t} + \sum_{j=1}^{n_{\text{pv}}} P_{\text{pv},j,t} + \sum_{k=1}^{n_{\text{gn}}} P_{\text{gn},k,t} - \sum_{k=1}^{n_{\text{gn}}} P_{\text{pm},k,t} \tag{4-67}$$

式中：n_{hyd} 为水电站个数；n_{pv} 分布式光伏电站个数；n_{gn} 抽水蓄能电站个数；T 为出力优化周期，min。

负荷跟踪系数：互补发电系统利用电源之间的互补特性，使得各个电源出力进行叠加之后，进一步提高对负荷的跟踪特性。

电源端出力变化率归一化处理，得到其标幺值为

$$\alpha_{L,t} = \frac{P_{L,t+1} - P_{L,t}}{P_L^{\max}}, t = 1, 2, \cdots, T-1 \tag{4-68}$$

式中：$\alpha_{L,t}$ 为电源出力变化率的标幺值；$P_L^{\max}$ 表示互补系统的最大出力，kW。

负荷侧的电能消耗变化率归一化处理，得到其标幺值为

$$\beta_{V,t} = \frac{P_{V,t+1} - P_{V,t}}{P_V^{\max}}, t = 1, 2, \cdots, T-1 \tag{4-69}$$

式中：$\beta_{V,t}$ 为 t 时段负荷变化率的标幺值；$P_{V,t}$ 为 t 时段的负荷值；kW；$P_{V,t+1}$ 为 $t+1$ 时段的负荷值，kW；$P_V^{\max}$ 为最大的负荷值，kW

负荷追踪系数 I_T 表示为

$$I_T = \frac{1}{T-1} \sum_{t=1}^{T-1} |\alpha_{L,t} - \beta_{L,t}| \tag{4-70}$$

I_T 越接近于 0，说明多种能源互补发电功率与负荷功率在考虑时间尺度内的变化特性越一致，电源侧对负荷侧的跟踪效果越好。

可调度指标：区域内，互补发电系统的出力由本地负荷优先消纳，剩余电力送入大电网，则该区域与电网接入点的功率为

$$P_{ch,t} = P_{L,t} - P_{V,t} \tag{4-71}$$

式中：$P_{ch,t}$ 为 t 时段接入点的功率，kW。

基于上述，可以求得电网接入点的最大功率变化率的标幺值

$$k_{ch} = \frac{\max |P_{ch,t+1} - P_{ch,t}|}{P_{ch}^{\max}}, t = 1, 2, \cdots, T-1 \tag{4-72}$$

式中：k_{ch} 为接入点的最大功率变化率的标幺值；$P_{ch}^{\max}$ 为接入点的最大功率，kW。

k_{ch} 的值越小，则互补系统的功率交换曲线波动越小，功率交换曲线更加平稳，水光蓄互补效果更好。

（3）水光蓄分钟级容量配置模型。水光蓄互补发电系统分钟级电力表达模型，需要在小时级的互补模型上加以调整。由于分钟级的时间颗粒度更小，水光蓄互补系统需要在更小的时间尺度下进行优化调度，水电站的水流滞时关系和出力约束、抽蓄机组的工况转换约束等则需要考虑得更加细致，光伏出力预测的不确定则加大了对提升互补指标的难度。采用分钟级控制模型实现对波动性的调控，通过水光蓄互补系统调节，使得总出力曲线在分钟级时间尺度的波动性更小，其目标函数为

$$\min F = \min \left\{ \frac{\Delta P_{\max}}{P_{average}} \right\} \tag{4-73}$$

式中：$\Delta P_{\max}$ 为两点间最大功率波动，kW；$P_{average}$ 互补发电系统出力的平均值，kW。

系统互补指标：水光蓄互补发电系统，充分利用各个电源出力特性，增强电源端的

互补特性，其总出力为

$$P_{L,t} = \sum_{i=1}^{n_{hyd}} P_{hyd,i,t} + \sum_{j=1}^{n_{pv}} P_{pv,j,t} + \sum_{k=1}^{n_{gn}} P_{gn,k,t} - \sum_{k=1}^{n_{gn}} P_{pm,k,t} \qquad (4-74)$$

式中：n_{hyd} 为水电站个数；n_{pv} 为分布式光伏电站个数；n_{gn} 为抽水蓄能电站个数；T 为出力优化周期，min。

区域内，互补发电系统的出力由本地负荷优先消纳，剩余电力送入大电网，则该区域与电网接入点的功率为

$$P_{ch,t} = P_{L,t} - P_{V,t} \qquad (4-75)$$

式中：$P_{ch,t}$ 为 t 时段接入点的功率，kW。

$$\Delta P_t = | P_{ch,t} - P_{ch,t-1} | \qquad (4-76)$$

式中：ΔP_t 为两点间功率波动值，kW。

负荷跟踪系数：互补发电系统利用电源之间的互补特性，使得各个电源出力进行叠加之后，进一步提高对负荷的跟踪特性。

电源端出力变化率归一化处理，得到其标幺值为

$$\alpha_{L,t} = \frac{P_{L,t+1} - P_{L,t}}{P_L^{max}}, t = 1, 2, \cdots, T-1 \qquad (4-77)$$

式中：$\alpha_{L,t}$ 为电源出力变化率的标幺值；P_L^{max} 为互补系统的最大出力，kW。

负荷侧的电能消耗变化率归一化处理，得到其标幺值为

$$\beta_{V,t} = \frac{P_{V,t+1} - P_{V,t}}{P_V^{max}}, t = 1, 2, \cdots, T-1 \qquad (4-78)$$

式中：$\beta_{V,t}$ 为 t 时段负荷变化率的标幺值，$P_{T,t}$ 为 t 时段的负荷值 kW；$P_{V,t+1}$ 为 $t+1$ 时段的负荷值；P_V^{max} 表示最大的负荷值，kW。

负荷追踪系数 I_T 表示为

$$I_T = \frac{1}{T-1} \sum_{t=1}^{T-1} | \alpha_{L,t} - \beta_{L,t} | \leqslant I_{max} \qquad (4-79)$$

I_T 越接近于 0，说明多种能源互补发电功率与负荷功率在考虑时间尺度内的变化特性越一致，电源侧对负荷侧的跟踪效果越好。

4. 多时间尺度离网下层优化模型

针对离网条件下的多目标优化模型，同样考虑收益目标函数，但是需要对目标函数和约束条件进行调整。因此下面将主要针对下层模型进行描述。

（1）目标函数。下层目标为最小化负荷缺电率和弃光弃水率；弃光弃水率指标（curtailment rate，CUR）能够降低系统中光伏发电和水力发电的浪费，其通过消耗的总电能除以所产生的总电能来计算；负荷缺电率（loss of power supply probability，LP-SP），通常描述为系统缺电的供电需求与系统评估期内总供电需求的商，鉴于其特性，LPSP 可以当作多目标优化过程中对供电可靠性的评估指标。其模型要遵循能量平衡原则，利用时间序列法，即将评估期（例如某一季度中的某一天）分为若干长度相等的时

间段，并且假定在任意某段的时间内，水光蓄系统的供给的电能不能满足负荷需求时的LPSP。

$$F_{\text{lower}} = \min(\text{LPSP} + \text{CUR}) \tag{4-80}$$

$$\text{CUR} = \frac{\sum_{t=1}^{T} P_{\text{cons}}(t)}{\sum_{t=1}^{T} [P_{\text{1hydro}}](t) + P_{\text{2hydro}}(t) + P_{\text{PV}}(t)} \tag{4-81}$$

$$\text{LPSP} = \frac{\sum_{t=1}^{T} P_{\text{load}}(t) - [P_{\text{1hydro}}](t) + P_{\text{2hydro}}(t) + P_{\text{3hydro}}(t) + P_{\text{PV}}(t) + P_{\text{PHS}}(t)}{\sum_{t=1}^{T} P_{\text{load}}(t)}$$

$$\tag{4-82}$$

（2）约束条件。联络线传输容量约束

$$P_{\text{pv}}(i) + P_{\text{hyro}}(i) + P_{\text{PHS}}(i) - P_{\text{load}}(i) = 0 \tag{4-83}$$

式中：$P_{\text{pv}}(i)$ 表示光伏在 i 时刻的出力，kW；$P_{\text{hyro}}(i)$ 表示水电在 i 时刻的出力，kW；$P_{\text{PHS}}(i)$ 表示抽蓄在 i 时刻的出力，kW；$_{\text{load}}(i)$ 为负荷在第 i 时刻的需求，kW。

式（4-82）表示水光蓄系统与主网之间没有功率交互，水光蓄发出多余电量将被弃掉，不足的电量将导致负荷产生 LPSP。

抽水蓄能电站约束，水电站约束以及潮流约束与并网条件下相同，不再重述。天级、小时级、分钟级下增加的约束与并网时相同，不再重述，其多时间尺度控制模型与并网相同。

（3）负荷控制装置。负荷控制装置即为需求响应模型，其能够实现负荷转移，在离网条件下，采用需求响应能够提供系统的供电可靠性和降低弃光弃水。离网模式下的需求响应模型如下

$$P_t^{l,\text{DRP}} = P_t^l + P_t^{l,\text{TOU}} \tag{4-84}$$

$$|P_t^{l,\text{TOU}}| \leqslant \text{DRP}_{\max} \times P_t^l \tag{4-85}$$

$$\sum_{h=1}^{H} P_t^{\text{TOU}} = 0 \tag{4-86}$$

其中，$P_t^{l,\text{DRP}}$ 表示 t 时刻考虑需求响应的负荷，kW；P_t^l 表示 t 时刻无法进行需求响应的负荷，kW；$P_t^{l,\text{TOU}}$ 表示 t 时刻可进行需求响应的负荷，kW；$\text{DRP}_{\max}$ 为 t 时刻用户参与需求响应所占的比重（%）。在规划时间内，增加和降低的负荷必须相等。

4.3　水光蓄并网和离网容量配置方法

本章需要针对多时间尺度的容量配置优化，包括电量级、小时级和分钟级。电量级、小时级和分钟级下，在考虑水光蓄系统的投资成本的前提下，通过抽蓄和水电的运

行方式来降低联络线上的波动从而实现水光蓄系统与主网的友好连接，降低水光蓄系统对主网的不利影响。但是投资成本与联络线上的波动性是两个博弈的目标。基于此本章采用启发式优化算法实现并网小时级下的优化容量配置方案。

1. 常见容量配置方法

互补发电系统的容量配置方法可划分为经典优化方法、现代优化方法和软件工具。经典优化方法包括迭代、数值、解析、概率和图形构造方法，这些方法利用微分学推导最优解。现代优化方法包括群智能和混合优化方法，这些方法可以在寻找一组最优解时保证更好的收敛性和准确性。互补发电系统容量配置的第三种方法是通过现成的计算机软件工具进行优化。

由于与可再生资源和其他技术因素相关的不确定性，以及与场地位置和系统各单元相关的约束，互补发电系统容量配置优化非常复杂。经典优化方法在解决如此复杂的问题上是无效的。因此，在过去的十年中，基于元启发式算法的现代优化方法得到了广泛的应用

容量配置优化方法可以使用单目标优化（single objective optimization，SOO）函数或多目标优化（multi objective optimization，MOO）函数。SOO用于找到对应于SOO函数定义的最小值或最大值的最优解。相比之下，MOO结合两个或多个单独的目标函数来确定一组折中解决方案，从而允许决策者根据问题要求选择最合适的解决方案。在这种情况下，MOO的使用提供了更有效的结果，因为它找到了全局最优的帕累托集解，从而与SOO相比，提高了互补发电系统容量配置结果的成本效益和可靠性。

（1）智能优化方法。智能方法在强非线性优化问题中具有较好的性能。常用的群智能优化方法，如遗传算法（genetic algorithms，GA）、人工神经网络（artificial neural networks，ANN）、粒子群优化（particle swarm optimization，PSO）、基于生物地理学的优化（biogeography based optimization，BBO）、和声搜索（harmony search，HS）、蚁群优化（ant colony optimization，ACO）、模拟退火（simulated annealing，SA）、模糊逻辑（fuzzy logic，FL）或此类技术的混合。这些算法可以解决互补发电系统容量配置优化问题中的非线性变化或太阳能和风能的间歇性。

（2）多目标优化。有两种常见的多目标容量配置优化方法。第一种方法是将所有单个目标函数合并为一个组合，第二种方法是确定帕累托最优解集。如果得到的解在解空间的各种解中占优势，则称其为帕累托最优解。对于任何目标而言，帕累托最优解都不可能在不恶化至少一个目标的情况下得到改进，因为降低系统投资成本意味着污染物排放量或者可再生能源弃电率的增加，反之亦然。多目标优化算法的主要目标是得到帕累托最优集中的解。

（3）迭代方法。在迭代法中，互补发电系统的性能评估是使用递归程序实现的，该程序在达到最佳系统设计时结束。在迭代法中，优化模型通常分别考虑电力可靠性LP-

SP 和系统成本 NPV/LCE 模型。互补发电系统容量配置优化中大多数研究人员考虑的优化包括光伏面板的容量、风电系统的功率和储能容量大小。对于期望的可靠性水平，最优容量配置结果是从所有可能的配置集合中具有最低 LCE/NPV 的配置方案。在该方法中，通过线性改变参数值或通过线性规划技术使系统成本最小化。此外，由于这些参数极大地影响系统成本（LCE/NPV），迭代技术不会优化光伏面积、光伏组件倾角、风力涡轮机扫掠面积、风力涡轮机安装高度。

（4）解析方法。在这种方法中，互补发电系统各单元采用计算模型来确定系统的可行解。因此，针对各单元的特定容量，系统方案的性能可以由一组可行的系统配置评估得到。互补发电系统的最优容量配置方案通过比较不同配置的单个或多个性能指标进行评估。

（5）概率方法。互补发电系统容量配置的概率优化方法在系统设计中考虑了日照和风速变化的影响。这种方法开发了资源生成和/或需求的合适模型，并最终通过这些模型的组合创建了风险模型。然而，这种优化技术不能表征集成/混合系统的动态变化性能。

（6）图形构建方法。这种优化只能考虑两个决策变量，如光伏容量和储能大小、光伏容量和风电站容量，完全忽略了一些重要因素，如光伏模块数量、光伏面积、光伏坡度角、风振面积和风机安装高度等。

（7）商业规划软件。目前，各种商业规划软件工具用于优化互补发电系统的容量配置结果。根据净现值成本和性能，可以在不同的系统配置中找到最佳配置。在各种计算机工具中，电力可再生能源混合优化模型（HOMER）是优化互补发电系统容量配置的最常用工具之一。HOMER 能够根据电力系统的生命周期成本对电力系统的物理行为进行建模，生命周期成本是系统组件在系统生命周期内的安装和维护成本之和。HOMER 允许程序员根据技术和经济优势比较许多不同的设计配置。许多其他商业规划软件工具也可用于混合系统的设计，如通用代数建模系统（GAMS）、Opti Quest、LINDO、WDILOG2、光伏能源系统模拟（Sim Pho Sys）、并网可再生混合系统优化（GRHYSO）和 H2RES。

2. 基于粒子群算法的水光蓄容量配置方法

本书综合考虑储能配置的多方面因素，得到的光伏接入配电网储能优化配置数学模型是一个包含离散变量的非线性问题。目前相关文献多使用启发式算法求解，启发式算法虽然有适用性强的优点，但计算量大，求解速度慢，且不能保证求得最优解。以其中运用较为广泛的遗传算法为例，遗传算法在储能配置问题的迭代过程中，为了获取种群适应度，需要反复解潮流方程，耗时巨大。针对以上问题，本节采用将混合启发式算法与数值分析法结合的策略对储能配置问题进行求解。上层问题采用粒子群算法求解，求解下层问题时先利用松弛技术将最优潮流模型转换为可以用数值分析法直接求解的二阶锥规划，然后将最优解返回上层用于计算个体适应度，进而避免了潮流方程的反复求解。

（1）上层求解算法。启发式优化算法是一类通过模拟某一自然现象或过程而建立起来的优化方法，和传统的数学规划法相比，启发式优化算法更适合求解多目标优化问题。首先，大多数智能优化算法能同时处理一组解，算法每运行一次，能获得多个有效解。其次，智能优化算法对帕累托最优前端的形状和连续性不敏感，能很好地逼近非凸或不连续的最优前端。这类算法包括进化算法、粒子群算法、禁忌搜索、分散搜索、模拟退火、人工免疫系统和蚁群算法等。

粒子群优化算法（particle swarm optimization，PSO）是一种进化计算技术，源于对鸟群捕食的行为研究。粒子群优化算法的基本思想是通过群体中个体之间的协作和信息共享来寻找最优解。PSO 的优势在于简单容易实现并且没有许多参数的调节，目前已被广泛应用于函数优化、神经网络训练、模糊系统控制以及其他遗传算法的应用领域。

粒子群算法通过设计一种无质量的粒子来模拟鸟群中的鸟，粒子仅具有两个属性：速度和位置，速度代表移动的快慢，位置代表移动的方向。每个粒子在搜索空间中单独地搜寻最优解，并将其记为当前个体极值，并将个体极值与整个粒子群里的其他粒子共享，找到最优的那个个体极值作为整个粒子群的当前全局最优解，粒子群中的所有粒子根据自己找到的当前个体极值和整个粒子群共享的当前全局最优解来调整自己的速度和位置。该算法的更新规则如下：

PSO 初始化为一群随机粒子（随机解），然后通过迭代找到最优解，在每一次的迭代中，粒子通过跟踪两个"极值"（$p$best、$g$best）来更新自己。在找到这两个最优值后，粒子通过式（4-87）来更新自己的速度和位置。

$$v_i = v_i + c_1 \times \text{rand}() \times (p\text{best}_i - x_i) + c_2 \times \text{rand}() \times (g\text{best}_i - x_i) \quad (4-87)$$
$$x_i = x_i + v_i \quad (4-88)$$

式中，$i=1, 2, \cdots, N$，N 为此群中粒子的总数；v_i 为粒子的速度；rand（）为介于（0，1）之间的随机数；x_i 为粒子的当前位置；c_i 为学习因子，通常 $c_1=c_2=2$；v_i 的最大值为 V_{max}（大于 0），如果 $v_i > V_{max}$，则 $v_i = V_{max}$。

式（4-87）和式（4-88）为 PSO 的标准式。其中，式（4-87）的第一部分称为"记忆项"，表示上次速度大小和方向的影响；式（4-87）的第二部分称为"自身认知项"，是从当前点指向粒子自身最好点的一个矢量，表示粒子的动作来源于自己经验的部分；式（4-87）的第三部分称为"群体认知项"，是一个从当前点指向种群最好点的矢量，反映了粒子间的协同合作和知识共享。粒子就是通过自己的经验和同伴中最好的经验来决定下一步的运动，式（4-87）和式（4-88）为基础，形成了 PSO 的标准形式。

图 4.1 给出了采用多目标 PSO 对水光蓄系统的优化过程。多目标 PSO 算法由主函数和适应度函数两部分组成。首先，计算适应度函数 LPSP 来评估目标是否满足。

如果未达到目标，粒子（位置和速度）将再次更新；当满足目标时，计算适应度函数 LCOE。然后重复上述步骤，直到完成所有迭代。最后，可以得到系统最优的规划结果。

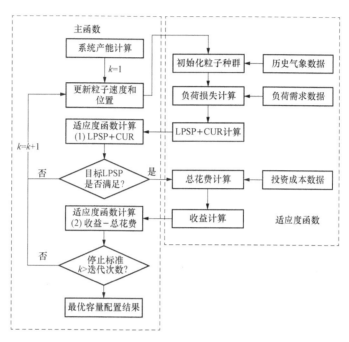

图 4.1　基于粒子群算法的规划优化

水光蓄容量配置的变量（上层变量）如下。

光伏额定容量：$P_{pv,r}$；

抽蓄电站额定出力：$P_{PHS,r}$；

抽蓄电站水库容量：$V_{PHS,r}$；

第一级水电站额定出力：$P_{1hydro,r}$；

第一级水电站水库容量：$V_{1hydro,r}$；

第二级水电站额定出力：$P_{2hydro,r}$；

第一级水电站水库容量：$V_{2hydro,r}$；

第三级水电站额定出力：$P_{3hydro,r}$；

第三级水电站出力：$V_{3hydro,r}$。

（2）下层求解方法。下层主要是针对水电站和抽蓄的运行，优化变量如下。

抽蓄电站的运行行为 $P_{PHS}(i)$ $(i=1, \cdots, T)$；

第一级水电站运行行为 $P_{1hydro}(i)$ $(i=1, \cdots, T)$；

第二级水电站运行行为 $P_{2hydro}(i)$ $(i=1, \cdots, T)$；

第三级水电站运行行为 $P_{3hydro}(i)$ $(i=1, \cdots, T)$。

在并网条件下的目标函数为波动性最小，在离网条件下的目标函数为供电可靠性最大。

电力系统优化方法主要有以下两类：经典经济调度和最优潮流优化法。经典经济调度以电力系统发电成本及燃料消耗最小为目标，各个运行机组有确定的负荷优化量匹配。但其约束条件局限性较大，只将对线路安全约束，如电流电压上下限约束，发电机功率大小等约束考虑在内，使得优化精度不是十分理想。而最优潮优化则包含更加全面的约束条件，增加了如发电机转速调整限制，储能容量限制等约束，使得优化精度更高，随之带来的却是较高的计算压力计较长的计算时间等问题。在配电网中，需要对不同优化结果的安全性、可行性及经济性进行比较确认，以最优潮流作为其约束。然而，最优潮流的求解往往是影响求解效率的最重要因素。所以，提高求解最优潮流的效率是配电网优化调度中最重要的问题，最优潮流的求解效率的提高将提高整个系统优化的效率。

通常采用迭代法及以遗传算法为代表的智能算法求解配电网潮流方程，在求解非凸非线性的配电网潮流方程过程中，有以下要求：快速求解，较高的收敛可靠性，求解方式的灵活性等。但不断扩大的配电网规模所带来的是不断增加的潮流方程的阶数，这使得传统的智能算法计算量大、寻优速度慢及容易陷入局部最优解的弊端显露无遗。采用数值分析算法将非凸约束凸松弛是一种较为有效的解决方法，经过松弛后的支路潮流模型可通过二阶锥规划方法快速求解。

4.4 并离网水光蓄容量配置验证分析

本节根据前述模型和算法在并离网条件下对水光蓄系统进行了容量配置优化，选取了部分仿真结果来表明模型和算法的可行性。同时，通过大量的对比分析和敏感性分析来说明容量配置结果的合理性和最优性。根据所研究的水光蓄系统实际数据分析，当地的负荷量相较于光伏和水电出力小。因此，在离网条件下当地负荷在大部分时间内能够被完全满足。本书将以并网条件下的优化结果作为最优容量配置方案。由于考虑长中短期整体规划结果会导致较高的成本，从系统安全可靠运行角度出发，本书采用分钟级下的容量配置结果，并在中长期电量级和短期小时级的情况下做了仿真验证。下面将根据前面对未来十年的预测数据进行容量配置仿真分析。

4.4.1 并网条件下

1. 中长期电量级

电量级下是能量平衡，所以这里将三级梯级水电的出力合并。图 4.2 给出了电量级不同季节下光伏和水电出力以及负荷需求情况，图 4.3 给出了电量级下不同季节的波动性，可以看出冬季的波动性最大，表 4.1 定量分析了不同季节下的波动性和网损。根据水电的出力可以判断出三种场景的数据（从左至右）分别对应冬季、春秋季和夏季。由于夏季的时候水电丰富，可调节能力较强，因此其可以有效降低系统的波动性。而在冬季水电不足时，对光伏出力的调节能力不够，因此会存在较高的波动性。从图4.3和表4.1的数据中可以明显得到。由于光伏、水电和负荷均为一天的累计量，而整个一天中考虑抽蓄的容量无变化，因此抽蓄一天的累计动作量视为不变。

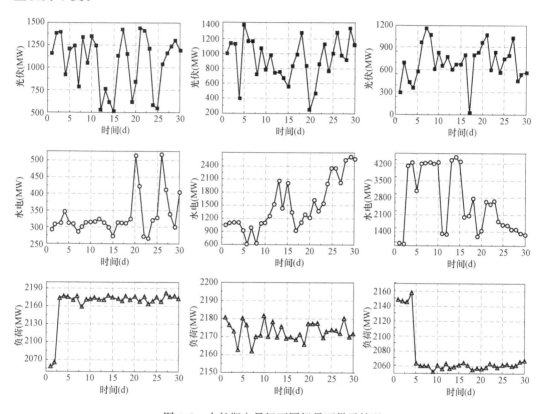

图4.2 中长期电量级不同场景下供需情况

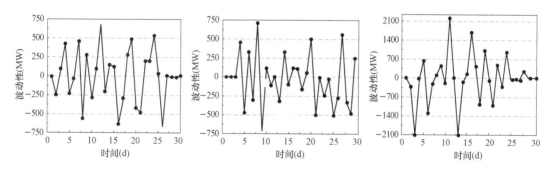

图4.3 中长期电量级不同场景下的波动性

表 4.1 最优容量配置在中长期电量级不同场景下的仿真结果

	冬季	春秋季	夏季
波动性（%）	31.9265	1.7642	0.8388
网损（MW）	2160.8584	3490.9619	4493.0825

2. 短期小时级

表 4.2 为未来态 10 年并网短期小时级下不同容量配置结果分析。对春秋季、夏季和冬季下的三种场景进行了规划分析（共 9 种场景）。规划结果一、二、三是在不同条件下得到的最优配置结果，本项目中首先采用以水定光，再定抽蓄容量。规划结果一、二、三在以水定光时配比不同的光伏容量后，再对抽蓄进行规划，规划结果二和三相比一来说，光伏配比更小和更大，光伏配比大则波动性更大，需要更大容量的抽蓄来降低波动性，因此规划结果三中的抽蓄容量大，而规划结果二的抽蓄容量小。在下面的小节中给出了规划结果一的仿真结果分析。规划结果一中所得到的容量配置结果是基于分钟级的容量配置结果的验证。在冬季由于水电出力不足，系统还需从电网购电来满足当地负荷需求，因此导致了负收益。

表 4.2 未来态 10 年并网短期小时级下不同容量配置结果分析

规划结果		春秋季			夏季			冬季		
		场景一	场景二	场景三	场景一	场景二	场景三	场景一	场景二	场景三
规划结果一	短期小时级容量（MW）	水电：188；光伏：210；抽蓄：22.2								
	短期小时级波动性（%）	8.1	7.4	23.9	14.5	8.4	16.6	10.9	23.5	16.8
	短期小时级投资成本（万元）	水电：267148；光伏：182280；抽蓄：13719.6								
	短期小时级收益（万元）	16.5	20.7	14.5	41.7	52.2	36.5	−31.5	−39.3	−27.5
规划结果二	短期小时级容量（MW）	水电：188；光伏：202；抽蓄：20.3								
	短期小时级波动性（%）	10.5	10.2	25.1	16.7	8.9	17.6	12.8	25.6	16.4
	短期小时级投资成本（万元）	水电：267148；光伏：175336；抽蓄：12545.4								
	短期小时级收益（万元）	15.9	20.0	13.9	40.1	50.1	35.1	−34.7	−43.2	−30.3
规划结果三	短期小时级容量（MW）	水电：188；光伏：217；抽蓄：23.5								
	短期小时级波动性（%）	7.9	7.1	23.3	12.9	8.1	15.8	11.3	23.4	17.3
	短期小时级投资成本（万元）	水电：267148；光伏：188356；抽蓄：14523								
	短期小时级收益（万元）	17.0	21.3	14.9	43.2	54	37.8	−28.7	−36.0	−25.2

图 4.4 为短期小时级不同场景下的供需情况，这里为冬季的三个场景，因为冬季是枯水期为最坏场景。根据光伏的处理情况，冬季的场景一、场景二、场景三分别对应阴雨天、多云和晴天。

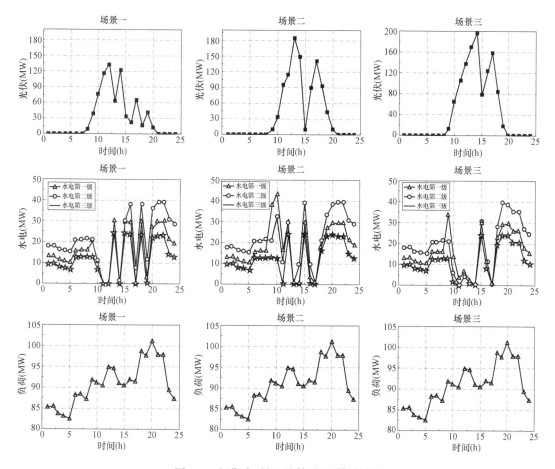

图 4.4　短期小时级不同场景下供需情况

根据图 4.4 中的数据可以仿真得到图 4.5～图 4.7 的仿真结果。图 4.5 为短期小时级不同场景下梯级水电行为，图 4.6 为短期小时级不同场景下抽蓄行为，图 4.7 为短期小时级不同场景下波动性情况。水电首先通过调节自身出力来降低光伏的波动性，随后抽蓄参与调节以降低系统波动性，而抽蓄整个一天内的充放电功率和保持不变。图 4.7 可以看出水电和抽蓄优化后对于降低系统波动性效果显著。

3. 分钟级

表 4.3 为未来态 10 年并网分钟级下不同容量配置结果分析。对春秋季，夏季和冬季下的三种场景进行了规划分析（共 9 种场景）。抽蓄的容量为 22.2MW 时，所有场景都能满足 8% 以下的波动性要求。尽管随着抽蓄的容量增加能够更多地降低系统波动性，但是会导致更高的投资成本，因此认为达到波动性要求范围内的容量配置结果最佳。在

下面的小节中给出了在分钟级下规划结果一的仿真分析。

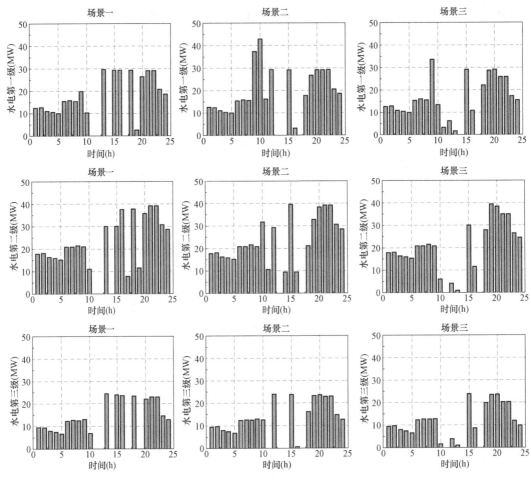

图 4.5 短期小时级不同场景下梯级水电行为

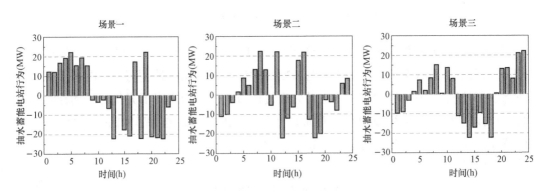

图 4.6 短期小时级不同场景下抽蓄行为

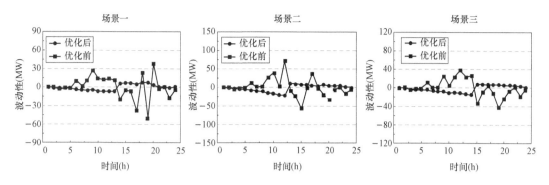

图 4.7　短期小时级不同场景下波动性情况

表 4.3　　　　　　未来态 10 年并网分钟级下不同容量配置结果分析

	规划结果	春秋季			夏季			冬季		
		场景一	场景二	场景三	场景一	场景二	场景三	场景一	场景二	场景三
规划结果一	分钟级容量（MW）	水电：188 光伏：210 抽蓄：22.2								
	分钟级波动性（%）	1.3	0.6	1.7	1.1	1.0	0.7	7.8	4.1	7.9
	分钟级投资成本（万元）	水电：267148 光伏：182280 抽蓄：13719.6								
	分钟级收益（万元）	18.1	30.2	12.1	60.6	69.3	43.3	−114.2	−130.3	−81.5
规划结果二	分钟级级容量（MW）	水电：188 光伏：210 抽蓄：23.5								
	分钟级波动性（%）	1.0	0.4	1.5	0.9	0.7	0.4	7.4	3.8	7.6
	分钟级投资成本（万元）	水电：267148 光伏：182280 抽蓄：14523								
	分钟级收益（万元）	19.2	32.1	12.9	62.1	70.9	44.4	−111.2	−127.2	−79.5

图 4.8 为分钟级不同场景下的供需情况，这里为冬季的三个场景，因为冬季是枯水期为最坏场景。根据光伏的处理情况，冬季的场景一、场景二、场景三分别对应阴雨天、多云和晴天。

根据图 4.8 中的数据可以仿真得到图 4.9～图 4.11 的仿真结果。图 4.9 为分钟级不同场景下梯级水电行为，图 4.10 为分钟级不同场景下抽蓄行为，图 4.11 为分钟级不同场景下波动性情况。水电首先通过调节自身出力来降低光伏的波动性，随后抽蓄参与调节以降低系统波动性，而抽蓄整个一天内的充放电功率和保持不变。图 4.11 可以看出水电和抽蓄优化后的结果（红色曲线）对于降低系统波动性效果显著。

4.4.2　离网条件下

1. 中长期电量级

表 4.4 给出了电量级下不同季节下的 LPSP 和网损情况。冬季下系统可靠性最低，

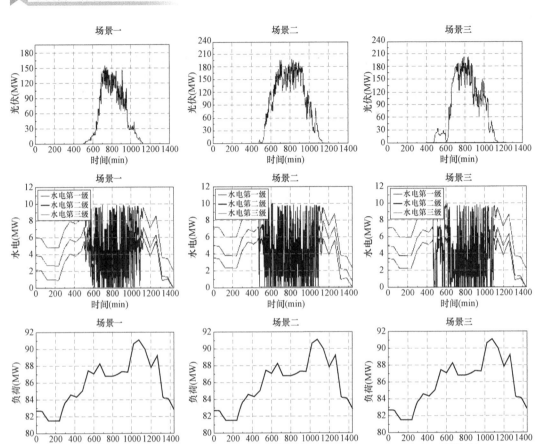

图 4.8　分钟级不同场景下供需情况

因为此时负荷不满足情况最大。值得注意的是，在离网条件下，联络线上无功率交互，就会出现丢负荷和弃电的情况。

表 4.4　　　　　　　最优容量配置在中长期电量级不同场景下的仿真结果

场景	冬季	春秋季	夏季
LPSP（％）	36.76387	3.312271	1.157861
网损（MW）	2160.8584	3490.9619	4493.0825

　　根据水电的出力可以判断出三种场景的数据（从左至右）分别对应冬季、春秋季和夏季，如图 4.12 所示。由于夏季的时候水电丰富，可调节能力较强，因此其可以有效降低系统在离网条件下的缺负荷率。而在冬季水电不足时，对光伏出力的调节能力不够，因此会存在较高的缺负荷率。从表 4.4 和图 4.13 的数据中可以明显看出，由于光伏、水电和负荷均为一天的累计量，而整个一天中考虑抽蓄的容量无变化，因此抽蓄一天的累计动作量视为不变。图 4.13 可以看出夏季由于水电充足在离网条件下还存在大

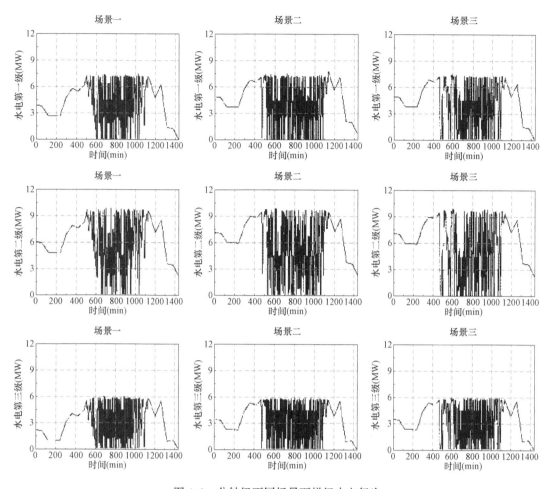

图 4.9 分钟级不同场景下梯级水电行为

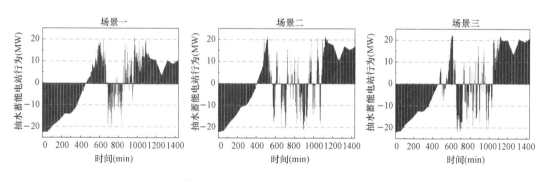

图 4.10 分钟级不同场景下抽蓄行为

量的弃电现象，多余电能无法被消纳。

2. 短期小时级

表 4.5 为未来态 10 年离网下短期小时级下不同容量配置结果分析。对春秋季、夏季

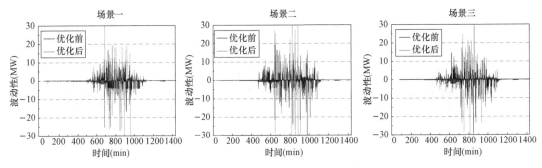

图 4.11　分钟级不同场景下波动性情况

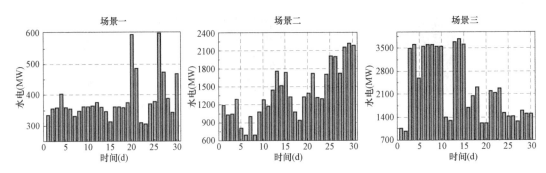

图 4.12　中长期电量级下水电出力情况

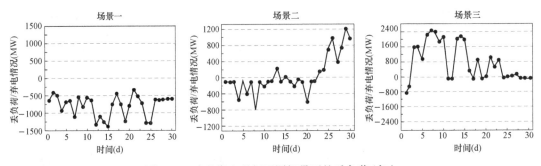

图 4.13　中长期电量级不同场景下的丢负荷/弃电

和冬季下的三种场景进行了规划分析（共 9 种场景）。规划结果一是最优的容量配置结果，即为离网条件下得到的容量配置结果，若继续增加抽蓄容量，抽蓄增加单位容量对于 LPSP 的降低效果保持不变，因此选择该结果为最优结果。可以看出，在冬季，由于是枯水期，所以水电出力不足，会导致严重的丢负荷情况发生。规划结果二为采用并网条件下得到的容量配置结果。可以看出，如果采用并网条件下的结果，会导致严重的丢负荷情况的发生。但是若直接采用离网条件下的容量配置结果会导致较高的投资成本，而采用并网条件下的容量配置，在大部分情况下仍然可以实现无负荷丢失情况，见表4.5 中规划结果二。

表 4.5　　　　　未来态 10 年离网下短期小时级下不同容量配置结果分析

规划结果		春秋季			夏季			冬季		
		场景一	场景二	场景三	场景一	场景二	场景三	场景一	场景二	场景三
规划结果一	短期小时级容量（MW）	水电：188；光伏：210；抽蓄：50.3								
	短期小时级 LPSP（%）	0	0	0	0	0	0	19.6	15.1	12.9
	弃光弃水率（%）	28.1	30.9	34.1	54.1	55.5	56.7	4.7	8.3	11.7
	短期小时级投资成本（万元）	水电：267148；光伏：182280；抽蓄：31085.4								
规划结果二	短期小时级容量（MW）	水电：188；光伏：210；抽蓄：22.2								
	短期小时级 LPSP（%）	0	0	0	0	0	0	26.1	23.9	22.9
	弃光弃水率（%）	28.1	30.9	34.1	54.1	55.5	56.7	10.7	16.2	20.3
	水电：267148；光伏：182280；抽蓄：13719.6									

　　并网和离网短期小时级采用的数据相同，因此下面的仿真结果的数据来自图 4.4。根据图 4.4 中的数据可以仿真得到图 4.14～表 4.16 的仿真结果。图 4.14 为短期小时级不同场景下梯级水电行为，图 4.15 为短期小时级不同场景下抽蓄行为，图 4.16 为短期小时级不同场景下波动性情况。水电首先通过调节自身出力来满足负荷需求，抽蓄在水电和光伏充足时抽水，在它们不足时放水来满足负荷需求，且抽蓄整个一天内的充放电功率和保持不变。

　　下面以冬季为例，分析了需求响应对离网状态下示范区 LPSP 和弃光弃水率的影响。随着需求响应的参与度增加，系统的 LPSP 和弃水弃光率显著降低。因此在离网条件下充分挖掘当地的可调节负荷对于满足当地负荷需求具有明显作用。

　　表 4.6 为示范区在 10 年离网短期小时级考虑需求响应下的 LPSP 和弃光弃水率（冬季）。

表 4.6　范区在 10 年离网短期小时级考虑需求响应下的 LPSP 和弃光弃水率（冬季）

容量配置	10%需求响应		20%需求响应		30%需求响应	
	LPSP（%）	弃水弃光率（%）	LPSP（%）	弃水弃光率（%）	LPSP（%）	弃水弃光率（%）
规划结果一	14.31	6.74	12.72	5.06	11.13	3.38
规划结果二	21.91	13.42	19.47	10.84	17.04	8.27

3. 分钟级

表 4.7 为未来态 10 年离网下分钟级下不同容量配置结果分析。对春秋季、夏季和冬

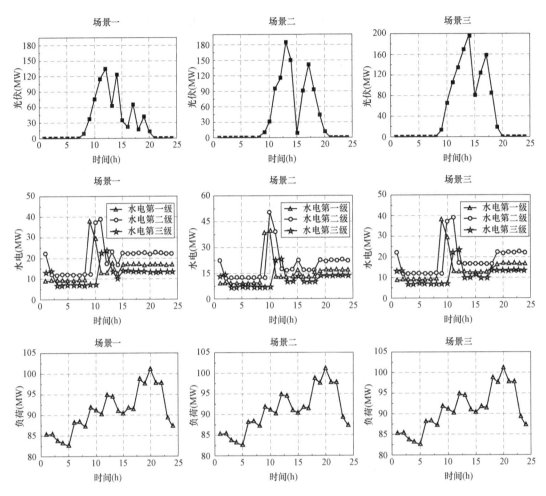

图 4.14　短期小时级不同场景下梯级水电行为

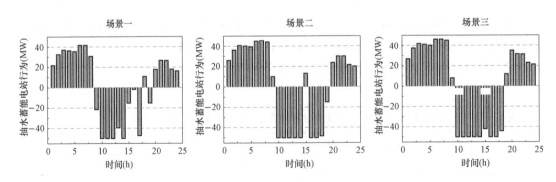

图 4.15　短期小时级不同场景下抽蓄行为

季下的三种场景进行了规划分析（共 9 种场景）。规划结果一是最优的容量配置结果，即为离网条件下得到的容量配置结果。但是若直接采用离网分钟级条件下的容量配置结果会导致较高的投资成本，而采用并网分钟级条件下的容量配置，在大部分情况下仍然

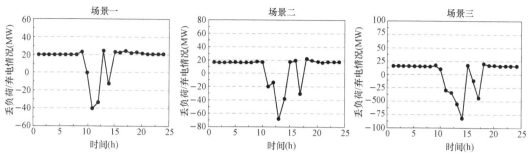

图 4.16 短期小时级不同场景下丢负荷/弃电情况

可以实现无负荷丢失情况，见规划结果二。接下来的小节给出了分钟级在规划结果一的运行仿真结果。

表 4.7 未来态 10 年离网下分钟级下不同容量配置结果分析

规划结果		春秋季			夏季			冬季		
		场景一	场景二	场景三	场景一	场景二	场景三	场景一	场景二	场景三
规划结果一	分钟级容量（MW）	水电：188；光伏：210；抽蓄：50.3								
	分钟级 LPSP（%）	0	0	0	0	0	0	55.1	38.5	43.5
	弃光弃水率（%）	29.4	34.1	37.6	52.9	54.2	54.7	0.7	8.6	7.9
	分钟级投资成本（万元）	水电：267148；光伏：182280；抽蓄：31085.4								
规划结果二	分钟级容量（MW）	水电：188；光伏：210；抽蓄：22.2								
	分钟级 LPSP（%）	0	0	0	0	0	0	57.7	45.7	49.5
	弃光弃水率（%）	29.4	34.1	37.6	52.9	54.2	54.7	6.3	18.6	17.2
	分钟级投资成本（万元）	水电：267148；光伏：182280；抽蓄：13719.6								

并网和离网分钟级采用的数据相同，因此下面的仿真结果的数据来自图 4.8。根据图 4.8 中的数据可以仿真得到图 4.17～图 4.19 的仿真结果。图 4.17 为分钟级不同场景下梯级水电行为，图 4.18 为分钟级不同场景下抽蓄行为，图 4.19 为分钟级不同场景下波动性情况。水电首先通过调节自身出力来满足负荷需求，抽蓄在水电和光伏充足时抽水，在它们不足时放水来满足负荷需求，且抽蓄整个一天内的充放电功率和保持不变。相比于短期小时级的情况，分钟级条件下水电和抽蓄的调节更加频繁。

表 4.8 以冬季为例，分析了需求响应能力对离网状态下示范区 LPSP 和弃光弃水率的影响。同短期小时级相同，随着需求响应的参与度增加，系统的 LPSP 和弃水弃光率显著降低。因此在离网条件下充分挖掘当地的可调节负荷对于满足当地负荷需求具有明显作用。

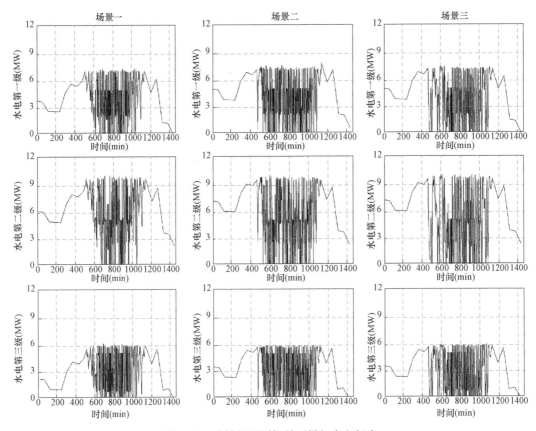

图 4.17　分钟级不同场景下梯级水电行为

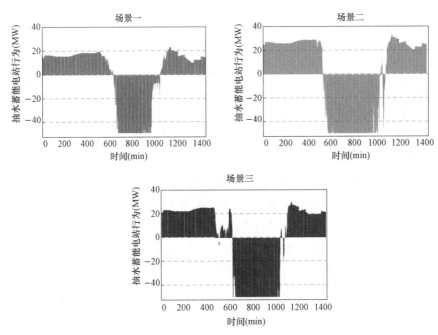

图 4.18　分钟级不同场景下抽蓄行为

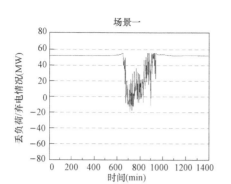
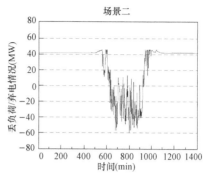
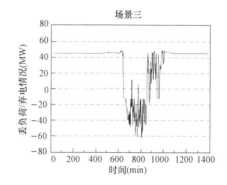

图 4.19 分钟级不同场景下丢负荷/弃电

表 4.8 示范区在 10 年离网分钟级考虑需求响应下的 LPSP 和弃光弃水率（冬季）

容量配置	10%需求响应		20%需求响应		30%需求响应	
	LPSP（%）	弃水弃光率（%）	LPSP（%）	弃水弃光率（%）	LPSP（%）	弃水弃光率（%）
规划结果一	45.88	6.59	41.85	0	38.42	0
规划结果二	41.80	0	37.86	0	33.24	0

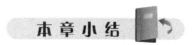

本 章 小 结

　　本章分别构建了离网与并网模式下的系统各组件模型，建立了系统的优化目标函数并据此对系统进行了容量配置。水光蓄互补系统的规划容量配置同时考虑经济性目标、可靠性目标以及波动性目标等多个目标，涉及多个决策变量，因此该规划优化问题被构建为一个多目标优化问题。为求解复杂非线性的多目标优化模型。本章基于粒子群优化算法和二阶锥对该系统进行容量配置优化。最后通过算例仿真验证了模型和算法的可行性。本章是基于未来态数据进行并网和离网下的不同时间尺度容量配置，考虑并网条件下分钟级波动性不超过 8% 的要求选择最佳的容量配置结果。

5

梯级水光蓄互补电站在电力市场下的容量配置方法

在市场环境下进行电力改革已成为我国电力行业的未来发展趋势。水光蓄系统作为由多种可再生能源电站规划组合而成的混合能源系统,是未来新能源电力供给的重要组成部分。因此,在市场条件下的水光蓄系统运行与规划是未来值得关注的重点。鉴于电力市场对新能源电力较高的经济性要求,对水光蓄系统的研究主要集中于在优化运行的基础上进行合理容量配置,从而提高水光蓄系统的经济性,使新能源企业与投资在电力市场条件下更具竞争力。基于此,本章对市场条件下的水光蓄系统容量配置进行研究。

本章的研究主要针对基于水光蓄系统在电力市场条件下经济性要求,构建水光蓄系统容量配置的多目标分层优化模型,其中上层目标函数为水光蓄系统投入成本回收年限,下层目标函数为水光蓄系统年售电收益;然后,基于构建的多目标分层优化模型,针对每层模型的目标函数都提出相对应快速合理的求解算法,实现市场条件下水光蓄系统的优化容量配置。最后,针对市场机制下水光蓄系统的分配机制进行研究,作为市场条件下容量配置方法的重要补充。在水光蓄系统中的各个电站主体运行优化的基础上,采用合作博弈概念对各电站主体的获益实现科学合理的分配,为未来市场条件下的各电站主体的合作奠定基础。

本章着重探讨市场条件下的水光蓄系统容量配置,提出基于多目标分层优化模型的容量配置优化方法,实现水光蓄互补系统在市场条件下的容量配置研究。

5.1 电力市场环境下的容量配置

本节依托我国电力市场发展趋势,阐述以水光蓄为代表的混合能源系统在市场化背景下进行容量配置的必要性和前瞻性,通过详细介绍电力市场基础概念、参与主体、交易类型和相关机制,厘清并研究电力市场环境和混合能源系统容量配置之间的影响和关联,为本章开展在电力市场环境下的容量配置研究提供支撑。

5.1.1 电力市场概述

电力市场是指以电力为交换内容的市场,是各种电力交易及其交互关系的总和。相较于传统电力行业中"发、输、配、用"一体化流程，电力市场具备竞争性、开放性的特点。其通过使用竞争模式，提高了电力从生产到使用的各个程序的运行效率，并按照经济效益最优的原则运行。在电力市场中，电力用户可以自主选择直接向各电厂或电网公司购电，也可以自主选择价格最合适、电能质量最优、供电时间最优的发电商为其供电。发电企业可以自由决定发电质量、发电时间和发电量。将市场规律应用于电力市场，以达到买卖双方的竞争性和合理性。因此，电力市场主要通过市场配置资源、以价格为杠杆，不仅实现资源的最优利用，而且能够使市场中各主体的利益最大化。

就国家层面而言，英国是最早开展电力市场的国家之一。经过多年发展，英国已经具备较为成熟的、以分散式为主的电力市场运行模式。美国大量电力市场中美国大多数电力市场使用中长期价差合约来管理市场在运行中存在的风险管理，通过对产生以及供给的调节维持系统的平稳运行，保证电力交易市场的供需平衡。由此可看出，每个市场的交易规则都是不一样的，因为每个地方的发展情况不一样，需要制定不同的电力市场交易模式，这样才能更好地保护买卖双方的交易权利，从而保障电力市场更好、更加可持续地运行。

随着新一轮电改，我国电力市场的发展速度非常迅猛。以中共中央国务院《关于进一步深化电力体制改革的若干意见》（中发〔2015〕9号）为号角，我国通过重新梳理与界定输配电的电价、逐步放开售电市场，形成电力需求侧的深入市场化来使电力价格处于较为科学合理的区间。此外，为进一步形成合理的电价，我国以已有成熟电力市场的国家为例，提出"现货＋中长期"的市场模式。在2017年9月，我国发展和改革一元化和国家能源局发布《关于开展电力现货市场建设试点工作的通知》。该通知的目的是加快我国电力市场的建设，进一步探索适合我国国情的电力市场模式。综上所述，随着电改的深入，我国电力市场的发展阶段和建设水平在不断地提升，电力市场化将成为未来电力交易的趋势。因此，在市场环境下各主体，尤其是发电主体的运行优化和容量配置是迎合未来供电新模式的需要，也是电站建设亟待解决的现实问题。

1. 电力市场交易主体

交易主体是参与电力市场重要的组成部分，其主要包括发电侧主体、用电侧主体和第三方主体等。以下将针对各交易主体进行简要介绍：

（1）发电侧主体。发电侧主体一般指发电企业和发电厂。发电企业是将自然界一次能源转换成电能的企业，其中包括燃煤机组、燃气机组、水电机组、风电机组、光伏机组和核电机组等。一般情况下，发电企业通过电力市场与售电商或大用户签署双边合约，以协商或市场竞价等方式出售电能。同时，各类发电企业在参与市场方式也略有不同。在我国电力市场中，发电侧电源投资有多元化趋势，有助于形成发电侧充分竞争的格局。

（2）用电侧主体。用电侧主体主要包括售电公司和电力用户。售电公司拥有输电网和配电网，负责输配电网的规划、建设与运维，同时接受电力监管机构的监督和管理。电力用户依据自身的用电习惯和负荷特性，与售电商签订相应的零售购电合同获取电能。

（3）第三方竞争主体。除发电侧和用电侧主体外，电力市场还存在许多第三方竞争主体，例如售电商、电力监管部门、各类储能、电动汽车等。其中，售电商是将发电企业生产的电能出售给电力用户的中间商，主要通过赚取电力批发市场与电力零售市场的差价盈利；电力监管部门主要负责维持电力市场与供配电业务的正常运营与监督，并对电力批发市场中各个交易主体进行考核。第三方主体作为"润滑剂"，可使电力市场运行更加稳定平滑。

2. 电力市场交易类型

电力市场的交易类型主要由中长期合约市场交易和现货市场交易组成。其中，现货市场交易包括日前市场交易、日内市场交易、实时市场交易、辅助服务市场交易等。以下将对日前市场交易和实时市场交易进行简要介绍：

（1）日前市场交易。日前市场交易的规则是在竞价日（即运行日前一天）进行各交易主体的竞价，然后在运行日按竞价结果进行日前市场的交易。在运行日交易时，预计每15分钟可执行1次，在一天中共有96个出清时间段。竞价日内，通过日前电能量市场出清形成运行日的交易结果。电力调度机构综合考虑负荷预测、机组出力及受电曲线、检修计划、系统安全约束条件等，实现现货市场各交易参与方的加权利益最大化，形成与电力系统物理运行相适应的交易计划。

（2）实时市场交易。实时电能量市场以发电成本最小化为优化目标，电力调度机构在系统实际运行前15min开展实时电能量市场交易出清。实时市场交易出清本质上是一个考虑了电能、调频、备用资源相互耦合关系的安全约束经济调度问题，由于所形成的实时交易计划与日前交易计划存在差异，对于此偏差部分的电量，一般按照实时节点边际电价进行增量结算。

3. 电力市场电价形成机制

作为市场运行的主体，电价形成机制在电力市场中具有重要地位；同时，它也是市场机制的集中反映。在目前的现货市场下，共有两套电价机制：①按各市场主体报价进行结算；②按边际出清价格结算。

世界各国的电力市场中多采用边际出清价格机制。边际出清价格机制是指，在保障电网运行及机组运行安全约束的前提下，当所有机组报价完毕后，现货市场依据申报价格的高低顺次匹配，低价优先于高价达成交易协定，各机组申报上网电量累计达到现货市场总体负荷需求时，最后一台成交机组为边际机组，其申报价格为边际出清价格，该出清价格是所有已达成的交易协定严格依据的结算价格。报价结算机制的交易过程中，同样由申报低价至高价的顺序为申报上网的机组分配发电负荷，直至达到系统的供需平衡，但最终各机组的交易价格为实际报价。

相比较而言，边际出清价格机制更能提高中小发电企业的市场交易参与度，能够有效降低市场集中度、抑制大型发电企业的垄断行为。从长期来看，边际出清价格机制创造了更有利于中、小发电企业进入的市场条件，而这是降低市场集中度、进而防止大型发电商行使垄断力量的更有效手段。为了确保系统运行安全，所有中长期的双边电能交易都必须在现货市场上进行交割执行，但是中长期合同价格可以由双方协商。

5.1.2 电力市场和容量配置的关联

基于上述针对电力市场的简述，在未来电力市场中，水光蓄系统显然将作为发电侧主体参与市场竞争。在这一背景下，经济性将是水光蓄系统运行和建设的关键指标，也是发电企业和能源投资关注的重点。因此，如何在市场环境下实现兼顾水光蓄混合能源系统运行和容量配置的经济性提升是当前容量配置方法急需解决的关键问题。

关于传统的容量配置，其主要矛盾主要体现在平衡运行稳定性和容量配置大小的问题上。在市场环境下，容量配置问题主要需解决在市场中运行获得收益和容量配置成本之间的关系。当电站规划的容量较大时，虽然在市场中获得的收益较大，但其系统的建设成本也随之变大。当电站规划容量较小，虽然运行获得收益变小，但可能由于系统建设成本小从而导致系统整体经济性的提高。因此，针对运行收益和容量配置之间的关系进行优化从而为发电系统提供更优的容量配置，是市场环境下水光蓄系统容量配置方法的基本原则。

对电力市场中水光蓄系统的运行进行优化从而获得最大收益是容量配置方法的第一步。就市场交易而言，电价无疑是发电系统运行优化的准绳、衡量发电系统收益的唯一指标。为保证在电力市场中发电收益最大，发电系统需要根据不同时间段的电价进行各时间端的运行优化。尤其针对具有储蓄设施的发电系统，可以通过在峰值电价时间段发电和在峰谷电价时间段储蓄从而进行套利，但多重发电机组和储蓄设施的结合无疑将对混合系统运行优化带来更高的要求。总而言之，电价是发挥电能资源运行优化的核心，可以有效反映系统的技术经济特性。在现实市场运行过程中形成的真实电价是系统规划运行的重要参考，但由于我国国内电力市场仍处于起步阶段，获取真实电价数据较难。因此，在本文的水光蓄系统容量配置案例中将采用丹麦电力市场的真实电力数据进行研究分析。

在对系统运行进行优化之后，水光蓄系统中存在运行收益和建设成本之间的博弈关系。因此，容量配置优化需要综合考虑两者关系，达到经济性提升至最高的目标。基于此，本研究提出水光蓄系统在电力市场下的容量配置方法，以下将对该容量配置方法进行详细阐述。

5.2 基于市场环境的水光蓄系统双层规划模型

为解决水光蓄系统容量配置中运行收益和建设成本博弈问题，本节基于水光蓄系统在市场条件下经济性要求，构建水光蓄系统容量配置的多目标分层优化模型，其中上层目标函数为水光蓄系统投入成本回收年限，下层目标函数为水光蓄系统年售电收益。

考虑容量配置优化的多重目标，本研究采用双层规划模型来对该问题进行求解。如前所述，双层规划模型是一类具有主从递阶关系结构的模型。它一般的数学模型表达

式为

$$
\begin{cases}
\min_{x} F(x,y) \ \text{s.t.} \ \{f_1(x,y) \leqslant 0, \cdots, f_n(x,y) \leqslant 0\} \\
\min_{y} G(x,y) \ \text{s.t.} \ \{g_1(x,y) \leqslant 0, \cdots, g_n(x,y) \leqslant 0\}
\end{cases} \tag{5-1}
$$

式中：x 和 y 分别为上层、下层决策变量；$F(x, y)$ 和 $G(x, y)$ 分别为上层、下层目标函数；$f_n(x, y)$ 和 $g_n(x, y)$ 分别为上层、下层的约束限制条件。

双层规划模型主要由两个各具目标函数和各自约束条件的主体构成，并且两个主体之间有着非协作方式的互相作用关系。在市场容量配置优化方案中，上层目标函数在自身约束条件下将配置方案传递给下层，下层目标函数在具体配置方案的基础上对每个方案进行优化运行模拟，并将所得的优化结果传递给上层，再对上层的决策产生指导作用。

5.2.1 上层模型

1. 目标函数

上层优化属于系统投资决策问题，优化目标是系统中三个电站主体的总投入成本与年运行收益之比，即投入成本回收年限最小，总成本包含每个主体的投资成本以及整个周期中的替换成本、运维成本。

具体的数学表达式如下

$$
\min(\text{ROI}) = \min\left\{ \frac{C_{\text{PV}} + C_{\text{Hydro}} + C_{\text{PHS}}}{\max[I_{\text{elec-sale}}]} \right\} \tag{5-2}
$$

式中：ROI 为系统在所得容量配置条件下系统在最大化售电收益时的投入成本回收年限，a；C_{PV} 为系统中的光伏电站在建造周期内的总成本，¥；C_{Hydro} 为系统中的小水电站在建造周期内的总成本，¥；C_{PHS} 为系统中的抽蓄电站在建造周期内的总成本，¥。每个主体电站的成本都包括投资成本、运维成本和替换成本，主要由各主体电站的装机容量决定。

各个电站总成本的具体计算如下

$$
C_{\text{PV}} = C_{\text{pvi}} + \frac{C_{\text{pvt}}}{(1+r)^{T_{\text{pv}}}} + \sum_{n=1}^{T_{\text{a}}} \frac{C_{\text{pvm}}}{(1+r)^n} \tag{5-3}
$$

式中：C_{pvi} 为光伏电站的初始投资成本，¥；N_{PV} 为光伏装机容量，kW；P_{PV} 为单位装机容量的价格，¥；C_{pvt} 为光伏电站的替换成本，¥；T_{pv} 为光伏电池的寿命周期，min；C_{pvm} 为光伏电站的运行维护成本，¥；r 为折现率，T_{a} 为整个项目的周期，min。

$$
C_{\text{Hydro}} = C_{\text{Hydroi}} + \frac{C_{\text{Hydrot}}}{(1+r)^{T_{\text{Hydro}}}} + \sum_{n=1}^{T_{\text{a}}} \frac{C_{\text{Hydrom}}}{(1+r)^n} \tag{5-4}
$$

式中：C_{Hydroi} 为小水电站的初始投资成本，¥；N_{Hydro} 为水电站水轮机装机容量，kW；P_{Hydro} 为单位装机容量的价格，¥；C_{Hydrot} 为小水电站水轮机的替换成本，¥；T_{Hydro} 为小水电站水轮机的寿命周期，min；C_{Hydrom} 表示小水电站水轮机的运行维护成本，¥；r 为折现率；T_a 为整个项目的周期，min。

$$C_{PHS} = C_{PHS\_capi} + C_{PHS\_poweri} + \frac{C_{PHS\_powert}}{(1+r)^{T_{PHS}}} + \sum_{n=1}^{T_a} \frac{C_{PHS\_capm} + C_{PHS\_powerm}}{(1+r)^n} \quad (5-5)$$

式中：C_{PHS_capi} 为抽蓄电站上游库容的初始投资成本，¥；N_{PHS_cap} 为抽蓄电站库容容量，kW，P_{PHS_cap} 为单位库容容量的价格，¥；C_{PHS_poweri} 为抽蓄电站水轮机的初始投资成本，¥；N_{PHS_power} 为抽蓄电站水轮机装机容量，kW；P_{PHS_power} 为单位装机容量的价格，¥；C_{PHS_powert} 表示抽蓄电站水轮机的替换成本，¥；T_{PHS} 为抽蓄电站水轮机的寿命周期，min；C_{PHS_capm} 为抽蓄电站上游库容的运行维护成本，¥；C_{PHS_powerm} 为抽蓄电站水轮机的运行维护成本，¥；r 为折现率；T_a 为整个项目的周期，min。

2. 约束条件

光伏电站装机容量约束

$$0 \leqslant N_{PV} \leqslant N_{PVmax} \quad (5-6)$$

式中：N_{PV} 为光伏电站的装机容量，kW；N_{PVmax} 为光伏电站装机容量的上限 kW。

小水电站装机容量约束

$$0 \leqslant N_{Hydro} \leqslant N_{Hydromax} \quad (5-7)$$

式中：N_{Hydro} 为小水电站的装机容量，kW；$N_{Hydromax}$ 为小水电站装机容量的上限，kW。

抽蓄电站库容约束

$$0 \leqslant N_{PHS\_cap} \leqslant N_{PHS\_capmax} \quad (5-8)$$

式中：N_{PHS_cap} 为抽蓄电站的上游库容，kW；N_{PHS_capmax} 表示抽蓄电站上游库容的上限，kW。

抽蓄电站装机容量约束

$$0 \leqslant N_{PHS\_power} \leqslant N_{PHS\_powermax} \quad (5-9)$$

式中：N_{PHS_power} 为抽蓄电站的装机容量，kW；$N_{PHS\_powermax}$ 表抽蓄电站装机容量的上限，kW。

5.2.2 下层模型

1. 目标函数

下层优化属于系统运行优化问题，优化目标是系统的三个电站主体在上层给定的容量配置方案中获得的年售电收益最大。

具体的数学表达式如下：

$$\max[I] = \max\left\{ \sum_{n=1}^{N} \left(\sum_{t=1}^{T} [S(t) \cdot E(t)] - \lambda \cdot P_{pun}(n) \right) \right\} \quad (5-10)$$

式中：$S(t)$ 为时刻 t 的电力价格，¥；$E(t)$ 为系统在时刻 t 的实际售出电量 kW·h；$P_{pun}(n)$ 为系统在第 n 天的波动性；λ 为系统的波动性惩罚系数；I 为一年中通过优化运行所获得的售电收益，¥；N 为一年中的天数，365d；T 为一天中的小时数，24h。

其中，系统总出力为

$$E(t) = E_{PV}(t) + E_{Hydro}(t) - E_{PHS}(t) \qquad (5-11)$$

式中：$E(t)$ 为系统在时刻 t 的实际售出电量，kW·h；$E_{PV}(t)$ 为时刻 t 光伏电站上网售卖的输出电量，kW·h；$E_{Hydro}(t)$ 为时刻 t 小水电站上网售卖的输出电量，kW·h；$E_{PHS}(t)$ 为时刻 t 抽水蓄能电站的输入电量，kW·h。

抽蓄电站的输入电量为

$$E_{PHS1}(t) = \begin{cases} G \cdot \dfrac{E_{PHS}(t)}{\eta_{ch}}, & E_{PHS}(t) > 0 \\ \eta_{dis} E_{PHS}(t), & E_{PHS}(t) < 0 \end{cases} \qquad t = [1, 2, \cdots, T] \qquad (5-12)$$

式中：$E_{PHS1}(t)$ 为抽水蓄能电站的输入电量，kW·h；$E_{PHS}(t)$ 为抽水蓄能电站在时刻 t 的行为，其中 $E_{PHS}(t)$ 为正代表抽水蓄能电站正处于抽水状态；$E_{PHS}(t)$ 为负则代表抽水蓄能电站正处于放水状态；η_{ch} 和 η_{dis} 分别为抽水蓄能电站抽水、放水的效率；G 为购电增益，表示抽水蓄能电站向电网购电电价为当前向电网售电电价的 G 倍，通常情况下，G 值小于 1。

出力波动惩罚为

$$P_{pun}(n) = \left\langle \sum_{t=1}^{T-1} \left\{ [E(t+1) - E(t)]^2 \right\} \right\rangle^{\frac{1}{2}} \qquad (5-13)$$

式中：$E(t)$ 为系统在时刻 t 的实际售出电量，kW·h；$P_{pun}(n)$ 为系统在第 n 天的波动性。

2. 约束条件

光伏电站出力约束

$$0 \leqslant E_{PV}(t) \leqslant E_{PV,A}(t) \qquad (5-14)$$

式中：$E_{PV}(t)$ 为光伏电站在时刻 t 的实际上网电量，kW·h；$E_{PV,A}(t)$ 为光伏电站在时刻 t 的标准出力，kW·h。

小水电站出力约束

$$\eta_1 \cdot E_{Hydro,A}(t) \leqslant E_{Hydro}(t) \leqslant \eta_2 \cdot E_{Hydro,A}(t) \qquad (5-15)$$

式中：$E_{Hydro}(t)$ 为小水电站在时刻 t 的实际上网电量，kW·h；$E_{Hydro,A}(t)$ 为小水电站在时刻 t 的标准出力，kW·h；η_1 和 η_2 为小水电站出力可调整的比例。

抽蓄电站运行功率约束

$$\begin{cases} 0 \leqslant E_{PHS}(t) \leqslant \min(N_{PHS\_powermax}, N_{PHS\_capmax}/1h) \\ \max(-N_{PHS\_powermax}, -N_{PHS\_capmax}/1h) \leqslant E_{PHS}(t) \leqslant 0 \end{cases} \quad t = [1, 2, \cdots, T] \quad (5-16)$$

式中：$E_{PHS}(t)$ 为时刻 t 抽水蓄能电站的输入电量，kW·h；$N_{PHS\_powermax}$ 为抽水蓄能电站可逆式水泵水轮机的最大装机容量，kW·h；N_{PHS_capmax} 为抽水蓄能电站上游库容最大体积所对应的发电量，kW·h。限制抽水蓄能电站任意时刻的抽水、放水功率不得超过水轮机最大装机容量和上游库容最大可发电量中的较小值。

抽蓄电站上游库容容量约束

$$0 \leqslant \sum_{t=1}^{N_t} E_{\text{PHS}}(t) \cdot 1h + N_{\text{PHS\_capmax}}/2 \leqslant N_{\text{PHS\_capmax}}, \ N_t = [2,3,\cdots,T] \quad (5\text{-}17)$$

式中：$N_{\text{PHS\_capmax}}$ 为抽水蓄能电站上游库容的最大体积所对应的发电量，kW·h。限制在任意时刻，抽水蓄能电站上游库容所蓄水量不得超过设定的上游库容体积。且在初始时刻，抽水蓄能电站上游库容的水量设置为库容体积的一半。

抽蓄电站进、出水量约束

$$\sum_{t=1}^{N_t} E_{\text{PHS}}(t) = 0, \ N_t = [2,3,\cdots,T] \quad (5\text{-}18)$$

其中，限制一天中抽水蓄能电站的进水量和出水量相同。

总出力约束

$$[E_{\text{PV}}(t) + E_{\text{Hydro}}(t) - E_{\text{PHS}}(t)] \leqslant E_{\text{max}}, \ t = [1,2,\cdots,T] \quad (5\text{-}19)$$

式中：E_{max} 为系统允许出力的最大值，kW·h，在每一时刻多余的出力将会被舍弃。

5.2.3 上、下层模型的动态联系

针对上述的光伏/小水电/抽水蓄能电站组成的混合能源系统模型，基于电力市场现实电价的前提，结合系统三个主体特点，考虑现实情况提出三者互补且共同优化以获得最大的售电利益的混合能源系统运行方式：

（1）若当前的电网售电电价处于一天内电价的较高区间，光伏电站与小水电站会选择将自身所发的电力直接上网售卖，抽水蓄能电站也将在满足相应约束的条件下尽量释放自身储水量发电以获得最大的经济效益。

（2）若当前的电网售电电价处于一天内电价的较低区间，光伏电站会将自身所发的电力输送至抽水蓄能电站储存起来，不能储存的部分才直接上网售卖。小水电站则会将天然流量在自身上游库容中储存，不能储存的部分才选择输送至抽水蓄能电站储存或直接发电上网售卖，抽水蓄能电站不仅储存系统内生产的电力，还可以从电网中购入电力并抽水储存，以待电价高峰期售出获利。

因此，可以看出在混合能源系统中，各个主体的容量配置与各自的运行方式之间存在博弈关系。对三个电站主体进行容量配置时，其投资成本与运行收益有着直接的矛盾，如何平衡这两者之间的关系从而获得混合能源系统建造周期内的最大经济效益则是本文的主要目的。本节提出的双层规划模型结构如图 5.1 所示。

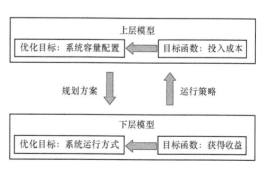

图 5.1 市场机制下容量配置优化模型示意图

5.3 双层模型优化算法

本节则基于上述水光蓄系统多目标分层优化模型，针对其中每层优化模型采用相应快速合理的算法，对模型目标函数进行求解，实现水光蓄系统在市场条件下的容量配置优化。

由于涉及多目标的双层规划模型是复杂的非线性问题，本文将采用基于线性递减惯性权重粒子群（linearly decreasing inertia weight，LDIW）算法和序列二次规划（sequential quadratic programming，SQP）算法对该模型的上、下层分别进行求解。其中，利用 LDIW 算法来处理上层规划模型中的系统成本决策问题，对下层规划模型的系统运行优化问题则运用 SQP 算法求解。

5.3.1 上层模型求解算法

相比于其他进化算法，粒子群（particle swarm optimization，PSO）算法不仅保留基于群体的整体优化搜索方式，其独特的记忆模型还能够动态顺延现阶段的搜寻状况，调整自身的搜寻战略，因而能够在较少迭代次数内搜寻最优结果，最终达到计算速度快的目的。

群智能的概念来源于人们对自然界生物群集行为的观察和模拟，如集体飞行的大雁、结队巡游的鱼类、采集花蜜的蜜蜂，不同尺度的生命体都存在着复杂的群体行为。对于群体的单个个体来说，它的行为非常简单，但所有个体都遵守一定的行为规则，且它们之间可通过相互协作，有序地完成复杂的工作，使得在群体层面上展现出更高的智能行为。这种由于个体与个体之间以及个体与环境之间相互作用而展现出集体智能行为的特性，就称作群智能。群智能算法作为一种基于生物群体行为的优化算法，一经提出受到大批研究者的关注。群智能算法通过对不同生物的社会行为进行模拟，以解决现实生活中遇到的各种优化问题。群智能理论研究领域主要有蚁群算法、粒子群算法等。粒子群优化算法是于 1995 年提出的一种基于群体协作的随机搜索算法，该算法受到鸟群迁徙和觅食社会行为的启发，其核心思想是通过种群内粒子之间的协调合作和信息共享，促进种群的发展。近年来，群智能优化算法已成为计算智能和人工智能领域的前沿研究课题。

粒子群优化算法将鸟种群的鸟个体看作一个粒子，每只鸟所寻找到的食物位被当作是优化问题的可行候选解，每只鸟都有自己的飞行速度和当前所处位置信息，每只鸟都能互相分享自己的速度和位置信息。由于鸟种群一开始并不知道食物的具体所在地，只能得到食物就在一定范围的信息，所以鸟种群采取稳定简单的方法：搜索与食物距离最接近的鸟个体的四周区域。粒子群优化算法便是基于此觅食方法，它的基本原理就是将鸟个体抽象成无质量、无体积和有信息的粒子，在解空间里随机初始化大量粒子，每个粒子都被赋予随机的速度和位置信息，随即这些粒子由于初始化的速度开始进行位移或者原地不动，在不断与周围的粒子分享信息后，得到最优解的大致方位以及距离最优解最近的粒子的位置信息，朝着最优解方位前进。粒子群优化算法的初始化过程、粒子飞行的速度和位移、移动方式和通信方式都可以被用来进行优化。正因为粒子群优化算法的原理简单、参数少、实现简单以及可优化的潜力巨大。粒子群优化算法除了在求解约束和无约束优化问题上取得很好的效果，PSO 算法在其他领域中也取得一些重要的研究成果，如模式识别和图像处理、神经网络训练、无线传感网络优化、电力系统设计、系统辨识、参数估计、半导体参数设计、自动目标检测、生物信号识别、生产或经济决策调度以及游戏训练等领域。通过结合粒子群优化算法来提高实际问题的计算效率和处理效果，因此粒子群优化算法越来越受到广泛关注，也成为解决工程管理领域和大规模优化问题的重要决策方法，具有很大的发展价值和发展空间，在群智能算法中占有重要的地位。

对水光蓄系统容量配置方案中具体参数，即光伏电站的光伏装机容量、小水电站装机容量和抽水蓄能电站的上游库容体积和装机容量，基于实际情况确定各电站容量的上下限，并随机生成满足容量约束的粒子群。再根据容量约束定义粒子飞行的初速度，使其可在解的空间充分迭代搜索，并实时调整自身位置搜寻最优解。在每一次迭代过程中，粒子将依据两个"极端值"不断变换自身的位置，其一是单粒子通过比较每次迭代过程的位置得出的个体最优解 $p_{i,j}$，另一是粒子群在比较每次迭代结果后现阶段的群体最优解 $g_{i,j}$。当两个"极端值"确定后，每个粒子将依据式（5-20）和式（5-21）来调整自身的速度以及位置

$$v_{i,j}(t+1)=wv_{i,j}(t)+c_1r_1[p_{i,j}-x_{i,j}(t)]+c_2r_2[p_{g,j}-x_{i,j}(t)] \tag{5-20}$$

$$x_{i,j}(t+1)=x_{i,j}(t)+v_{i,j}(t+1),j=1,2,\cdots,d \tag{5-21}$$

式中：i 为粒子的个数；j 为需解决问题的维数；$v_{i,j}(t)$ 为第 i 个粒子在第 t 次迭代中第 j 维的速度；w 为惯性权重；c_1 和 c_2 分别为认知学习因子和社会学习因子；r_1 和 r_2 为 0~1 之间的随机数。粒子不断根据当前最优解调节自身的位置来向全局最优解前进。以下将介绍几种基于粒子群算法的改进参数设置进化粒子群算法。

（1）收缩因子。收缩因子粒子群优化算法是指在算法进程中引入一个收缩因子。该收缩因子对整体粒子速度赋予一个因子，使得粒子的速度变化趋于稳定，可以在保证全局搜索能力的同时，加强局部开发能力。其速度更新公式如下

$$v_{i,j}(t+1)=\chi\{wv_{i,j}(t)+c_1r_1[p_{i,j}-x_{i,j}(t)]+c_2r_2[p_{g,j}-x_{i,j}(t)]\} \tag{5-22}$$

$$\chi=\frac{2K}{|2-\varphi-\sqrt{\varphi^2-4\varphi}|},K\in[0,1],\varphi=c_1+c_2,\varphi>4 \tag{5-23}$$

其中，经过实验验证后，当 $\varphi=4.1$，$K=1$，$c_1=c_2=1.49445$，$\chi=0.729$ 时，是收缩因子粒子群优化算法的性能与标准粒子群优化算法相似。

（2）学习因子。在标准粒子群优化算法中，通常取学习因子为固定常数，即个体极

值和全局极值对粒子速度的影响度一致，但是这样就没有考虑到粒子群优化算法在迭代进程中对搜索角度的不同需求，理想状态下的粒子搜索应该是前期全局搜索，后期局部开发。针对粒子群优化算法的学习因子进行改进。改进的学习因子数学描述如下

$$c_1(t) = c_1^{\text{start}} - (c_1^{\text{start}} - c_1^{\text{end}}) \cdot \left(\frac{T-t}{T} \right) \tag{5-24}$$

$$c_2(t) = c_2^{\text{start}} - (c_2^{\text{start}} - c_2^{\text{end}}) \cdot \left(\frac{T-t}{T} \right) \tag{5-25}$$

式中：t 为当前迭代次数；T 为最大迭代次数；c_1^{start}，c_1^{end} 为学习因子 c_1 的开始值和终止值；c_2^{start}，c_2^{end} 是学习因子 c_2 的开始值和终止值。

（3）惯性权重。惯性权重作为 PSO 可调整参数中最重要参数，较大的惯性权重有利于粒子逃出局部最优解，提升整体搜寻能力，而较小的惯性权重则便于算法收敛，提升 PSO 的局部搜寻能力。因此，在迭代过程采用以线性规律变动的惯性权重是解决 PSO 算法末期易在全局最优解的值附近发生振荡问题的有效措施，惯性权重在算法中调整方式如下

$$w(t) = (w_{\max} - w_{\min}) \cdot \left(\frac{T-t}{T} \right) + w_{\min} \tag{5-26}$$

式中：t 为当前迭代次数；T 为最大迭代次数；$w_{\max}$ 为初始最大惯性权重；$w_{\min}$ 为初始最小惯性权重。由于线性递减惯性权重粒子群优化算法的优异性，本研究采用该算法来对容量配置双层模型中的上层模型进行优化求解。

5.3.2　下层模型求解算法

下层规划模型中在给定容量配置下，需要解决在满足小水电站以及抽水蓄能电站的运行功率约束、上游库容容量约束以及进出水量约束条件下的优化运行问题。基于全年的电价来规划每个时刻下各个主体的运行行为达到获取最大售电收益的目的。SQP 等经典分区分块算法是对约束优化等问题进行求解的有效优化算法之一。

SQP 算法的主要思想是在求解约束优化问题时，在一系列的初始迭代点构造一群 QP 子问题，其目标函数是亟待求解的优化问题在一定条件下的近似，约束条件则是亟待求解的优化问题在线性情况下的靠近，将 QP 子问题的解作为迭代搜索的方向，确定迭代搜索的步长，不断通过求解上述 QP 子问题修正其解，直到最终的结果逼近原非线性规划问题的解为止。SQP 结合了用于解决非线性优化问题的两种基本算法：主动集方法和牛顿法，有着深厚的理论基础，为解决大规模技术相关问题提供了强大的算法工具。将 SQP 算法的主要流程表示如下。

带约束的非线性优化问题可以写为

$$\begin{cases} \min f(x) \\ h(x) = 0 \\ g(x) \leqslant 0 \end{cases} \tag{5-27}$$

式中：$f: R^n \rightarrow R$ 为目标函数；$h: R^n \rightarrow R$、$g: R^n \rightarrow R$ 分别为等式约束和不等式约束。

非线性的拉格朗日方程表达式如下

$$L(x,\lambda,\mu) = f(x) + \sum_{i=1}^{m} \lambda_i h_i(x) + \sum_{j=1}^{p} \mu_j g_j(x) \tag{5-28}$$

$$\min \frac{1}{2} d^T H_K d + \nabla f(x_k)^T d \tag{5-29}$$

式中：λ_i 和 μ_j 为拉格朗日乘子。在第 k 次迭代中，将非线性约束的目标函数 $f(x)$ 进行二次近似后得到

$$f(x) \approx f(x^k) + \nabla f(x^k)(x - x^k) + \frac{1}{2}(x - x^k)^T H(x^k)(x - x^k) \tag{5-30}$$

式中：∇ 为梯度。$\nabla f(x)$ 定义如下

$$\nabla f(x) = \left(\frac{\partial f(x)}{\partial x_1}, \frac{\partial f(x)}{\partial x_2}, \cdots, \frac{\partial f(x)}{\partial x_n} \right)^T \tag{5-31}$$

∇ 表示 $\nabla f(x)$ 关于的黑塞（Hessian）矩阵，定义如下

$$H(x)_{i,j} = \frac{\partial^2 f(x)}{\partial x_i \partial x_j}, 1 \leqslant i,j \leqslant n \tag{5-32}$$

约束函数的二阶近似如下

$$\begin{cases} g(x) \approx g(x^k) + \nabla g(x^k)(x - x^k) \\ h(x) \approx h(x^k) + \nabla h(x^k)(x - x^k) \end{cases} \tag{5-33}$$

令 $d(x) = x - x^k$，则优化问题转化为如下 QP 子问题

$$\min \nabla f(x^k)^T d(x^k) + \frac{1}{2} d(x)^T H(x^k) d(x^k)$$

$$\text{s. t.} \begin{cases} h(x^k) + \nabla h(x^k)^T d(x^k) = 0 \\ g(x^k) + \nabla g(x^k)^T d(x^k) \leqslant 0 \end{cases} \tag{5-34}$$

由上式解得当前迭代的搜索方向 $d(x^k)$，从而得出新的迭代点

$$x^{k+1} = x^k + a^k d(x^k) \tag{5-35}$$

式中：步长参数 a 通过合适的线性搜索方法来确定，得到新的迭代点后对 Hessian 矩阵的二阶近似矩阵 H_k 更新，计算公式如下

$$H_{k+1} = H_k + \frac{q_k q_k^T}{q_k^T s_k} - \frac{H_k H_k^T}{s_k^T H_k s_k} \tag{5-36}$$

其中

$$s_k = x^{k+1} - x^k \tag{5-37}$$

$$q_k = \nabla f(x^{k+1}) + \sum_{i=1}^{m} \lambda_i \nabla h_i(x^{k+1}) + \sum_{j=1}^{p} \mu_j \nabla g_j(x^{k+1})$$

$$- \left(\nabla f(x^k) + \sum_{i=1}^{m} \lambda_i \nabla h_i(x^k) + \sum_{j=1}^{p} \mu_j \nabla g_j(x^k) \right) \tag{5-38}$$

5.3.3 双层规划模型优化流程

本节基于双层规划模型算法提出电力市场条件下水光蓄系统容量配置优化方法中双层规划模型的优化流程。

上层规划模型以三个主体的容量配置为决策变量，以系统中三个主体的总投入成本与年运行收益之比最小为优化目标，先将容量配置方案传递给下层。下层的优化目标是系统的三个主体在上层给定的容量配置下，按照运行方式售电获得总收益最大。在下层规划模型运行过程中，将根据全年电价信息通过算法优化每一小时中三个主体的运行行为获得最大的售电收益，并将该收益结果返回给上层。此时上层规划模型根据容量配置更新各主体容量配置投入成本，再结合下层传递的收益结果求解得出投入成本回收年限。

上层规划模型针对上层目标函数结果进行对比优化，探索出新的容量配置方案，周而复始地进行上述步骤，在满足上、下层约束条件的前提下，得到混合能源系统的最优容量配置方案。本节提出的双层规划模型结构如图 5.2 所示。

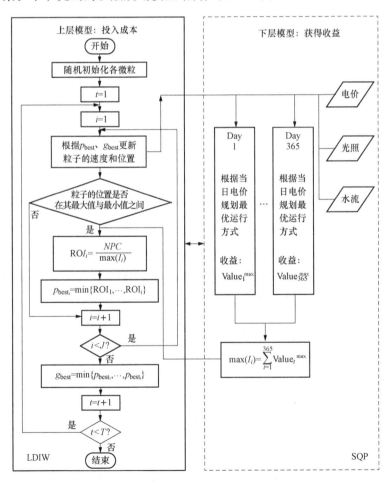

图 5.2 水光蓄系统容量优化配置求解流程示意图

5.4 市场环境下水光蓄系统的联盟运行与分配策略

在市场环境下水光蓄系统容量配置和运行后，如何对水光蓄系统中各电站的收益进行合理的分配成为。如果光伏企业、水电企业与抽蓄企业它们之间的利益纷争得不到解决，不但会使得电力系统电源侧企业参与的积极性大幅下降，使得电网的安全受到影响，还会使得各个企业的经济收益受到影响，严重时还会影响到国家的能源发展和布局。

如果光伏企业、水电企业和抽蓄企业，它们三个企业选择各自独立运行，竞争上网，以各自的利润最大化为目标，这就会出现一种非合作博弈的形式。这三方企业就会根据其他两方企业的运行策略来调整自己的运行策略，以实现自己的利润最大化。如果三方企业在电力市场中通过一种合作的方式，从而这三个企业就会构成一个大的联盟，这就会出现一种合作博弈的形式。如果这个大联盟具有合理的利润分配机制的时候，大联盟运行的总的利润会高于三个企业独立运行时的利润之和。大联盟运行的总利润减去三个电站独立运行时的利润的值，这一部分定义为超额利润。最后，抽水蓄能企业与水电企业将会获得相应的补偿，使得抽水蓄能企业与水电企业能够积极地参与联盟合作，则该联盟可以长期稳定地发展下去。

本章所提出的水光蓄大联盟，可以分为水电企业、光伏企业与抽水蓄能企业，其中，抽水蓄能企业可以作为负荷单元来消耗电能。为了进一步表明大联盟在利润分配方面的合理性，我们将联盟分为水电站、光伏电站和抽水蓄能电站三个主体。构成联盟主要是由于光伏发电等可再生能源发电，有着随机性、波动性的特点，其会对电网造成一定的威胁，需要调整抽水蓄能与水电的动作来匹配光伏发电的输出，使得整体的输出功率保持稳定，也可以给投资者带来更多的利润，提高水光蓄系统的经济价值。

5.4.1 各电站主体运行模式

水光蓄系统中共有三个电站主体，三方共有 7 种运行模式，即其分别单独运行、任意两方结盟以及三方构成大联盟的模式，具体见表 5.1。对于每种结盟方式，都需要在容量配置结果下，根据系统内部的约束进行运行优化得到在该种结盟方式下的最优售电收益。

表 5.1 　　　　　　　　　水光蓄系统中三个电站主体的运行模式

编号	运行模式	联盟
1	独立参与	{PV}，{Hy}，{PHS}
2		{PV, Hy}
3	两两联盟	{PV, PHS}
4		{Hy, PHS}
5	全体联盟	{PV, Hy, PHS}

1. 水电站独立运行模式

若水电站在电力市场环境下单独运行，以水电站独立运行获得收益最大为目标函数

$$\max[I] = \max\left\{\sum_{n=1}^{N}\sum_{t=1}^{T}[S(t) \cdot E_{\text{hydro}}(t)] - \lambda \cdot P_{\text{pun}}(n)\right\} \qquad (5-39)$$

式中：$S(t)$ 为时刻 t 的电力价格，¥；$E_{\text{Hydro}}(t)$ 为 t 时刻水电站上网售卖的输出电量，$kW \cdot h$；$P_{\text{pun}}(n)$ 为水电站在第 n 天的波动性；λ 为系统的波动性惩罚系数；I 为一年中通过优化运行所获得的售电收益，¥；N 为一年中的天数，365d；T 为一天中的小时数，24h。

当水电站独立运行时，其遵守以下约束。

小水电站出力约束

$$\eta_1 \cdot E_{\text{Hydro,A}}(t) \leqslant E_{\text{Hydro}}(t) \leqslant \eta_2 \cdot E_{\text{Hydro,A}}(t) \qquad (5-40)$$

式中：$E_{\text{Hydro}}(t)$ 表示小水电站在时刻 t 的实际上网电量，$kW \cdot h$；$E_{\text{Hydro,A}}(t)$ 表示小水电站在时刻 t 的标准出力，$kW \cdot h$；η_1 和 η_2 为小水电站出力可调整的比例。

2. 光伏电站独立运行模式

若光伏电站在电力市场环境下单独运行，以光伏电站独立运行获得收益最大为目标函数

$$\max[I] = \max\left\{\sum_{n=1}^{N}\sum_{t=1}^{T}[S(t) \cdot E_{\text{PV}}(t)] - \lambda \cdot P_{\text{pun}}(n)\right\} \qquad (5-41)$$

式中：$S(t)$ 为时刻 t 的电力价格，¥；$E_{\text{PV}}(t)$ 为时刻 t 光伏电站上网售卖的输出电量，$kW \cdot h$；$P_{\text{pun}}(n)$ 为水电站在第 n 天的波动性；λ 为系统的波动性惩罚系数；I 为一年中通过优化运行所获得的售电收益，¥；N 为一年中的天数，365d；T 为一天中的小时数，24h。

当光伏电站独立运行时，其遵守以下约束。

光伏电站出力约束

$$0 \leqslant E_{\text{PV}}(t) \leqslant E_{\text{PV,A}}(t) \qquad (5-42)$$

式中：$E_{\text{PV}}(t)$ 表示光伏电站在时刻 t 的实际上网电量，$kW \cdot h$；$E_{\text{PV,A}}(t)$ 表示光伏电站在时刻 t 的标准出力，$kW \cdot h$。

3. 抽蓄电站独立运行模式

若抽蓄电站在电力市场环境下单独运行，以抽蓄电站独立运行获得收益最大为目标函数：

$$\max[I] = \max\left\{\sum_{n=1}^{N}\sum_{t=1}^{T}S(t) \cdot [-E_{\text{PHS}}(t)] - \lambda \cdot P_{\text{pun}}(n)\right\} \qquad (5-43)$$

式中：$S(t)$ 为时刻 t 的电力价格，¥；$E_{\text{PHS}}(t)$ 为时刻 t 抽水蓄能电站的输入电量，$kW \cdot h$；$P_{\text{pun}}(n)$ 为水电站在第 n 天的波动性；λ 为系统的波动性惩罚系数；I 为一年中通过优化运行所获得的售电收益，¥；N 为一年中的天数，365d；T 为一天中的小时数，24h。

抽蓄电站的输入电量为

$$E_{\text{PHS1}}(t)=\begin{cases}G\cdot\dfrac{E_{\text{PHS}}(t)}{\eta_{\text{ch}}},E_{\text{PHS}}(t)>0\\[2mm]\eta_{\text{dis}}E_{\text{PHS}}(t)\ ,E_{\text{PHS}}(t)<0\end{cases}\quad t=[1,2,\cdots,T]\qquad(5\text{-}44)$$

式中：$E_{\text{PHS1}}(t)$ 为抽水蓄能电站的输入电量 kW·h；$E_{\text{PHS}}(t)$ 为抽水蓄能电站在时刻 t 的行为，其中 $E_{\text{PHS}}(t)$ 为正代表抽水蓄能电站正处于抽水状态，$E_{\text{PHS}}(t)$ 为负则代表抽水蓄能电站正处于放水状态；η_{ch} 和 η_{dis} 分别是抽水蓄能电站抽水、放水的效率；G 是购电增益，为抽水蓄能电站向电网购电电价为当前向电网售电电价的 G 倍，通常情况下，G 值小于 1。

当抽蓄电站独立运行时，其遵守以下约束。

抽蓄电站运行功率约束

$$\begin{cases}0\leqslant E_{\text{PHS}}(t)\leqslant\min(N_{\text{PHS\_powermax}},N_{\text{PHS\_capmax}}/1h)\\\max(-N_{\text{PHS\_powermax}},-N_{\text{PHS\_capmax}}/1h)\leqslant E_{\text{PHS}}(t)\leqslant0\end{cases}\quad t=[1,2,\cdots,T]\ (5\text{-}45)$$

式中：$E_{\text{PHS}}(t)$ 为时刻 t 抽水蓄能电站的输入电量 kW·h；$N_{\text{PHS\_powermax}}$ 为抽水蓄能电站可逆式水泵水轮机的最大装机容量，kW·h；$N_{\text{PHS\_capmax}}$ 为抽水蓄能电站上游库容最大体积所对应的发电量，kW·h。限制抽水蓄能电站任意时刻的抽水、放水功率不得超过水轮机最大装机容量和上游库容最大可发电量中的较小值。

抽蓄电站上游库容容量约束

$$0\leqslant\sum_{t=1}^{N_t}E_{\text{PHS}}(t)\cdot1h+N_{\text{PHS\_capmax}}/2\leqslant N_{\text{PHS\_capmax}},\ N_t=[2,3,\cdots,T]\quad(5\text{-}46)$$

式中：$N_{\text{PHS\_capmax}}$ 为抽水蓄能电站上游库容的最大体积所对应的发电量，kW·h。限制在任意时刻，抽水蓄能电站上游库容所蓄水量不得超过设定的上游库容体积。且在初始时刻，抽水蓄能电站上游库容的水量设置为库容体积的一半。

抽蓄电站进、出水量约束

$$\sum_{t=1}^{N_t}E_{\text{PHS}}(t)=0,\ N_t=[2,3,\cdots,T]\qquad(5\text{-}47)$$

其中，限制一天中抽水蓄能电站的进水量和出水量相同。

总出力约束

$$[E_{\text{PV}}(t)+E_{\text{Hydro}}(t)-E_{\text{PHS}}(t)]\leqslant E_{\max},\ t=[1,2,\cdots,T]\qquad(5\text{-}48)$$

式中：$E_{\max}$ 为系统允许出力的最大值，kW·h，在每一时刻多余的出力将会被舍弃。

4. 水电站和光伏电站联合运行模式

若水电站和光伏电站在电力市场环境下联合运行，以水电站和光伏电站运行获得收益最大为目标函数

$$\max[I]=\max\left\{\sum_{n=1}^{N}\sum_{t=1}^{T}S(t)\cdot[E_{\text{hydro}}(t)+E_{\text{PV}}(t)]-\lambda\cdot P_{\text{pun}}(n)\right\}\qquad(5\text{-}49)$$

式中：$S(t)$为时刻t的电力价格，¥；$E_{Hydro}(t)$为时刻t水电站上网售卖的输出电量，$kW \cdot h$，$E_{PV}(t)$为时刻t光伏电站上网售卖的输出电量，$kW \cdot h$，$P_{pun}(n)$为水电站在第n天的波动性，λ为系统的波动性惩罚系数，I为一年中通过优化运行所获得的售电收益，¥，N为一年中的天数，365d；T为一天中的小时数，24h。

当水电站和光伏电站联合运行时，其遵守以下约束。

水电站出力约束

$$\eta_1 \cdot E_{Hydro,A}(t) \leqslant E_{Hydro}(t) \leqslant \eta_2 \cdot E_{Hydro,A}(t) \tag{5-50}$$

式中：$E_{Hydro}(t)$为小水电站在时刻t的实际上网电量，$kW \cdot h$；$E_{Hydro,A}(t)$为小水电站在时刻t的标准出力，$kW \cdot h$；η_1和η_2为小水电站出力可调整的比例。

光伏电站出力约束

$$0 \leqslant E_{PV}(t) \leqslant E_{PV,A}(t) \tag{5-51}$$

式中：$E_{PV}(t)$为光伏电站在时刻t的实际上网电量，$kW \cdot h$；$E_{PV,A}(t)$为光伏电站在时刻t的标准出力，$kW \cdot h$。

5. 水电站和抽蓄电站联合运行模式

若水电站和抽蓄电站在电力市场环境下联合运行，以水电站和抽蓄电站联合运行获得收益最大为目标函数

$$\max[I] = \max\left\{ \sum_{n=1}^{N}\sum_{t=1}^{T} S(t) \cdot [E_{hydro}(t) - E_{PHS}(t)] - \lambda \cdot P_{pun}(n) \right\} \tag{5-52}$$

式中：$S(t)$为时刻t的电力价格，¥；$E_{Hydro}(t)$为时刻t水电站上网售卖的输出电量，$E_{PHS}(t)$为时刻t抽水蓄能电站的输入电量，$kW \cdot h$；$P_{pun}(n)$为水电站在第n天的波动性；λ为系统的波动性惩罚系数；I为一年中通过优化运行所获得的售电收益，¥；N为一年中的天数，365d；T为一天中的小时数，24h。

抽蓄电站的输入电量为

$$E_{PHS1}(t) = \begin{cases} G \cdot \dfrac{E_{PHS}(t)}{\eta_{ch}}, E_{PHS}(t) > 0 \\ \eta_{dis}E_{PHS}(t), E_{PHS}(t) < 0 \end{cases} t = [1,2,\cdots,T] \tag{5-53}$$

式中：$E_{PHS1}(t)$为抽水蓄能电站的输入电量，$kW \cdot h$；$E_{PHS}(t)$为抽水蓄能电站在时刻t的行为，其中$E_{PHS}(t)$为正代表抽水蓄能电站正处于抽水状态，$E_{PHS}(t)$为负则代表抽水蓄能电站正处于放水状态；η_{ch}和η_{dis}分别是抽水蓄能电站抽水、放水的效率；G是购电增益，为抽水蓄能电站向电网购电电价为当前向电网售电电价的G倍，通常情况下，G值小于1。

当水电站和抽蓄电站联合运行时，其遵守以下约束。

水电站出力约束

$$\eta_1 \cdot E_{Hydro,A}(t) \leqslant E_{Hydro}(t) \leqslant \eta_2 \cdot E_{Hydro,A}(t) \tag{5-54}$$

式中：$E_{Hydro}(t)$为小水电站在时刻t的实际上网电量，$kW \cdot h$；$E_{Hydro,A}(t)$为小水电站在

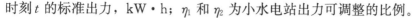

时刻 t 的标准出力，$kW \cdot h$；η_1 和 η_2 为小水电站出力可调整的比例。

抽蓄电站运行功率约束：

$$\begin{cases} 0 \leqslant E_{PHS}(t) \leqslant \min(N_{PHS\_powermax}, N_{PHS\_capmax}/1h) \\ \max(-N_{PHS\_powermax}, -N_{PHS\_capmax}/1h) \leqslant E_{PHS}(t) \leqslant 0 \end{cases} \quad t = [1, 2, \cdots, T] \quad (5-55)$$

式中：$E_{PHS}(t)$ 为时刻 t 抽水蓄能电站的输入电量，$kW \cdot h$；$N_{PHS\_powermax}$ 为抽水蓄能电站可逆式水泵水轮机的最大装机容量，$kW \cdot h$；N_{PHS_capmax} 为抽水蓄能电站上游库容最大体积所对应的发电量，$kW \cdot h$。限制抽水蓄能电站任意时刻的抽水、放水功率不得超过水轮机最大装机容量和上游库容最大可发电量中的较小值。

抽蓄电站上游库容容量约束

$$0 \leqslant \sum_{t=1}^{N_t} E_{PHS}(t) \cdot 1h + N_{PHS\_capmax}/2 \leqslant N_{PHS\_capmax}, \quad N_t = [2, 3, \cdots, T] \quad (5-56)$$

式中：N_{PHS_capmax} 为抽水蓄能电站上游库容的最大体积所对应的发电量，$kW \cdot h$。限制在任意时刻，抽水蓄能电站上游库容所蓄水量不得超过设定的上游库容体积。且在初始时刻，抽水蓄能电站上游库容的水量设置为库容体积的一半。

抽蓄电站进、出水量约束

$$\sum_{t=1}^{N_t} E_{PHS}(t) = 0, \quad N_t = [2, 3, \cdots, T] \quad (5-57)$$

其中，限制一天中抽水蓄能电站的进水量和出水量相同。

总出力约束

$$[E_{PV}(t) + E_{Hydro}(t) - E_{PHS}(t)] \leqslant E_{max}, \quad t = [1, 2, \cdots, T] \quad (5-58)$$

式中：E_{max} 为系统允许出力的最大值，$kW \cdot h$，在每一时刻多余的出力将会被舍弃。

6. 光伏电站和抽蓄电站联合运行模式

若光伏电站和抽蓄电站在电力市场环境下联合运行，以光伏电站和抽蓄电站联合运行获得收益最大为目标函数：

$$\max[I] = \max\left\{ \sum_{n=1}^{N} \sum_{t=1}^{T} S(t) \cdot [E_{PV}(t) - E_{PHS}(t)] - \lambda \cdot P_{pun}(n) \right\} \quad (5-59)$$

式中：$S(t)$ 为时刻 t 的电力价格，¥；$E_{PV}(t)$ 为时刻 t 光伏电站上网售卖的输出电量，$kW \cdot h$；$E_{PHS}(t)$ 为时刻 t 抽水蓄能电站的输入电量，$kW \cdot h$；$P_{pun}(n)$ 为水电站在第 n 天的波动性，λ 为系统的波动性惩罚系数，I 为一年中通过优化运行所获得的售电收益，¥，N 为一年中的天数，$365d$；T 为一天中的小时数，$24h$。

抽蓄电站的输入电量为

$$E_{PHS1}(t) = \begin{cases} G \cdot \dfrac{E_{PHS}(t)}{\eta_{ch}}, & E_{PHS}(t) > 0 \\ \eta_{dis} E_{PHS}(t), & E_{PHS}(t) < 0 \end{cases} \quad t = [1, 2, \cdots, T] \quad (5-60)$$

式中：$E_{PHS1}(t)$ 为抽水蓄能电站的输入电量，$kW \cdot h$；$E_{PHS}(t)$ 为抽水蓄能电站在时刻 t

的行为，其中 $E_{PHS}(t)$ 为正代表抽水蓄能电站正处于抽水状态，$E_{PHS}(t)$ 为负则代表抽水蓄能电站正处于放水状态；η_{ch} 和 η_{dis} 分别是抽水蓄能电站抽水、放水的效率；G 是购电增益，为抽水蓄能电站向电网购电电价为当前向电网售电电价的 G 倍，通常情况下，G 值小于 1。

当光伏电站和抽蓄电站联合运行时，其遵守以下约束。

光伏电站出力约束

$$0 \leqslant E_{PV}(t) \leqslant E_{PV,A}(t) \tag{5-61}$$

式中：$E_{PV}(t)$ 为光伏电站在时刻 t 的实际上网电量，kW·h；$E_{PV,A}(t)$ 为光伏电站在时刻 t 的标准出力，kW·h。

抽蓄电站运行功率约束：

$$\begin{cases} 0 \leqslant E_{PHS}(t) \leqslant \min(N_{PHS\_powermax}, N_{PHS\_capmax}/1h) \\ \max(-N_{PHS\_powermax}, -N_{PHS\_capmax}/1h) \leqslant E_{PHS}(t) \leqslant 0 \end{cases} t = [1,2,\cdots,T] \tag{5-62}$$

式中：$E_{PHS}(t)$ 为时刻 t 抽水蓄能电站的输入电量，kW·h；$N_{PHS\_powermax}$ 为抽水蓄能电站可逆式水泵水轮机的最大装机容量，kW·h；N_{PHS_capmax} 为抽水蓄能电站上游库容最大体积所对应的发电量，kW·h。限制抽水蓄能电站任意时刻的抽水、放水功率不得超过水轮机最大装机容量和上游库容最大可发电量中的较小值。

抽蓄电站上游库容容量约束

$$0 \leqslant \sum_{t=1}^{N_t} E_{PHS}(t) \cdot 1h + N_{PHS\_capmax}/2 \leqslant N_{PHS\_capmax}, \ N_t = [2,3,\cdots,T] \tag{5-63}$$

式中：N_{PHS_capmax} 为抽水蓄能电站上游库容的最大体积所对应的发电量，kW·h。限制在任意时刻，抽水蓄能电站上游库容所蓄水量不得超过设定的上游库容体积。且在初始时刻，抽水蓄能电站上游库容的水量设置为库容体积的一半。

抽蓄电站进、出水量约束

$$\sum_{t=1}^{N_t} E_{PHS}(t) = 0, \ N_t = [2,3,\cdots,T] \tag{5-64}$$

其中，限制一天中抽水蓄能电站的进水量和出水量相同。

总出力约束

$$[E_{PV}(t) + E_{Hydro}(t) - E_{PHS}(t)] \leqslant E_{max}, \ t = [1,2,\cdots,T] \tag{5-65}$$

式中：E_{max} 为系统允许出力的最大值，kW·h。在每一时刻多余的出力将会被舍弃。

7. 水电站、光伏电站和抽蓄电站联合运行模式

（1）目标函数。若水电站、光伏电站和抽蓄电站在电力市场环境下联合运行，以水电站、光伏电站和抽蓄电站联合运行获得收益最大为目标函数

$$\max[I] = \max\left[\sum_{n=1}^{N}\sum_{t=1}^{T} S(t) \cdot E(t) - \lambda \cdot P_{pun}(n)\right] \tag{5-66}$$

式中：$S(t)$ 为时刻 t 的电力价格，¥；$E(t)$ 为系统在时刻 t 的实际售出电量，kW·h；

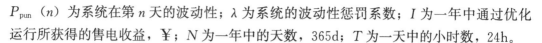

$P_{pun}(n)$ 为系统在第 n 天的波动性；λ 为系统的波动性惩罚系数；I 为一年中通过优化运行所获得的售电收益，¥；N 为一年中的天数，365d；T 为一天中的小时数，24h。

其中，系统总出力为

$$E(t) = E_{PV}(t) + E_{Hydro}(t) - E_{PHS}(t) \qquad (5-67)$$

式中：$E(t)$ 为系统在时刻 t 的实际售出电量，kW·h；$E_{PV}(t)$ 为时刻 t 光伏电站上网售卖的输出电量，kW·h；$E_{Hydro}(t)$ 为时刻 t 小水电站上网售卖的输出电量，kW·h；$E_{PHS}(t)$ 为时刻 t 抽水蓄能电站的输入电量，kW·h。

抽蓄电站的输入电量为

$$E_{PHS1}(t) = \begin{cases} G \cdot \dfrac{E_{PHS}(t)}{\eta_{ch}}, E_{PHS}(t) > 0 \\ \eta_{dis} E_{PHS}(t), E_{PHS}(t) < 0 \end{cases} \quad t = [1, 2, \cdots, T] \qquad (5-68)$$

式中：$E_{PHS1}(t)$ 为抽水蓄能电站的输入电量，kW·h；$E_{PHS}(t)$ 为抽水蓄能电站在时刻 t 的行为，其中 $E_{PHS}(t)$ 为正代表抽水蓄能电站正处于抽水状态，$E_{PHS}(t)$ 为负则代表抽水蓄能电站正处于放水状态；η_{ch} 和 η_{dis} 分别为抽水蓄能电站抽水、放水的效率，G 为购电增益，表示抽水蓄能电站向电网购电电价为当前向电网售电电价的 G 倍，通常情况下，G 值小于 1。

（2）约束条件。

光伏电站出力约束

$$0 \leqslant E_{PV}(t) \leqslant E_{PV,A}(t) \qquad (5-69)$$

式中：$E_{PV}(t)$ 为光伏电站在时刻 t 的实际上网电量，kW·h；$E_{PV,A}(t)$ 为光伏电站在时刻 t 的标准出力，kW·h。

小水电站出力约束

$$\eta_1 \cdot E_{Hydro,A}(t) \leqslant E_{Hydro}(t) \leqslant \eta_2 \cdot E_{Hydro,A}(t) \qquad (5-70)$$

式中：$E_{Hydro}(t)$ 为小水电站在时刻 t 的实际上网电量，kW·h；$E_{Hydro,A}(t)$ 为小水电站在时刻 t 的标准出力，kW·h；η_1 和 η_2 为小水电站出力可调整的比例。

抽蓄电站运行功率约束

$$\begin{cases} 0 \leqslant E_{PHS}(t) \leqslant \min(N_{PHS\_powermax}, N_{PHS\_capmax}/1h) \\ \max(-N_{PHS\_powermax}, -N_{PHS\_capmax}/1h) \leqslant E_{PHS}(t) \leqslant 0 \end{cases} \quad t = [1, 2, \cdots, T] \quad (5-71)$$

式中：$E_{PHS}(t)$ 为时刻 t 抽水蓄能电站的输入电量，kW·h；$N_{PHS\_powermax}$ 为抽水蓄能电站可逆式水泵水轮机的最大装机容量，kW·h；N_{PHS_capmax} 为抽水蓄能电站上游库容最大体积所对应的发电量，kW·h。限制抽水蓄能电站任意时刻的抽水、放水功率不得超过水轮机最大装机容量和上游库容最大可发电量中的较小值。

抽蓄电站上游库容容量约束

$$0 \leqslant \sum_{t=1}^{N_t} E_{PHS}(t) \cdot 1h + N_{PHS\_capmax}/2 \leqslant N_{PHS\_capmax}, \quad N_t = [2, 3, \cdots, T] \quad (5-72)$$

式中：N_{PHS_capmax}为抽水蓄能电站上游库容的最大体积所对应的发电量，kW·h。限制在任意时刻，抽水蓄能电站上游库容所蓄水量不得超过设定的上游库容体积。且在初始时刻，抽水蓄能电站上游库容的水量设置为库容体积的一半。

抽蓄电站进、出水量约束

$$\sum_{t=1}^{N_t} E_{PHS}(t) = 0, \ N_t = [2, 3, \cdots, T] \tag{5-73}$$

其中，限制一天中抽水蓄能电站的进水量和出水量相同。

总出力约束

$$[E_{PV}(t) + E_{Hydro}(t) - E_{PHS}(t)] \leqslant E_{max}, \ t = [1, 2, \cdots, T] \tag{5-74}$$

式中：E_{max}为系统允许出力的最大值，kW·h，在每一时刻多余的出力将会被舍弃。

8. 各电站主体不同运行模式下售电收益求解

对各电站主体不同运行模式下的售电收益进行求解，SQP算法是对约束优化等问题进行求解的有效优化算法。其需要解决在满足小水电站以及抽水蓄能电站的运行功率约束、上游库容容量约束以及进出水量约束条件下的优化运行问题。基于全年的电价来规划每个时刻下各个主体的运行行为达到获取最大售电收益的目的。

5.4.2 合作博弈

在项目中存在多购售电主体的情况下，彼此之间必然存在一定的博弈。博弈的过程以及结果都会使得项目的投资收益产生不确定性。在本项目中，水光蓄电站可以视为处在一个联盟，彼此之间虽然存在利益冲突关系，但并不是完全竞争对抗。因此，可以从合作博弈的角度来对多电站主体之间的投资收益关系进行分析。

合作博弈是博弈论的重要分支之一，与非合作博弈相区别，其中各参与者通过一定的协议联系在一起期望通过结盟的方式获得更多利益并对整体利益进行分配，各参与者之间不再只是竞争的关系。非合作博弈的各个参与者只关注自己的利益而忽视其他人的利益，而合作博弈追求更高的利益，这相对于非合作博弈来说是效率更高的。

合作博弈也被分类为效用可转移博弈和效用不可转移博弈，效用可转移博弈又再被分类为拆分函数博弈和特征函数博弈。二者区别在于自身的收益是否受其他联盟（不含自己的联盟）行为的影响，受影响即为拆分函数博弈，不受影响即为特征函数博弈，项目中的合作博弈即为效用可转移拆分函数博弈。

合作博弈包含两个基本元素，即参与者集合 N 与特征函数 v，令 $N = \{1, 2, 3, \cdots, n\}$ 为参与者集合；特征函数 v 定义为 N 的非空子集 Φ 中的成员通过合作创造的价值。合作博弈可以用 (N, v) 来表达。对于合作博弈，其分配 $(x_1, x_2, x_3, \cdots, x_n)$ 是一个向量，用来代表每个成员所获得的收益，x_i 代表参与者 i 的收益。

合作博弈的五个重要概念：

（1）边际贡献：参与者 i 的边际贡献定义为

$$MC_i(\Phi) = v(\Phi) - v(\Phi/i) \tag{5-75}$$

式中：$v(\Phi)$、$v(\Phi/i)$ 分别代表参与者 i 是否在集合 Φ 中的特征函数。

（2）个体理性：对于效用可转移型博弈，其分配 $(x_1, x_2, x_3, \cdots, x_n)$ 应满足个体理性，即每个成员所分得收益都比各自独立时高

$$x_i > v(\{i\}), \forall i \in N \tag{5-76}$$

（3）整体理性约束：对于效用可转移型博弈，其分配 $(x_1, x_2, x_3, \cdots, x_n)$ 也应满足整体理性，即所有成员的收益之和等于联盟的总收益

$$\sum_{i=1}^{n} x_i = v(N) \tag{5-77}$$

（4）有效分配：称分配 $(x_1, x_2, x_3, \cdots, x_n)$ 是一个有效分配当且仅当同时满足整体理性和个体理性。

（5）核心：效用可转移的合作博弈 (N, v) 的核心时能被所有人接受的利益划分方式，即所有参与者均没有独立的意愿，因为独立所获得的收益并没有合作起来组成联盟的收益高。因此，若分配 $\{x_1, x_2, x_3, \cdots, x_n\}$ 是核心，那么除了需要满足前述两种理性外，还需要满足联盟理性

$$x(\Phi) = \sum_{i \in \Phi} x_i \geqslant v(\Phi), \forall \Phi \subset N \tag{5-78}$$

即对于联盟参与者 N 的任意子集 Φ 中的元素所获得的支付和不少于其组成新联盟所得收益。

总而言之，合作博弈是一种博弈类型，在这种博弈中，参与者可以共同达成具有约束力以及可执行能力的协议。对于合作博弈有许多解决方法，包括核方法、核仁法、Sharpley 法等。

Shapley 值法在合作博弈应用广泛，给予成员确定且便于求解的收益值，Shapley 值作为效用可转移联盟型博弈的唯一确定解，服从两个理性和唯一性，分配到每个成员 i 的收益为

$$\begin{aligned} x_i(N, v) &= \sum_{\Phi \subset N, i \in \Phi} \frac{(|\Phi| - 1)!(|N| - |\Phi|)!}{|N|!} [v(\Phi) - v(\Phi/i)] \\ &= r(\Phi) MC_i(\Phi) \end{aligned} \tag{5-79}$$

其中，$|\Phi|$ 为联盟中 Φ 的成员数目，$r(\Phi) = \dfrac{(|\Phi| - 1)!(|N| - |\Phi|)!}{|N|!}$ 为联盟 Φ 中的加权因子。因此，Shapley 值可以解释为参与者 i 的所有可能联盟情况边际贡献的平均值，贡献越多的成员分得更多的收益。

对每一个联盟，其特征函数的值是联盟创造总收益与该联盟成员各自独立创造的收益的差值。在计算出各个主体电站在各种形式下的特征函数和边际贡献之后，可根据 Shapley 值的定义，给出三个参与电站主体基于边际贡献的分配策略。因此，本研究对水光蓄系统采用以下分配策略。

光伏电站分配策略

$$x(PV) = \frac{1}{6} \left\{ \begin{array}{l} 2v(\{PV\}) + [v(\{PV,Hy\}) - v(\{Hy\})] + [v(\{PV,PHS\})] \\ -v(\{PHS\}) + 2[v(\{PV,Hy,PHS\}) - v(\{Hy,PHS\})] \end{array} \right\}$$

$$(5-80)$$

小水电站分配策略

$$x(Hy) = \frac{1}{6} \left\{ \begin{array}{l} [2v(\{Hy\})] + [v(\{PV,Hy\}) - v(\{PV\})] + [v(\{Hy,PHS\})] \\ -v\{PHS\} + 2[v(\{PV,Hy,PHS\}) - v(\{PV,PHS\})] \end{array} \right\}$$

$$(5-81)$$

抽蓄电站分配策略

$$x(PHS) = \frac{1}{6} \left\{ \begin{array}{l} 2v(\{Hy\}) + [v(\{PV,PHS\}) - v(\{PV\})] + [v(\{Hy,PHS\})] \\ -v(\{Hy\}) + 2[v(\{PV,Hy,PHS\}) - v(\{PV,Hy\})] \end{array} \right\}$$

$$(5-82)$$

基于 Shapley 值分配策略，可以对项目中各电站主体的投资收益进行合理地划分。本研究运用 Shapley 值法来对具体场景进行分析，可以得出分配策略对于项目投资收益的影响，是电力市场环境下水光蓄系统容量配置研究的重要补充。

5.4.3 案例分析

在合作博弈分配策略的基础上，本小节将利用一个水光蓄系统的案例，通过对比各电站在不同运行策略、不同分配策略下所获得的收益来展示本章提出的水光蓄系统进行联盟运行方式的有效性和水光蓄系统分配策略的合理性。

本小节中采取的水光蓄系统案例，包含水电站、光伏电站和抽水蓄能电站的出力数据和容量数据，以及电价数据。以上数据均为现实系统的真实数据。

基于此，令三个电站（即水电站、光伏电站和抽水蓄能电站）分别在独立运行、两两运行和联盟运行等 7 种运行方式下以售电收益最大为目标进行优化，从而得到各电站或联盟的利润最大化下的收益。

当水电站和光伏电站处于独立运行模式时，电站所发的电力将直接上网进入电力市场中进行售卖，而当抽蓄电站处于独立运行模式时，抽蓄电站并不直接参与发电，是通过在电价低时抽水蓄电在电价高时放水发电来获得运行收益。在三个电站处于两两运行模式中时，水电站和光伏电站的组合与其单独运行时一样，直接发电上网售卖，而水电站和抽蓄电站、光伏电站和抽蓄电站的组合则是抽蓄电站将另一个电站所发电力进行暂时的存储并在高电价时售出的运行方式来使利润最大化。三个电站组成大联盟形式进行运行时，抽蓄电站将起到同样的作用以获得大联盟中的最大售电收益。为验证电站各种运行模式下的经济性，以下将各电站 7 种运行模式的最大售电收益进行对比分析。表5.2 为各电站不同运行模式下能获得的最大售电收益。

表 5.2   各电站在不同运行模式下的最大售电收益

编号	运行模式	参与电站	最大售电收益（万元）
1	单独参与	水电站	67.91
2	单独参与	光伏电站	14.73
3	单独参与	抽蓄电站	0.93
4	两两运行	水电站和光伏电站	96.21
5	两两运行	水电站和抽蓄电站	71.71
6	两两运行	光伏电站和抽蓄电站	28.34
7	全体联盟	水电站、光伏电站和抽蓄电站	98.12

从表 5.2 中可以看出，水电站、光伏电站和抽水蓄能电站组成的大联盟的总利润最高，并且大联盟的总利润要高于水电站、光伏电站和抽水蓄能电站各自独立运行时的总利润之和，其中超额利润为 14.55 万元。这意味着在电力市场环境下，三个主体电站组成水光蓄系统以全体联盟的形式上网在经济性上比各自单独上网要更加优越，这也符合在市场条件下组建水光蓄大联盟的初衷。

在水光蓄系统全体联盟运行模式中可得到以下仿真结果。水电站在一天中的实际发电量如图 5.3 所示，通过优化，水电可以来匹配光伏的发电量来增加总的收益。抽水蓄能电站的特性包括每小时的充放电功率以及能量的变化如图 5.4 所示，抽水蓄能电站在联盟中不从电力市场购电，可以配合光伏和水电的出力，来实现利润的最大化。需注意，本文考虑联盟之间的相互的能量传送是免费的。从图 5.4 中可以看出抽水蓄能电站会消

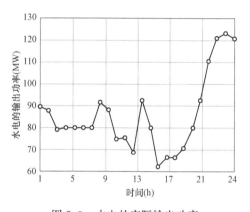

图 5.3 水电的实际输出功率

耗更多的电能来充电，特别是在早上 6 点和下午 6 点时。抽水蓄能电站在早上 8 点、12 点和下午 2 点来放电以至于获得更多的利润。从早上 8 点到下午 6 点，储能曲线呈现出一个上升的趋势，这是由于此时的电价相对较高，抽水蓄能电站会工作来获得更多的利润。假设水库在一天开始时的容量等于在一天结束时的容量，并且容量等于水库最大库容的一半。图 5.5 给出了水光蓄大联盟的总输出功率，该大联盟由水电站、光伏电站和抽水蓄能电站组成。

为展示采用 Sharpley 值分配策略对水光蓄系统的利益进行分配的合理性，本文分别采用均分法和 Sharpley 值法对水光蓄系统在全体联盟运行模式下的售电收益分配进行对比。表 5.3 为采用均分法和 Sharpley 值法分配策略时水光蓄系统中各个电站独立运行与参与联盟后的利润对比结果，从表中可以看出，水光蓄系统联盟运行后采用均分法和

Sharpley 值法进行分配的方案不管是整体的利润还是各个电站所得的利润均高于各个发电站独立运行时所得到的利润。

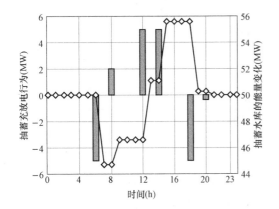

图 5.4 抽蓄电站的动作及其能量的变化

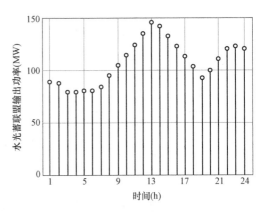

图 5.5 水光蓄系统在全体联盟运行模式下的总输出功率

表 5.3 各电站在不同运行模式下的最大售电收益

分配策略	收益情况	水电站	光伏电站	电站
无（单独运行）	获得收益（万元）	67.91	14.73	0.93
均分法	获得收益（万元）	72.76	19.58	5.78
	收益提升（万元）	4.85	4.85	4.85
	提升幅度（%）	7.14	32.93	521.5
Sharpley 值法	获得收益（万元）	71.27	23	3.85
	收益提升（万元）	3.36	8.27	2.92
	提升幅度（%）	4.95	56.14	314

当按照均分法分配策略时，水光蓄联盟运行获得的额外收益都均分给了三个主体电站。水电站、光伏电站和抽水蓄能电站在大联盟下的各自利润分别提高了 7.14%、32.93% 和 521.5%。显然，以均分法来对联盟运行的额外利益进行分配时，抽蓄电站将会非常满意，但水光蓄系统中发电的主体（即水电站和光伏电站）的收益率较低。一旦出现系统需供给负荷较大的情况，本应收益较大的发电主体却不能获得更高的收益。因此，均分法看似公平但却忽视了水光蓄系统中各参与者的地位不同，进而导致分配的不合理。

当按照 Sharpley 值法分配策略时，水光蓄联盟运行获得的额外收益按照分配方式合理分给了三个主体电站。水电站、光伏电站和抽水蓄能电站在大联盟下的各自利润分别提高了 4.95%、56.14% 和 314%。在 Sharpley 值法分配下，联盟中地位较低的光伏电站获得较大利益分配，用以削弱光伏电站跳出联盟独立运行的可能。针对抽蓄电站，因其独立运行收益低却可在联盟时为整体带来较大收益的作用和特性，Sharpley 值法分配给抽蓄电站的额外收益比均分法低。这是基于抽蓄电站在整个水光蓄联盟在市场环境下运行的地位，即使给抽蓄电站的均分利益较少，抽蓄电站也会因为独立运行收益低而更倾向于维系联盟。此外，在 Sharpley 值法分配策略下，抽蓄电站也可获得 2.92 万元的额外收益，是其独立运行时获得收益的 314%。总而言之，Sharpley 值法分配策略下的利益分配更容易为水光蓄系统中的各成员接受，能够更好地维持联盟运行的状态，在电力市场环境下创造为整个系统乃至投资者都创造更好的利益。可以看出大联盟的利润分配结果不但满足整体理性，而且还满足了个体理性。

本章小结

本章内容主要是针对基于水光蓄系统在电力市场条件下经济性要求，构建水光蓄系统容量配置的多目标分层优化模型，以双层规划模型为主体，提出电力市场条件下水光蓄系统容量优化配置算法。首先建立双层规划模型中的上下层目标函数，其中上层目标函数为水光蓄系统投入成本回收年限，下层目标函数为水光蓄系统年售电收益；其次，本研究中采用基于线性递减惯性权重粒子群 LDIW 算法和序列二次规划 SQP 算法对该模型的上、下层分别进行求解。其中，利用 LDIW 算法来处理上层规划模型中的系统成本决策问题，对下层规划模型的系统运行优化问题则运用 SQP 算法求解，并给出电力市场条件下水光蓄系统容量配置优化方法中双层规划模型的优化流程。

其次，基于上述提出的电力市场条件下水光蓄系统容量配置优化方法，通过项目数据收集整理和合理的参数配置，展示系统容量配置优化分析结果。通过敏感性分析，针对三个主体电站的规划容量分别进行调整并在经济性要求方面与水光蓄系统容量配置优化方法得出的结果进行对比，同时将下层规划模型中优化出的运行模型作为主要参考，验证容量配置优化方法的有效性。结果证明本章中所提出的力市场条件下水光蓄系统容量优化配置算法是可行有效的，能够显著提升水光蓄混合能源系统在项目建造周期内的经济性，便于提高混合能源系统在电力市场中的竞争能力，令未来混合能源系统的发展更具前景。

最后，本文探讨市场环境下水光蓄系统的联盟运行和分配策略。水光蓄系统中的三个电站主体（即水电站、光伏电站和抽蓄电站）分别在独立运行模式、两两联合运行模式和三者大联盟模式下优化运行，并在此基础上考虑各电站主体的合作博弈进行利益分配。本研究中着重采用 Sharpley 值法对水光蓄系统在市场环境下运行收益进行分配，以期实现对各电站主体在供电侧实现合理的激励。研究案例分析展示了在市场环境下水光蓄系统的全体联盟运行模式要比其他所有运行模式所获得的收益要高，且大于三个主体电站单独运行时的收益之和，这证明了水光蓄系统全体联盟运行模式的有效性。案例分析中运行均分法和 Sharpley 值方法针对水光蓄联盟运行模式下获得的收益进行分配，并将分配结果对比分析。结果证实采用 Sharpley 值法分配策略的合理性。

总而言之，电力市场环境下水光蓄系统存在运行收益和建设成本之间的博弈关系。该系统的容量配置需要综合考虑两者关系，基于本研究中提出的容量优化配置方法来达到经济性提升的目标。本研究基于市场环境验证水光蓄系统的联盟运行要比单独运行更加优越，证实水光蓄系统联盟运行在获取收益时的有效性。此外，本研究根据 Sharpley 值法提出水光蓄系统的收益分配策略，使得参与者更倾向于合作以进一步巩固水光蓄系统的联盟运行模式。

6

水光蓄接入模式及电网支撑能力研究

综合考虑区域系统的可靠性、安全性、稳定性、交互性及经济性，合理选取梯级水光蓄的规划方案具有重要意义，其规划合理与否，将影响系统今后运行的可靠性、经济性、电能质量、网络结构及其未来的发展。前述研究将水光蓄视作聚合系统进行整体性的研究，然而水光蓄实际是依托于区域电网存在的，水光蓄互补联合发电系统本身可能存在多个接入点与不同的接入方式。因此，本章依托于前述的场景与运行方式研究，以及容量配置研究，考虑区域电网的网络结构，基于多目标优化、多准则决策、仿真模拟等技术，进行水光蓄接入优化及电网支撑能力评估研究：采用接入点多目标优化与电网支撑能力评估的两阶段优化方法，实现了水光蓄接入区域电网的规划方案评估与优选；构建了计及运行安全性、可靠性、经济性、稳定性以及与主网交互性的电网支撑能力评价模型；并提出了基于 PSD - BPA 平台稳暂态联合仿真模拟的指标计算方法。

6.1　水光蓄接入电网影响分析

本节从稳态和暂态两个角度对水光蓄接入电网影响进行分析。首先从稳态的角度出发，对水光蓄等分布式电源接入配电网的潮流及电压水平情况进行仿真计算分析；同时，引入一种基于扰动分析与戴维南等值的节点静态电压稳定计算方法，为后文电网支撑能力指标的计算奠定理论基础。紧接着，本节又从暂态的角度出发，在 BPA 平台中搭建基于光伏发电低惯性系统和水电同步机惯性系统的水光蓄的暂态仿真模型，对水光蓄接入下的区域配电网故障下暂态电压恢复能力进行初步的仿真分析，并对并网状态下水光蓄系统互补特性展开仿真分析。

6.1.1　水光蓄接入电网影响稳态分析

本节旨在从电力系统稳态的层面分析分布式水光蓄电源接入电网的影响。电力系统的稳态指的是电力系统正常的、相对静止的运行状态。稳态主要包含电压、功角、潮流等衡量指标。本节将从电压、潮流、静态电压稳定等方面进行探讨。

1. 水光蓄在不同渗透率及接入方式下的仿真分析

分布式电源具有间歇性、波动性等特征，且常接入配电网，其并网会引起电网潮流的改变，不同接入容量与接入位置造成的影响也不尽相同，会产生如电压升高、潮流反向等问题。从稳态层面而言，更为关注的是某一时刻的状态、特性，暂不考虑水光蓄时序层面的间歇性、波动性特征，统一视作接入配网的小电源，下面以分布式光伏为例进行分析。

以 10kV 薄弱线路为例搭建光伏稳态仿真模型，利用 BPA 稳态潮流仿真分析光伏以不同渗透率接入馈线不同位置时电网的潮流、无功、电压情况。

（1）光伏电源不同接入方式的影响。假设光伏渗透率为 30%，光伏电源的接入方式分别为全部接入 10kV 母线、馈线末端接入、馈线首端接入、馈线上平均分布，如图 6.1 所示。

图 6.2 展示了光伏不同接入方式下的线路电压和潮流分布情况。由图 6.2 可见，光伏的接入会抬高整条馈线的电压水平，不管是以何种方式接入。且馈线末端节点电压对功率最为敏感，光伏接入馈线末端节点时电压抬高幅度最大。

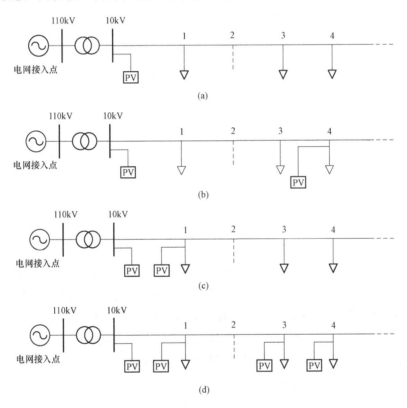

图 6.1　光伏接入的分布方式

（a）接入 10kV 母线侧；（b）馈线末端接入；（c）馈线首端接入；（d）馈线上均匀接入

（2）光伏电源不同渗透率的影响。以均匀接入方式为例，改变光伏容量使光伏渗透率分别为 50%、30%、15%、5%、0%。

图 6.3 展示了光伏在不同渗透率下接入线路的电压与潮流分布情况。由图 6.3 可见，光伏渗透率越高，馈线节点电压越高。且随着光伏渗透率的升高，馈线上无功潮流明显

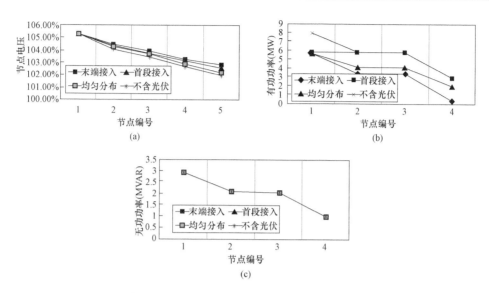

图 6.2 不同接入方式下馈线电压和潮流仿真图

（a）电压分布；（b）有功分布；（c）无功分布

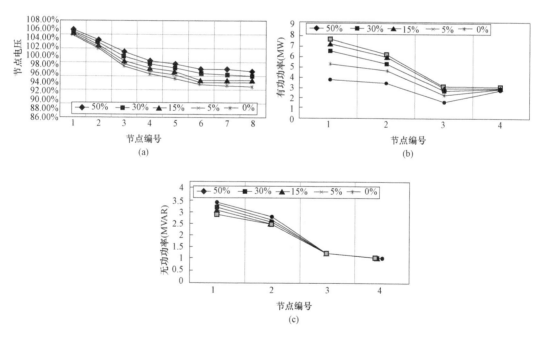

图 6.3 不同渗透率下光伏均匀分布接入薄弱线路时馈线电压与潮流仿真图

（a）电压分布；（b）有功分布；（c）无功分布

降低，这是由于光伏电源有效减轻了薄弱线路上的负载，线路损耗大幅降低。同时，电压损耗也减小了，所以馈线电压升高明显。

接入光伏电源有助于提高线路末端和支线的电压且效果明显，但光伏电源输出功率波动引起的电压波动也相对较大。在薄弱线路接入光伏电源可以改善线路末端和支线电压，但接入光伏的容量不宜过大。

综上，可知光伏以不同接入方式、不同容量下接入电网，对电网的有功功率、无功功率、电压等物理量有着深远的影响。因此选取合适的方法，对光伏的接入位置进行规划，具有重要的意义。

2. 静态电压稳定计算及电压敏感节点筛选

分布式光伏接入电网往往被视作"负"的负荷存在，其大规模并网必定会对系统的静态电压稳定性产生影响。静态电压稳定是指电力系统受到小扰动后，系统电压能够保持或恢复到允许范围内，不发生电压崩溃的能力。本小节将引入一种基于扰动分析与戴维南等值的静态电压稳定评估计算方法，并简单分析水光蓄作为分布式电源接入电网对静态电压稳定性的影响。

（1）基于扰动分析法的戴维南等值参数计算。对于一个 N 节点的电力系统，选取第 k 个负荷节点作为评估对象，其初始状态下的功率为 $S_k = P_k + jQ_k$。则从该负荷节点向系统侧看进去，整个系统可以等效为一个 2 节点系统，即一个等值电势为 $\dot{V}_{th}$ 的电压源经过一个等值阻抗为 Z_{th} 的阻抗与该负荷节点直接相连，如图 6.4 所示。

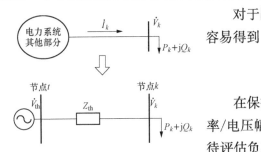

图 6.4 电力系统戴维南等值示意图

对于图 6.4 所示的两节点系统，由基本电路定律容易得到

$$\dot{V}_{th} = \frac{P_k - jQ_k}{\dot{V}_k^*} Z_{th} + \dot{V}_k \qquad (6-1)$$

在保持电力系统网络拓扑参数和其余节点注入功率/电压幅值不变的情况下，按照恒定的功率因数将待评估负荷节点的功率由 $S_k = P_k + jQ_k$ 增大为 $S_k' = \lambda(P_k + jQ_k)$，$\lambda$ 为大于 1 的实数，再重新进行潮流计算，得到该节点在当前状态下的电压相量 $\dot{V}_k'$。

对于复杂电力系统而言，单独增减一个小节点的功率，对于整个电力系统状态的影响可忽略。因此，在仅增大待评估负荷节点的功率，而保持系统其余参数不变的条件下，可以假设系统在负荷功率增大前后的戴维南等值参数保持不变。对于负荷节点 k 功率增大后的系统，有

$$\dot{V}_{th} = \frac{\lambda(P_k - jQ_k)}{(\dot{V}_k')^*} Z_{th} + \dot{V}_k' \qquad (6-2)$$

联立式（6-1）与（6-2）可以求解得到戴维南等值电势见［式（6-3）］和等值阻抗见［式（6-4）］

$$\dot{V}_{th} = \frac{(V_k')^2 - \lambda V_k^2}{(\dot{V}_k')^* - \lambda \dot{V}_k^*} \qquad (6-3)$$

$$Z_{th} = \frac{(\dot{V}'_k - \dot{V}_k)(\dot{V}_k \dot{V}'_k)^*}{(P_k - jQ_k)[(\dot{V}'_k)^* - \lambda \dot{V}_k^*]} \tag{6-4}$$

在实际计算时，λ 值的选取要结合电力系统实际情况，并通过多次选取平均值来得到最终的辨识结果，避免 λ 值过小时造成式（6-3）和式（6-4）的分母接近于 0 以及 λ 值过大时造成偏离假设条件太远的问题，这些都会导致误差偏大。

（2）电压稳定性指标的构建。

1）静态电压稳定判别式。对于一般的 N 节点电力系统，其潮流方程可以写成如下形式，见式（6-5）和式（6-6）

$$P_i = \sum_{j=1}^{N} V_i V_j Y_{ij} \cos(\delta_j - \delta_i + \delta_{ij}) \tag{6-5}$$

$$Q_i = -\sum_{j=1}^{N} V_i V_j Y_{ij} \sin(\delta_j - \delta_i + \delta_{ij}) \tag{6-6}$$

式中：$Y_{ij} \angle \theta_{ij}$ 为网络节点导纳矩阵第 i 行第 j 列的元素；$V_i \angle \delta_i$ 为第 i 个节点的电压相量。对于图 6.4 所示的两节点系统，可以得到其功率平衡方程为

$$P_k = V_k^2 Y_{kk} \cos\theta_{kk} + V_k V_{th} Y_{kt} \cos(\delta_t - \delta_k + \theta_{kt}) \tag{6-7}$$

$$Q_k = -V_k^2 Y_{kk} \sin\theta_{kk} - V_k V_{th} Y_{kt} \sin(\delta_t - \delta_k + \theta_{kt}) \tag{6-8}$$

其中，$Y_{kt} \angle \theta_{kt} = -\dfrac{1}{Z_{th}}$，$Y_{kk} \angle \theta_{kk} = \dfrac{1}{Z_{th}}$，其值均由上文中所求得的戴维南等值参数得到。注意到式（6-7）和式（6-8）的表达式结构特点，将其变形为

$$P_k - V_k^2 Y_{kk} \cos\theta_{kk} = V_k V_{th} Y_{kt} \cos(\delta_t - \delta_k + \theta_{kt}) \tag{6-9}$$

$$-Q_k - V_k^2 Y_{kk} \sin\theta_{kk} = V_k V_{th} Y_{kt} \sin(\delta_t - \delta_k + \theta_{kt}) \tag{6-10}$$

将式（6-9）和式（6-10）等号两边平方可得

$$P_k^2 + V_k^4 Y_{kk}^2 \cos^2\theta_{kk} - 2V_k^2 Y_{kk} P_k \cos\theta_{kk} = (V_k V_{th} Y_{kt})^2 \cos^2(\delta_t - \delta_k + \theta_{kt}) \tag{6-11}$$

$$Q_k^2 + V_k^4 Y_{kk}^2 \sin^2\theta_{kk} + 2V_k^2 Y_{kk} Q_k \sin\theta_{kk} = (V_k V_{th} Y_{kt})^2 \sin^2(\delta_t - \delta_k + \theta_{kt}) \tag{6-12}$$

将式（6-11）和式（6-12）中两式等号两边分别相加可得

$$P_k^2 + Q_k^2 + V_k^4 Y_{kk}^2 - 2V_k^2 Y_{kk}(P_k \cos\theta_{kk} - Q_k \sin\theta_{kk}) = (V_k V_{th} Y_{kt})^2 \tag{6-13}$$

其中，随着负荷节点功率的逐步增加，V_k，P_k，Q_k 为变量，其余均为常量。从而将式（6-13）整理可得

$$Y_{kk}^2 V_k^4 + (2Y_{kk} Q_k \sin\theta_{kk} - 2Y_{kk} P_k \cos\theta_{kk} - Y_{kt}^2 V_{th}^2) V_k^2 + (P_k^2 + Q_k^2) = 0 \tag{6-14}$$

则对应于给定的负荷节点注入功率，其节点电压幅值表达式为

$$V_k^2 = \frac{-(2Y_{kk} Q_k \sin\theta_{kk} - 2Y_{kk} P_k \cos\theta_{kk} - Y_{kt}^2 V_{th}^2) + \sqrt{\Delta}}{2Y_{kk}^2} \tag{6-15}$$

其中，静态电压稳定判别式如下

$$\Delta = (2Y_{kk} Q_k \sin\theta_{kk} - 2Y_{kk} P_k \cos\theta_{kk} - Y_{kt}^2 V_{th}^2)^2 - 4Y_{kk}^2(P_k^2 + Q_k^2) \tag{6-16}$$

在一般情况下，待评估负荷节点的节点电压有两个解：一个高电压解和一个低电压解。随着负荷节点注入功率的逐步增大，这两个解在系统解空间中的距离越来越小。当

待评估负荷节点的功率增大到支路所能承受的传输功率极限时，节点电压的两个解相重合。

2）相对功率裕度指标。对于图 6.4 所示的两节点系统，初始状态时待评估负荷节点的功率设为 $P_{k,0}+jQ_{k,0}$。由于假设负荷节点的功率按照恒定功率因数增大，因此，当系统功率增大到支路所能承受的传输功率极限时负荷节点的功率可以设为 $\left(1+j\dfrac{Q_{k,0}}{P_{k,0}}\right)P_{k,\max}$。在支路传输功率极限处，根据式（6-15）可得

$$\Delta = \left(2Y_{kk}\frac{Q_{k,0}}{P_{k,0}}P_{k,\max}\sin\theta_{kk} - 2Y_{kk}P_{k,\max}\cos\theta_{kk} - Y_{kt}^2 V_{\mathrm{th}}^2\right)^2 - 4Y_{kk}^2 P_{k,\max}^2\left(1+\frac{Q_{k,0}^2}{P_{k,0}^2}\right) = 0$$

（6-17）

由上式可得 $P_{k,\max}$ 同样有两个解，分别为式（6-18）、式（6-19）。

$$P_{k,\max} = \frac{Y_{kt}^2 V_{\mathrm{th}}^2}{2Y_{kk}\left(\dfrac{Q_{k,0}}{P_{k,0}}\sin\theta_{kk} - \cos\theta_{kk} - \sqrt{1+\dfrac{Q_{k,0}^2}{P_{k,0}^2}}\right)}$$

（6-18）

$$P_{k,\max} = \frac{Y_{kt}^2 V_{\mathrm{th}}^2}{2Y_{kk}\left(\dfrac{Q_{k,0}}{P_{k,0}}\sin\theta_{kk} - \cos\theta_{kk} + \sqrt{1+\dfrac{Q_{k,0}^2}{P_{k,0}^2}}\right)}$$

（6-19）

对于待评估负荷节点的有功功率极限 $P_{k,\max}$ 而言，当 $P_{k,\max}$ 的两个解为一正一负时，$P_{k,\max}$ 取正值；当 $P_{k,\max}$ 的两个解都为正时，$P_{k,\max}$ 则应取较小的值。在求得 $P_{k,\max}$ 的值后，定义相对功率裕度指标 η_k 来表示待评估负荷节点的电压稳定性程度，表达为

$$\eta_k = \frac{P_{k,\max} - P_{k,0}}{P_{k,\max}}$$

（6-20）

（3）系统无功电压敏感节点的确定。待评估负荷节点的相对功率裕度指标 η_k 的值在 $0\sim1$ 之间，并且 η_k 的值越小表明该节点的负荷功率距离传输功率极限越近，也就是该节点电压稳定性越薄弱。通过对系统中所有负荷节点的相对功率裕度指标排序，容易找到电压稳定性最薄弱的节点，从而可以以它的指标作为整个系统的电压稳定性指标，即定义整个系统的电压稳定性指标 η_{sys} 为

$$\eta_{\mathrm{sys}} = \min\{\eta_1, \eta_2, L\eta_k, \cdots\}$$

（6-21）

η_{sys} 能直观地反映当前状态距离电压崩溃临界点的距离，并指出全系统中电压最薄弱的节点。根据本章节所提出的戴维南等值方法计算出的系统电压薄弱节点，即为电压敏感节点，也可称无功敏感节点。对于规划、调度、控制部门，只需着眼于最薄弱节点，采取或加装稳定性装置，或调整负荷数量、结构等措施即可。

（4）算法流程。把所提出的基于戴维南等值和支路传输功率极限的电压稳定评估方法在 BPA 稳态潮流仿真平台中实现，其算法的程序流程如图 6.5 所示。

整体的计算流程表述如下：

1）选取所要研究的负荷节点。

2）潮流计算得所选取的节点的电压。

3）在保持系统拓扑参数和其余节点注入功率/电压幅值不变的情况下，单独增大该节点的功率，重新计算系统潮流得该节点的电压，从而可以根据式（6-3）和式（6-4）计算求得该节点对应的戴维南等值参数。

4）根据式（6-18）和式（6-19）可以求得所研究的两节点戴维南等值系统的有功功率极限，并由此求得相对功率裕度指标 η_k。

5）重新选取研究的节点，重复步骤2）～4），计算该节点的相对功率裕度指标。

6）通过对系统中所有负荷节点的相对功率裕度指标排序，计算得到整个系统的电压稳定性指标，从而为生产调度提供相应指导。

（5）验证分析。

1）2 节点戴维南等值系统、IEEE14 节点与118 节点系统验证。首先以 IEEE-14 节点的节点14 为例，逐步增大该节点的功率，重复计算电压稳定裕度，以研究不同负荷情况下该节点的电压稳定性变化情况。随着节点功率的逐步增大，其节点电压（标幺值）与相对功率裕度 η_k 变化如图6.6 所示。然后在 IEEE 14 节点中，依次选取该系统中所有节点作为研究节点，计算每

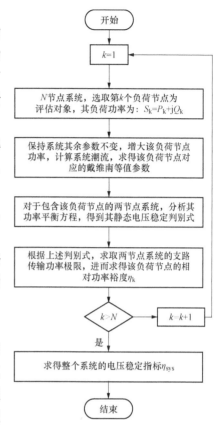

图 6.5 基于戴维南等值的电压稳定
评估方法计算流程图

个节点所对应的相对功率裕度指标，取其中的最小值，即可作为整个系统的电压稳定性指标。选取部分节点作为评估对象，当负荷功率逐步增大时，将其相对功率裕度指标的变化情况展示如图 6.7（a）所示。最后用 IEEE-118 节点系统进一步验证所提方法的可行性与正确性，步骤同上述 IEEE-14 节点系统验证步骤。选取110、112、113 节点作为展示对象，其相对功率裕度指标的变化情况如图 6.7（b）所示。

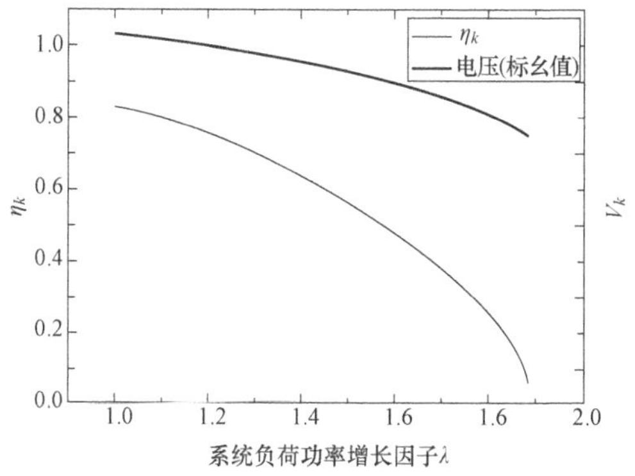

图 6.6 2 节点戴维南等值系统的节点
电压与相对功率裕度指标

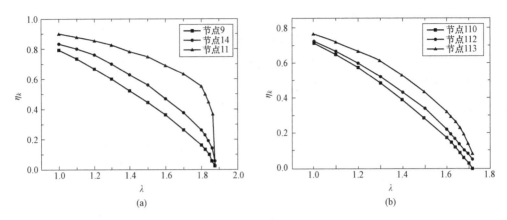

图 6.7 IEEE 系统部分节点相对功率裕度指标变化曲线

(a) IEEE-14 节点系统；(b) IEEE-118 节点系统

由图 6.7（a）可以看出，当系统运行达到传输功率极限时，这些节点的电压稳定指标接近于 0，验证了所提方法的合理性与正确性；另一方面，系统最薄弱节点也可轻易获得，在所展示的 3 个节点中，节点 9 为最薄弱节点，其对应的相对功率裕度即为整个系统的电压稳定性指标。

2）分布式光伏接入电网的影响分析。通过对比分布式光伏接入电力系统前后的系统静态电压稳定性，可以分析分布式光伏接入电网对电压稳定的影响，如图 6.8（a）所示。

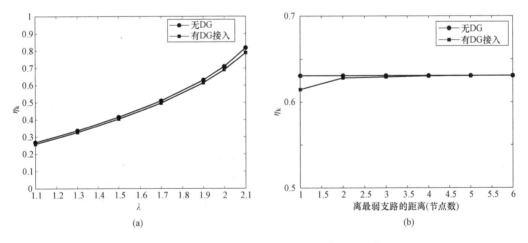

图 6.8 分布式光伏接入电网相对功率裕度比较

(a) 分布式光伏对静态电压稳定性的影响；(b) 不同接入位置对静态电压稳定性的影响

从图 6.8（a）中可以看出，分布式光伏合理接入配电网可以提高系统承受负荷的能力，提高潮流解存在的可能性，有助于提升系统静态电压稳定性，但其效果不显著，可通过配备无功补偿设备来增强效果。

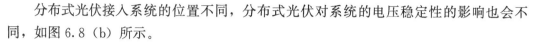

分布式光伏接入系统的位置不同，分布式光伏对系统的电压稳定性的影响也会不同，如图 6.8 (b) 所示。

从图 6.8 (b) 中可以看出，分布式光伏的接入位置越靠近系统的最薄弱支路，则越有利于改善系统的静态电压稳定性。

6.1.2 水光蓄接入电网影响暂态分析

本节旨在从电力系统暂态的层面分析分布式水光蓄分布式电源接入电网的影响。电力系统的暂态指的是电力系统从一种运行状态向另一种运行状态过渡的过程。我们选取系统在发生故障后电压恢复正常这一暂态过程，对水光蓄支撑电网的能力进行衡量。并在 PSD - BPA 平台中搭建包含水光蓄暂态元件的仿真平台，为后面示范区的仿真分析提供技术支撑。

1. 水光蓄系统暂态仿真模型

BPA 程序是由电力科学研究院于 20 世纪 80 年代引进的程序，其后逐步完善形成了适合我国电力系统分析计算的中国版 BPA 程序，即 PSD - BPA 程序。在经过进一步的开发与实践应用后，现如今，形成了包含 PSD - PF 潮流程序、PSD - ST 暂态稳定程序、PSD - SCCP 电力系统短路电流计算程序、PSD - SSAP 电力系统小干扰稳定性分析程序等多种程序在内的 PSD 电力系统分析软件，简称 PSD 软件。

PSD - ST 暂态稳定程序是用于分析电力系统在稳态下受到各种干扰时的系统暂态行为之有力工具。PSD - ST 稳定程序是与 PSD - PF 潮流程序结合起来运行的，图 6.9 为 PSD - ST 程序总框图，说明了潮流程序与稳定程序间的联系。

暂态仿真均采用 PSD - BPA 软件实现。首先建立 *.dat 文件进行潮流计算，得到 *.pfo 文件，在潮流计算数据的基础上建立 *.swi 暂态稳定计算数据文件，得到 *.out 暂态稳定计算结果文件和 *.cur 暂态稳定曲线作图文件。

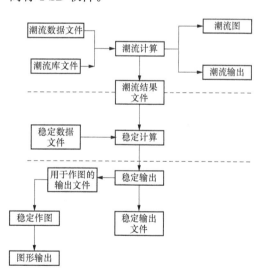

图 6.9　BPA 稳定程序与潮流程序关联示意图

网络潮流部分应用交流节点数据卡（包括 BPA 中的 BS 卡、BE 卡、BE 卡等）完成对 Vθ 节点（即平衡节点）、PQ 节点以及 PV 节点的搭建。平衡节点的选取：在并网状态下，选取外电网等值节点为平衡节点；离网状态下，选取容量最大的水电站为平衡节点，在示范区及 30 机组网络仿真中平衡节点均为杨家湾水电站。其余水电站和负荷节点均为 PQ 节点，光伏电站为 PV 节点。网络线路和变压器分别采用对称线路数据卡（L 卡）和变压器数据卡（T 卡）完成搭建。

水轮机的暂态仿真利用发电机模型（MF 卡），其类型设定为水轮机模型。水轮机的次暂态模型采用发电机次暂态参数模型（M 卡），类型设置为水轮机模型。其励磁系统采用直流励磁旋转系统（EA 卡），电机类型设置为水轮机。水电站的调速器部分仿真采用水轮机调速器和原动机模型（GH 卡），该模型计及水轮机的水锤效应。

抽水蓄能电站的仿真采用水电站模型和发电马达模型组合的方式：在发电工况下采用水电站模型，和前文叙述模型相同采用 BPA 中的 MF 卡、M 卡、EA 卡、GH 卡的组合；在抽水工况下采用马达模型（ML 卡）。

光伏电站的仿真模型由光伏阵列模型（PV、OPV 卡）与 VSC 并网换流器控制系统模型（BC，BC+卡）联合构成。光伏电池阵列是由多个光伏电池串并联而成，其模型包括光伏电池模型和光伏阵列集成模型。光伏电池模型能够准确反映光伏电池的 $I\text{-}U$ 输出外特性，光伏阵列集成模型以单体光伏电池为基础，按照单体光伏电池的串、并级联关系组合和修正而成，反映光伏阵列的输出特性。

2. 故障下的并网点暂态电压恢复能力仿真

电力系统故障类型有很多种，包括线路故障、发电机故障、变压器故障等多种类型，由于暂态仿真本身计算时间就较长，如果考虑所有类型故障，在节点数庞大的网络中计算量会急剧上升，影响程序运行效率。因此考虑选用典型类型的故障来衡量系统的暂态稳定能力，考虑了故障最易发生也最具有代表性的单相线路短路故障和故障发生后最严重的三相短路故障作为故障代表。在 PSD 软件中通过 FLT 卡实现故障类型、位置、发生时间等要素的设置，进行暂态稳定仿真模拟，并选取较为重要的典型观测节点来获取暂态运行指标值。

暂态不同于稳态，稳态是时刻存在的，而暂态只是特殊情况下才存在的。因此只需在特定的潮流断面（时刻），设定故障类型、故障发生地点、故障发生时间及切除时间，通过调用故障前时刻的潮流计算文件，即可进行暂态稳定仿真，从而计算得到电网支撑能力指标体系的暂态指标值，包括超调量与恢复时间。

3. 并网状态下水光蓄网络功率互补特性仿真分析

本节主要致力于对图 6.10、图 6.11 所示的示范区下的水光蓄互补系统进行仿真分析，以验证抽蓄所起的调节作用与互补特性，其中小金县集成于一个节点，而不展开为具体的网络架构。由于小金川河流域光能和水能资源远离负荷中心，且光伏出力受天气影响出力不稳定，联络线上的功率波动频繁，影响电网的稳定运行。采用水光蓄多能互补的形式可以有效抑制联络线上的功率波动，当丰水期时，梯级小水电以发电为主，当运行在调峰弃水状态时，配合光伏进行功率波动调节。抽蓄机组承担电网调频任务，满足互补系统内光伏出力波动后带来的快速功率调节需求，并利用来水兼顾发电功能。平水期和枯水期，梯级小水电除发电任务外，需配合光伏调峰。抽蓄机组承担日内移峰填谷，同时承担光伏出力快速波动后带来的快速功率、电压等调节需求。在并网条件下，水光互补主要实现弱调度性电源的"友好型"并网和水电光伏资源的最大化利用。

本节应用 PSD - BPA 软件,首先搭建了水光蓄网络模型,通过仿真,揭示了水光蓄网在并网长距离送电时有功功率传输的机理,评估了水电部分和抽蓄部分对于水光蓄整体网络功率调控的定量影响,通过综合比较不同容量抽水蓄能电站波动性指标与经济性指标,得到了示范区抽水蓄能电站容量最优配置。

(1) 仿真网络搭建。在水轮机不调控的仿真实验中,为保持水轮机功率不变,在稳定程序中应用快关阀门卡(MDE 卡)使其在稳定仿真过程中有功功率保持不变。水轮机的功率调控由其原动机和调速器自动完成。抽水蓄能电站调控时的功率变化很快,采用快关阀门卡达到其功率调节效果,该卡中两个关节点的数值仅用来计算发电机机械功率的变化速率,公式为

$$变化速率 = \frac{第二关节点功率 - 第一关节点功率}{第二关节点时间 - 第一关节点时间} \quad (6 - 22)$$

在并网状态下,由于要研究光伏电站的功率输出特性,而 BPA 未提供光伏照度变化的模块,为实现其功率波动效果,在光伏节点引入负荷,在稳定程序中采用负荷持续变化卡(LI 卡),在浮云遮挡时吸收有功,从而实现光伏节点整体出力变化的效果。

(2) 示范区仿真参数设置及仿真说明。在四川省阿坝藏族羌族自治州小金川河流域建设示范工程,利用春厂坝电站建设变速恒频抽水蓄能电站,建设小金川河流域水光蓄多能互补系统示范工程,实现木坡、杨家湾和猛固桥 141MW 梯级小水电,春厂坝 5MW 级抽水蓄能电站,美兴和小南海 100MW 分布式光伏电站的优化协同调度与控制,互补系统送出联络线最大功率波动在 5%~8%/min。示范区总体示意图如图 6.10 所示。

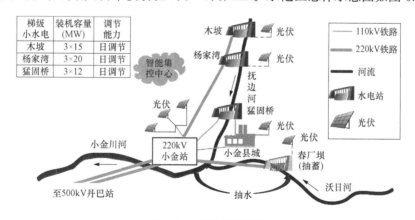

图 6.10 示范区示意图

示范区地理接线图如图 6.11 所示。

在 BPA 网络中设置各节点情况见表 6.1。

表 6.1   BPA 仿真节点情况表

节点名称	节点代表含义	电站额定功率	变电站等级
BUS1	杨家湾水电站	60MW	—

续表

节点名称	节点代表含义	电站额定功率	变电站等级
BUS2	木坡水电站	45MW	—
BUS3	猛固桥水电站	36MW	—
BUS4	春厂坝抽水蓄能电站	5.1MW（发电）/6.7MM（抽蓄）	—
BUS5	美兴光伏电站	50MW	—
BUS6	小南海光伏电站	50MW	—
BUS7	丹巴变电站	—	500kV
BUS8	小金变电站	—	220kV
BUS9	杨家湾变电站	—	110kV
BUS10	木坡变电站	—	110kV
BUS11	猛固桥变电站	—	110kV
BUS12	春厂坝变电站	—	110kV
BUS13	美兴变电站	—	110kV
BUS14	小南海变电站	—	110kV
BUS15	并网节点	—	—

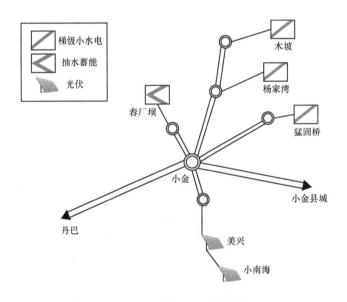

图 6.11　示范区地理接线图

　　结合示范区实际运行情况下，给定仿真网络运行方式为本地负荷 40MW，联络线送出有功功率为 150MW，联络线为 220KV 线路将示范区电力输往丹巴站。稳态时，假定太阳光照幅度 1000W/m²，电池温度 25℃，光伏电站装机总容量达 100MW，水电装机总容量为 141MW，抽水蓄能电站发电工况额定功率为 5.1MW，抽水蓄能工况额定功率为 6.7MW，示范区光伏渗透率达到 40.6%。各系统参数见表 6.2。

表 6.2 网络各部分参数表

1. 水电站

水电站额定功率	功率因数	爬坡率	原动机调差参数	调速器响应时间	水锤效应时间常数
60/45/36MW	0.85	50%～100%/min	0.05	0.2s	0.5s

2. 光伏电站

并网发电单元	并网单元电池数	太阳光照幅度	工况温度	开路电压	短路电流	最大功率点电压	最大功率点电流
100	50×400	1000W/m²	25℃	37.8V	8.63A	30.2V	8.11A

3. 抽水蓄能电站

发电工况额定功率	抽蓄工况额定功率	发电工况可调节转速范围	抽蓄工况可调节转速范围	发电工况功率调节范围	抽蓄工况功率调节范围
5.1MW	6.7MW	750～1020r/min	0～1100r/min	2.1～5.4MW	0～6.7MW

梯级水电站参数说明：①水电站额定功率分别为 60、45、36MW，功率因数为 0.85；②水电站爬坡率在 50%～100%/min 范围内；③水轮机原动机调差系数为 0.05，调速器响应时间为 0.20s，水锤效应时间常数为 0.5s。

光伏电站参数说明：①每个 50MW 光伏电站由 100 个并网发电单元并联组成，每个并网发电单元的光伏阵列由 50 个太阳能光伏电池串联成串后，再由 400 串并联而成；②每块太阳能光伏电池在标准测试环境（太阳能光伏照度 1000W/m²，电池温度 25℃）下的四个技术参数，开路电压、短路电流、最大功率工作点电压和最大功率工作点电流分别是 37.8V、8.63A，30.2V 和 8.11A；③VSC 采用定直流电压和定功率因数控制，$\cos\varphi$ 取 0.98。

抽水蓄能电站参数说明：①发电工况额定功率 5.1MW，抽水蓄能工况额定功率 6.7MW；②发电工况下，水轮机可调节转速范围为 750～1020r/min，抽水蓄能工况下，水泵全功率对应的转速范围为 0～1100r/min；③根据功率与转速的三次方成正比关系，发电工况下的功率调节范围为 2.1～5.4MW，抽水蓄能工况下的功率调节范围为 0～6.7MW；④抽水蓄能电站根据设计要求，功率调节速度最快可达 0.2s 时间内调节 8%机组容量，即功率变化速率最快可达 2MW/s。

水光蓄示范区中光伏的渗透率较高，且光伏出力具有较大的波动性，短时间内与电网间的功率交互影响主要考虑光伏出力变化，当外界环境产生变化时，联络线上的功率会产生响应变化，影响电网的稳定运行。本节具体对浮云遮挡这种典型情况进行仿真分析，从水电、抽水蓄能电站的功率响应和联络线上的功率波动的角度出发，用量化数据的方式探讨光伏出力波动对联络线的影响以及水光蓄网清洁能源间的功率互补特性。

多数仿真并网光伏电站的出力跟随太阳光伏照度的变化，持续时间仅有 1～2s，而实际大规模光伏电站地理范围大，浮云遮挡需要一定时间才能遮挡整个光伏电站，而且浮云遮挡持续时间不可能仅有 1～2s，其持续时间要达到 10s 以上，因此浮云遮挡对于联络线上的功率波动影响将是明显且持续的。

浮云遮挡是导致光伏电站出力减少的主要原因，在此考虑一种典型的浮云遮挡情况，仿真开始 10s 后，浮云开始遮挡，经历 10s 后全部遮挡，光伏照度在此 10s 内由 1000W/m² 逐渐降至 400W/m²；从 20s 到 40s，浮云持续遮挡光伏电站；从 40s 到 50s，浮云逐渐退去，光伏照度在此 10s 内由 400W/m² 逐渐恢复到 1000W/m²。在此过程中模拟了光伏照度下降和上升两个过程，最大变化率达到 60%，光伏照度变化曲线如图 6.12 所示。

（3）仿真分析。为充分验证水光蓄的功率互补特性，在浮云遮挡光伏出力波动的环境下，建立四组对照仿真试验：①水电站和抽水蓄能电站均不调控；②水电站调控，抽水蓄能电站不调控；③水电站调控，抽水蓄能电站发电工况下调控；④水电站调控，抽水蓄能电站抽水蓄能工况下调控。三个水电站在光伏发生波动前的出力分别设置为 35、30、27MW，留出一定容量应对可能的光伏波动，在光伏波动时将投入部分机组容量进行调控。设置全仿真时间 5000 周波（100s），观察联络线上功率波动情况。

仿真首先输出水电站和抽水蓄能电站的调控情况，再输出四种情况下的联络线功率波动情况和频率波动情况。

1）水电站参与调控时的水电功率响应特点。水电在应对光伏出力波动时，依靠可调节的水库库容，水电站可以快速启停或调整发电出力。示范区水电站的有功功率响应曲线如图 6.13 所示，当光伏出力发生突变时，水电站通过调节导叶开度和机械转速达到功率调控的目的，补偿光伏出力突然下降产生的有功功率缺失；当光伏出力上升时，水电站减小出力充分发挥水光的功率互补优势，图 6.13 中三个水电机组爬坡率在 50%～100% 区间内，最大补偿功率综合达到 20MW，验证了水库调节能力强的水电站可以保证电网的安全稳定运行。

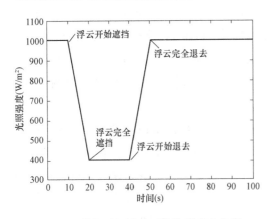

图 6.12　模拟浮云影响下光伏照度变化图

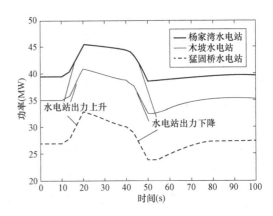

图 6.13　水电站有功出力响应曲线

2）抽水蓄能电站参与调控时的抽蓄功率响应特点。全功率可变速抽水蓄能电站受电子指令控制，发电工况下，在10s时快速提高功率，40s时快速降低功率；抽水蓄能工况下，在10s时快速降低有功吸收量，40s时快速提升有功吸收量。其最大调节速度可达0.2s改变8%机组总容量，其爬坡率远远高于水轮机，全功率可变速抽水蓄能系统在发电、抽水蓄能工况下对功率调控指令的响应如图6.14（a）和图6.14（b）所示。

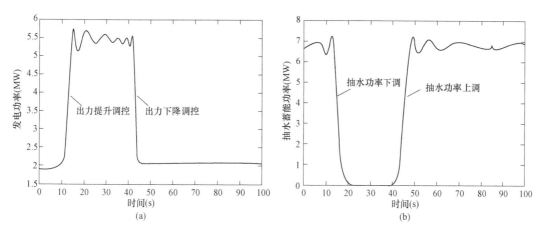

图6.14　抽水蓄能电站功率调控曲线

（a）发电工况；（b）储能工况

3）仿真对比。改变网络中3座水电站和抽蓄电站的运行状态，监测并网功率联络线BUS7-BUS15上的联络线功率波动情况，得到不同运行状态下得到其最大功率波动点的最大功率波动对比情况［见图6.15（a）］，以及网络最低频率波动曲线［见图6.15（b）］。计算最大波动功率占水光蓄示范区总装机容量（246MW）的百分比值，结算结果见表6.3。

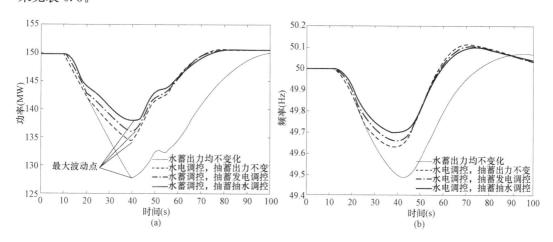

图6.15　水蓄不同运行状态下对比图

（a）联络线送出功率响应曲线；（b）系统最低频率响应曲线

观察对比图及表格中数据可得：

a. 水电、抽蓄均不参与调控时，功率线上联络波动情况较大，联络线功率波动最大值达到 22MW。频率最大波动值达到 0.55Hz，系统频率在可控范围内。

b. 水电调控、抽蓄不调控时，功率线上联络波动情况仍然较大，联络线功率波动最大值达到 15.5MW。频率最大波动值达到 0.48Hz，系统频率在可控范围内。

c. 当水电调控、抽蓄发电工况下调控时，联络线功率波动最大值达到 14MW。频率最大波动值达到 0.42Hz，系统频率在可控范围内。

d. 当水电调控、抽蓄抽水储能工况下调控时，联络线功率波动最大值达到 11.5MW。频率最大波动值达到 0.40Hz，系统频率在可控范围内。

表 6.3　　　　水电站及抽水蓄能电站不同运行状态下对联络线功率波动的影响

组号	水电站	抽水蓄能电站	联络线功率最大波动功率（MW）	最大波动功率占示范区总装机容量百分比（%）
1	不调控	不调控	22	8.94
2	调控	不调控	15.5	6.30
3	调控	调控（发电工况）	14	5.69
4	调控	调控（抽水工况）	11.5	4.67

通过对比分析得出，水蓄不参与调控的情况下，联络线功率最大波动将会超出最大允许百分比（8%），而通过水电站调控和抽蓄电站参与调控，可明显优化联络线上的功率响应和频率响应，具有良好的功率波动抑制特性和恒频特性。其中，水电调控且抽水蓄能电站抽水工况下调控对于联络线功率的平抑效果最为突出。

4）不同容量配置的抽水蓄能电站调控效果及投资比较。为选择示范区最合理的抽水蓄能容量，在最大光照波动的情况下，保持水电出力不变，不同级别的抽水蓄能电站（发电工况）调控效果比较如图 6.16 所示。

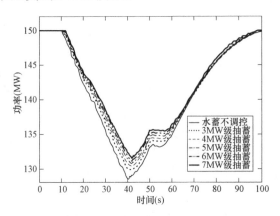

图 6.16　不同级别的抽水蓄能电站调控效果图

为满足示范区联络线功率波动要求（占总容量比 5%～8%），定量比较不同容量级别抽水蓄能电站调控下，联络线功率最大波动值以及抽水蓄能电站投资（6000 元/kW），综合其波动性指标与经济性指标，得到表 6.4。

表 6.4　　　　不同容量抽水蓄能电站波动性指标与经济性指标对比

抽水蓄能容量级别	联络线最大功率波动（MW）	联络线最大功率波动占比示范区总容量（%）	抽水蓄能电站投资费用（万元）
3MW 级	20.40	8.29	1800
4MW 级	19.95	8.11	2400
5MW 级	19.48	7.92	3000
6MW 级	19.01	7.72	3600
7MW 级	18.53	7.53	4200

综合比较不同容量抽水蓄能电站波动性指标与经济性指标，可以得出在光伏波动情况下，随着抽水蓄能电站容量增长其调控能力越强，但结合经济性原则，5MW 级的功率调控能力满足联络线功率波动指标，且总投资费用最小，为示范区抽水蓄能容量最优配置。

6.2　水光蓄接入点优化

在上述水光蓄接入区域配电网稳态及暂态层面的分析基础上，本节将挑选部分关键且便于计算的稳态物理量作为目标与约束构建水光接入点的多目标优化模型，其输出的最优解集将作为后文电网支撑能力评估体系的输入待选方案。本节的行文结构如下：首先，考虑潮流及电能质量约束，构建水光蓄接入位置的多目标规划模型；其次，确定求解算法。

6.2.1　水光蓄接入方式多目标优化模型

在国家政策和地方政府的推动下，我国分布式光伏并网容量不断提升，对电网系统的节点电压偏移、线路损耗、谐波、电压波动产生重要影响。

考虑分布式光伏电站的接入位置对电网电压偏移、网损值、稳定裕度的影响，并将接入成本纳入考量。以电网电压偏移最小、网损值最小、稳定裕度最大、接入成本最小为光伏定容选址问题的四个目标函数，形成了以多目标规划为基础的水光蓄定容选址问题。在实际求解中，由于接入成本往往是作为一个因接入点不同而不同的与决策变量相乘的参数而存在，因此该多目标优化模型在求解过程中往往处理为保留前三个优化目标的模型而生成多待选方案，接入成本则转换为参数存在于目标及约束中。

以光伏定容选址为例，构建多目标优化模型如下。

规划目标：

（1）电压偏移最小为

$$\min F_1 = \min\left\{\frac{1}{n}\sum_{i=1}^{n}\frac{1}{T}\sum_{t=T_0}^{T_0+T}\left|\frac{\Delta U_{i,t}}{U_i^0}\right|\right\} \tag{6-23}$$

式中：$\Delta U_{i,t}$ 为 t 时刻 i 节点的电压偏移量，U_i^0 为节点电压的额定值，n 为节点总数，T 为采样周期。

（2）电压稳定裕度最大为

$$\max F_2 = \max\left\{\min_i \frac{1}{T}\sum_{t=T_0}^{T_0+T}\eta_{i,t}\right\} \tag{6-24}$$

式中：$\eta_{i,t}$ 为 t 时刻的潮流计算出的 i 节点电压稳定裕度，η 越小表示离传输功率极限越近，电压稳定裕度越小。

（3）网络损耗最小为

$$\min F_3 = \min\left\{\sum_{t=1}^{T}P_{\text{Loss}}^t\right\} = \min\left\{\sum_{t=1}^{T}\sum_{k=1}^{m}g_k\left[(U_i^t)^2 + (U_j^t)^2 - 2U_i^t U_j^t \cos\theta_{ij}^t\right]\right\} \tag{6-25}$$

式中：P_{Loss}^t 为 t 时刻网损。

（4）光伏接入成本最小为

$$\min F_4 = \min\sum_{i=1}^{n}C_{\text{line},i} + C_{\text{station},i} = \min\sum_{i=1}^{n}c_{\text{per,line}}L_i + C_{\text{station},i} \tag{6-26}$$

式中：$C_{\text{line},i}$ 为 i 节点光伏接入新增线路成本，受接入点类型（包括电压等级）以及接入方式（包括光伏电站与并网点的电气距离）的影响；$C_{\text{station},i}$ 为某节点光伏接入厂端配套新增设备成本，受实际工程以及节点电厂建设情况影响；$c_{\text{per,line}}$ 为单位长度新增线路成本，主要受线路类型和电气距离即线路长度的影响；L_i 为 i 节点的待建光伏电站与并网点间的线路长度。

优化模型的约束条件应考虑稳态潮流方面的节点电压约束、节点功率约束以及节点电压相位约束，展示如下：

节电电压 U_i 满足

$$U_{i\min} < U_i < U_{i\max}(i = 1, 2, \cdots, n) \tag{6-27}$$

式中：$U_{i\min}$ 为节点 i 最小额定电压；$U_{i\max}$ 为节点 i 最大额定电压。

节点注入的有功功率 P_{Gi} 和无功功率 Q_{Gi} 满足

$$\begin{cases} P_{Gi\min} < P_{Gi} < P_{Gi\max} \\ Q_{Gi\min} < Q_{Gi} < Q_{Gi\max} \end{cases} \tag{6-28}$$

式中：$P_{Gi\max}$ 和 $P_{Gi\min}$ 为节点 i 最大有功注入功率和最小有功注入功率；$Q_{Gi\max}$ 和 $Q_{Gi\min}$ 为节点 i 最大无功注入功率和节点 i 最小无功注入功率。

节点之间电压的相位差满足

$$|\theta_{ij}| = |\theta_i - \theta_j| \leqslant |\theta_i - \theta_j|_{\max} \tag{6-29}$$

式中：θ_i 和 θ_j 分别为节点 i 和节点 j 电压的相位。值得说明的是，考虑到 BPA 仿真软件的局限性和现实实际情况，考虑分布式光伏不会布置于已有的水电站位置。

此外，本章将部分电能质量指标作为约束条件考虑在优化模型之中。以分布式光伏为代表的分布式电源并网会对电能质量产生一定影响。选取电压偏差、电压波动作为电能质量指标置于约束条件之中。

光伏发电系统逆变器一般不主动参与电压调节，单位功率因数工作模式下的分布式光伏发电系统接入配电网会导致该支路电压升高。当接入容量超出最大限值时，会引起电压越限。因此，选用电压偏差作为表征配电网电能质量健康状况的关键特征量之一。

光伏发电系统接入电网后，会引起电网电压波动与闪变。云层移动引起太阳辐射强度的变化导致光伏发电系统输出功率变化，这是产生电压波动与闪变的主要原因。故选用电压波动作为表征配电网电能质量健康状况的关键特征量之一。

（1）电压偏差约束。《电能质量 供电电压偏差》（GB/T 12325—2008）规定，配电网节点电压应位于允许范围内。电压偏差约束事实上已在式（6-27）中列出。

（2）电压波动约束。一系列电压变动或连续的电压偏差即使电压波动，其变化周期大于 20ms。电压波动曲线中存在一个极大值 $U_{\max}^d$ 和一个极小值 $U_{\min}^d$，两者之差与系统额定电压 U_N 之间的比较即可表示电压波动值 d。

$$d = \frac{U_{\max}^d - U_{\min}^d}{U_N} \times 100\% \qquad (6-30)$$

《光伏发电站接入电力系统技术规定》（GB/T 19964—2012）提出，接有光伏电源的公共连接点处的电压波动值应满足《电能质量 电压波动和闪变》（GB/T 12326—2008）的要求。电压波动是由配电网中分布式光伏出力波动引起的。正常运行方式下的配电网馈线可以等效为一个单电源辐射状结构，如图 6.17 所示。配电网与无限大功率系统相接，主电源侧等效阻抗为 $r_{01} + jx_{01}$。

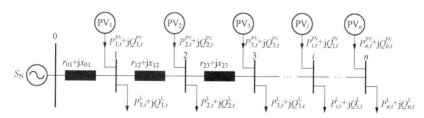

图 6.17 含分布式光伏电源的配电网馈线

配电网节点 i 处因分布式光伏出力改变产生的电压波动 d_i 及约束

$$d_i = \lambda^{PV} \frac{\sum\limits_{m=1}^{i} \left(r_{(m-1)m} \sum\limits_{k=m}^{n} P_k^{PV} \right)}{U_N^2} \times 100\% \leqslant d_{\max} \qquad (6-31)$$

式中：λ^{PV} 为分布式光伏瞬时功率变化幅度占额定输出功率比例，大量实际观测结果表明，光伏功率变化幅度一般不超过其最大输出功率的一半，λ^{PV} 可取 0.5；$d_{\max}$ 为电压波动上限。

6.2.2 基于改进 NSGA-Ⅱ算法的模型求解方法

在多目标优化问题中，各个目标之间相互制约，一个目标性能的改善往往导致其他的目标性能下降。这种矛盾性和不可调和性决定了不存在一个多目标最优解。帕累托最优理论是目前较为先进的解决多目标优化问题的方法，通过求取一系列最优解，进而为决策者提供更多的选择。帕累托最优解，又称有效解、非劣解，它表示在所考虑的模型的约束集中再找不出比它更好的解，而这种最优解构成的解集被称为帕累托前沿。NSGA-Ⅱ算法基于帕累托最优解理论，是一种应用广泛的多目标智能优化算法，主要优点是运行速度快和解集收敛性好。本章拟采用这种方法来解决分布式光伏选址问题。

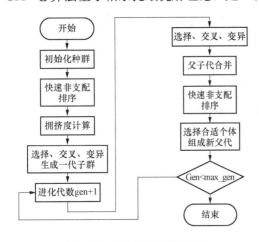

图 6.18 NSGA-Ⅱ流程图

NSGA-Ⅱ算法流程如图 6.18 所示。

以上介绍的 NSGA-Ⅱ算法适用于无约束优化，未考虑约束条件的处理步骤，本章采用改进的适应度比较算子来处理约束条件。

首先定义个体的约束违反度 n_v，其反映的是个体违反约束程度的大小。需要注意的是，各个约束的量纲和数量级不同，不能进行直接的约束度相加计算，应该对数据进行归一化处理之后再进行约束违反度的计算。

首先建立约束违反集合来储存个体违反各个约束的值。

对于不等式约束 $g_i(x) \leqslant 0$，$i=1,2,\cdots,p$，其约束违反值 $V_{g,i}$ 定义如下

$$V_{g,i} = \max\{0, g_i(x)\} \quad i=1,2,\cdots,p \tag{6-32}$$

对于等式约束 $h_j(x)=0$，$j=1,2,\cdots,q$，其约束违反值 $V_{h,i}$ 定义如下

$$V_{h,i} = \max\{0, |h_i(x)|\} \quad i=1,2,\cdots,q \tag{6-33}$$

对所有的种群个体分别计算不等式和等式约束的违反值储存后进行数据的归一化处理来消除量纲的影响，得到归一化后的约束违反值，再用欧式距离的定义来得到约束违反度 n_v，计算公式如下

$$n_v = \sqrt{\sum_{i=1}^{p} v'^2_{g,i} + \sum_{j=1}^{q} v'^2_{h,j}} \tag{6-34}$$

式中：$v_{g,i}$ 和 $v_{h,i}$ 为归一化后的不等式、等式约束违反值。

可以发现，对于没有违反约束的可行解，其约束违反度为 0，而不可行解的约束违反度越大说明其违反约束的程度越高。

下面定义基于违反度的帕累托支配方法来解决带约束条件的多目标规划问题，称其

为约束支配，其定义如下。

当且仅当以下任一种条件成立时，称个体 i 约束支配个体 j：

（1）个体 i 是在可行域内，个体 j 是不可行解，即 $iv=0$ 且 $jv>0$。

（2）个体 i 和 j 都是不可行解，且 i 违反约束程度小于 j 违反约束的程度，即 $0<iv<jv$。

（3）个体 i 和 j 都是可行解，且个体 i 支配 j，即 $i<j$。

这种对于约束的处理方式是可行解优先性绝对大于非可行解的，严格保证了筛选出的解的可行性，但是部分非可行解可能含有优秀的基因特征，将它们排除在搜索空间外可能会降低算法搜索的收敛性。为了处理这一问题，采用了将种群保持一定比例高质量不可行解的方法，即：先以约束支配条件保留种群大部分的精英，再在不可行解中选择一定数目的非可行解加入种群。

以下是两种可采纳的改进策略。

（1）自适应变异策略。在遗传算法中引入变异算子是为了提高全局解空间中解的搜索能力。在开始阶段将变异概率设置得大一些，以便解在全局范围上的搜索，保持种群的多样性；在中后期，缩小变异概率并进行详细搜索以防止最优解的优良特征信息被破坏。普通的自适应变异是根据进化代数的增加来进行变异概率的收缩的，并没有将种群特征信息加入考虑。考虑种群特征的自适应变异应该将种群的多样性信息加入自适应的计算过程，在种群多样性较差时变异概率上升，多样性良好时变异概率降低。引入粒子离散度的概念，其计算公式为

$$\delta = \frac{1}{N} \sum \left| \frac{f(x_i^t) - f_{\text{avg}}}{f_{\text{max}} - f_{\text{min}}} \right| \tag{6-35}$$

式中：f_{avg}、f_{max}、f_{min} 分别为第 t 代粒子适应度的平均值、最大值和最小值。

需要注意的是 NSGA - II 算法中有多个目标，其适应度无法通过简单的目标函数来替代，在这里采用的是多目标函数归一化后用欧氏距离来表示的等效适应度函数。

个体的离散度反映的是个体的适应度与总体平均适应度的偏差，δ 越大，粒子离散程度越大，说明个体的多样性好，变异概率应该设置得越高，设计变异概率计算公式如下：

$$p_{\text{m}}^t = \delta p_{\text{m}}^0 \tag{6-36}$$

式中：p_{m}^0 为初始变异率；p_{m}^t 为第 t 代粒子的变异效率。

在优化过程中，随着粒子多样性的变化，变异概率发生变化，并且多次执行从广泛搜索到详细搜索的操作。使用该方法可以使算法不仅保证搜索的全面性和准确性，而且可以快速跳出局部最优，从而提高全局最优搜索能力。

（2）多种群协同进化。遗传算法依赖于个体在解空间内的搜索来进行寻优，其种群数越大，则在解空间域的分布就越广，搜索能力越强。但是种群数目变大也会带来算法复杂度提高，运算速率慢的问题。为了提高遗传算法的全局搜索能力，引入多种群协同

进化的改进算法。在算法中设置一个主群和多个子群，各种群的初始化、选择、交叉、变异均独立进行，但子群最优解会进入主群，并替代排序值最低的个体。通过这种种群间的协同进化手段能加大种群的全局搜索能力，防止算法陷入局部最优。

6.3 水光蓄电网支撑能力评估决策

本节旨在构建计及安全性、可靠性、经济性、稳定性与交互性在内的电网支撑能力指标评价模型。并提出基于稳暂态联合仿真模拟的指标计算方法，基于 PSD－BPA 仿真平台，对电网支撑能力稳态指标及暂态指标进行自动化仿真与计算。最后，基于主客观权重以及 TOPSIS 法，对待选方案的电网支撑能力进行筛选、对比、评估决策。

6.3.1 适应多工况评估的多维度多层级电网支撑能力综合评估体系

第二章第一节中已经叙述了梯级水光蓄系统规划方案评价指标体系中指标的选取依据与含义，在本节中所构建的多维度多层级的电网支撑能力综合评估体系（如图 6.19 所示）该部分内容是在梯级水光蓄系统规划方案评价指标体系的基础上进行的补充及量化，该指标体系用以全面、综合地评估不同水光蓄待选规划方案的优劣性，从而对水光蓄接入方式进行优选。

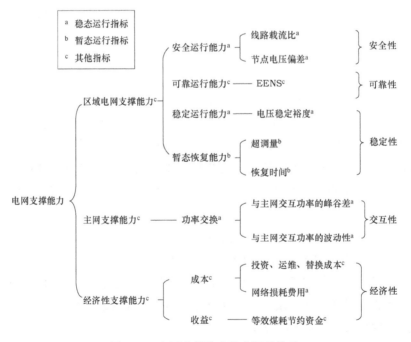

图 6.19 电网支撑能力综合评估体系

1. 多维度多层级电网支撑能力评估体系说明

下面对多维度多层级电网支撑能力评估体系进行说明。

"多维度"体现在电网支撑能力指标体系中的指标可依照多个维度进行理解与分析，即：

（1）维度一：区域电网支撑能力、主网支撑能力、经济性支撑能力的维度，此维度适用于关注区域间联系、对于特定区域有评估需求的场景。

（2）维度二：安全性、可靠性、稳定性、交互性、经济性的维度，此维度适用于将指标体系清晰、有条理地全面展示的场景。

（3）维度三：稳态运行指标、暂态运行指标以及其他指标的维度，此维度适用于区分指标的计算获取方式的场景。

"多层级"则直观体现在电网支撑能力指标体系的指标是立体的、多层次的，即：

（1）一级指标：区域电网支撑能力、主网支撑能力、经济性支撑能力。

（2）二级指标：区域电网支撑能力可划分为安全运行能力、可靠运行能力、稳定运行能力与暂态恢复能力，主网支撑能力可具体以功率交换的性质来反映，经济性支撑能力可划分为成本与收益。

（3）三级指标：三级指标是二级指标的更进一步细化，例如安全运行能力划分为线路载流比与节点电压偏差指标，安全运行能力进一步明确为期望缺供电量（expected energy not supplied，EENS）等，如图 6.19 所示。

上述电网支撑能力综合评估体系，是从泛用性、普适性、综合性出发，实际应用时可视具体情况适当调整，当应用到小金网示范区的评估时，适当调整如下：

1）由于所有待选方案方的水/光/蓄总容量由前文容量配置结果确定，因此经济性指标中的投资成本及收益指标均相同，可以删去。

2）并网条件下小金区域电网有着主网的支撑，将难存在弃负荷等问题，可删去可靠性指标、保留交互性指标。离网条件下，与主网连接断开，将不存在交互性指标，而可靠性指标保留。

小金网在并网、离网条件下的电网支撑能力评估体系如图 6.20 和图 6.21 所示。

2. 指标量化

从定量的角度出发，对指标体系各指标进行量化。

（1）线路载流比。线路载流比的直观概念计算公式为

$$线路载流比 = \frac{线路通过电流}{线路最大允许载流量} \times 100\% \tag{6-37}$$

不同线路在不同时刻的线路载流比都是不同的，此处取平均线路载流比指标来进行计算与评估

$$A_1 = \frac{1}{m}\sum_{j=1}^{m}\frac{1}{T}\sum_{t=T_0}^{T_0+T}\frac{I_{j,t}}{I_j^0} \tag{6-38}$$

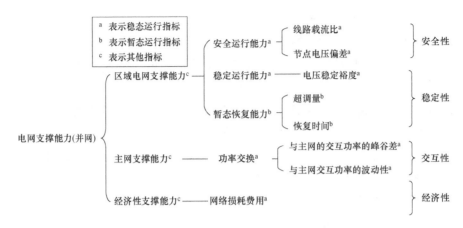

图 6.20 适用小金网的并网条件下的电网支撑能力评估体系

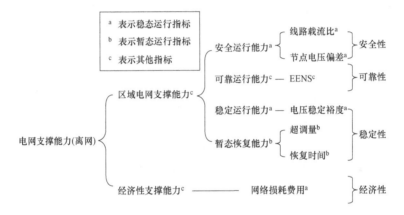

图 6.21 适用小金网的离网条件下的电网支撑能力评估体系

式中：A_1 为平均线路载流比；$I_{j,t}$ 为 t 时刻 j 线路的载流量；I_j^0 为 j 线路的额定载流量；m 为线路总数；T 为采样周期。

平均线路载流比反映了系统部分安全运行裕度，是电网安全性指标之一。A_1 属于中间指标，其值越居中，电网支撑能力评估指标体系评估值越高。

（2）节点电压偏差。节点电压偏差的直观概念计算公式如下

$$节点电压偏差 = \left| 电压标幺值 - 1 \right| \times 100\% \left| \frac{节点电压}{电压基准值} - 1 \right| \times 100\% \quad (6\text{-}39)$$

不同节点在不同时刻的电压偏差都是不同的，此处取平均节点电压偏差指标来进行计算与评估：

$$A_2 = \frac{1}{n} \sum_{i=1}^{n} \frac{1}{T} \sum_{t=T_0}^{T_0+T} \frac{\Delta U_{i,t}}{U_i^0} \quad (6\text{-}40)$$

式中：A_2 表示平均节点电压偏差；$\Delta U_{i,t}$ 为 t 时刻 i 节点的电压偏移量；U_i^0 为节点电压的额定值；n 为节点总数；T 为采样周期。

平均节点电压偏差体现了系统节点电压偏移程度，是电网安全性指标之一。A_2 属于负指标，其值越大，电网支撑能力评估指标体系评估值越低。

（3）电压稳定裕度。静态电压稳定裕度的具体计算方法在 6.1 中详述。

不同节点在不同时刻的静态电压稳定裕度是不同的，考虑到静态电压稳定计算的复杂性，故取部分研究节点的典型时刻做静态电压稳定的计算。考虑到电压崩溃的严重性，故取研究节点中电压裕度最低的节点在不同时刻距离崩溃点最近的电压稳定裕度来刻画静态电压稳定性：

$$A_3 = \min_i \frac{1}{T} \sum_{t=T_0}^{T_0+T} \eta_{i,t} \tag{6-41}$$

式中：$\eta_{i,t}$ 为 t 时刻的潮流计算出的 i 节点电压稳定裕度。

η 越小表示离传输功率极限越近，电压稳定裕度越小；因此 A_3 指示的是整个系统的电压稳定裕度，即最接近电压崩溃的节点的电压稳定裕度。A_3 属于正指标，其值越大，电网支撑能力评估指标体系评估值越高。

（4）可靠性指标 EENS。电量不足期望的直观概念计算公式如下

$$\text{EENS} = (X - R) \times P(X) \tag{6-42}$$

式中：X 为停运容量；R 为系统备用容量；$P(X)$ 为容量为 X 的机组发生停运的概率。

采用随机模拟进行计算，具体操作为 n_N 个光伏出力场景下，对每个场景进行潮流计算，求解所有场景的失负荷量 IL_{t_1,t_2}^{m}，最后得到年失负荷量的均值 $EENS$

$$A_4 = \text{EENS} = \frac{\sum_s^{n_N} \sum_{t_1}^{T_1} \sum_{t_2}^{T_2} \sum_m^M IL_{t_1,t_2}^{\text{m,s}}}{n_N} \tag{6-43}$$

A_4 属于负指标，其值越大，电网支撑能力评估指标体系评估值越低。

（5）与主网交互功率峰谷差为

$$A_5 = \max P_{\text{jh},t} - \min P_{\text{jh},t} \tag{6-44}$$

式中：$P_{\text{jh},t}$ 表示示范区电网与主网间 t 时刻的交互功率。A_5 值属于负指标，其值越大，电网支撑能力评估指标体系评估值越低。

（6）与主网交互功率波动性为

$$A_6 = \max \frac{1}{T} \sum_{t=T_0}^{T_0+T} |P_{\text{jh},t} - \overline{P_{\text{jh}}}| \tag{6-45}$$

交互功率波动性指的是各时刻出力与平均出力之差。A_6 属于负指标，其值越大，电网支撑能力评估指标体系评估值越低。

（7）投资、运维、替换成本为

$$A_7 = \sum_y^{n_y} (1+i_f)^{-y} \frac{i_f (1+i_f)^{\text{PEL}}}{(1+i_f)^{\text{PEL}} - 1} C^{\text{inv}} + \sum_y^{n_y} (1+i_f)^{-y} C^{\text{op}} + C^{\text{re}} \tag{6-46}$$

式中：i_f 为贴现率；y 为年限；C^{inv} 为梯级水光蓄系统的投资建设划费用；C^{op} 为运维费

用；C^{re} 为替换成本；PEL 为机组运行年限；A_7 为负指标，其值越大，电网支撑能力评估指标体系评估值越小。

（8）等效煤耗节约资金为

$$A_8 = c_{coal} \sum_{t=1}^{T_a} (P_t^{PV} + P_t^{hy}) \qquad (6-47)$$

式中：c_{coal} 为单位发电量的煤耗成本；T_a 为规划周期，一般折算为年（a）；P_t^{PV}、P_t^{hy} 分别为光伏和水电 t 时刻的功率；A_8 为正指标，其值越大，电网支撑能力评估指标体系评估值越大。

（9）网络损耗费用为

$$A_9 = \sum_{t=1}^{T} \lambda^t P_{Loss}^t = \sum_{t=1}^{T} \lambda^t \sum_{k=1}^{m} g_k [(U_i^t)^2 + (U_j^t)^2 - 2U_i^t U_j^t \cos\theta_{ij}^t] \qquad (6-48)$$

式中：λ^t 为 t 时段电价；P_{Loss}^t 为 t 时刻网损；g_k 为支路 k 电导；U_i^t 与 U_j^t 分别为节点 i 和节点 j 在 t 时段的电压幅值；θ_{ij}^t 为 t 时段节点 i 与 j 电压相角差；A_9 为负指标，其值越大，电网支撑能力评估指标体系评估值越小。

（10）超调量。电压超调量的直观概念计算公式如下

$$超调量 = [V(T_m) - V(\infty)] \times 100\% \qquad (6-49)$$

式中，$V(T_m)$ 为偏差最大的时刻电压；$V(\infty)$ 为稳定后电压。

将故障发生地点邻近节点（受影响最严重）的节点电压暂稳曲线超调量作为评估水光蓄接入系统的电网支撑能力暂态电压稳定的指标之一：

$$A_{10} = \max[V_i(T_m) - V_i(\infty)] \times 100\% \qquad (6-50)$$

式中：下标 i 代表节点编号；A_{10} 为负指标，其值越大，电网支撑能力评估指标体系评估值越小。

（11）恢复时间。将故障发生地点邻近节点（受影响最严重）的节点电压暂稳恢复时间作为评估水光蓄接入系统的电网支撑能力暂态电压稳定的指标之一

$$A_{11} = \max t_{i,rec} \qquad (6-51)$$

式中：$t_{i,rec}$ 为节点 i 的暂稳恢复时间，由仿真数据决定；A_{11} 为负指标，其值越大，电网支撑能力评估指标体系评估值越小。

6.3.2 基于稳暂态联合仿真模拟的指标计算方法

电网支撑能力评估体系中的某些指标需要对目标系统进行模拟运行才可得出，且既包含稳态层面又涉及暂态层面。因此，立足于可再生能源出力生产运行模拟结果，基于 PSD-BPA 潮流及暂态稳定仿真平台，设计了潮流自动生成程序与暂态稳定自动仿真程序，以实现海量生产模拟数据下的稳暂态自动化联合仿真。

之所以要将稳态、暂态仿真进行联合运行，一方面是因为经过 PSD-BPA 计算而得的潮流、仿真数据具有普信度与说服力；另一方面是因为 PSD-ST 暂态稳定仿真程序是

与 PSD-PF 潮流程序结合起来运行的，二者不可分割。

1. 适应 BPA 仿真环境的电网支撑能力稳态指标计算方法

可再生能源发电出力具有时序性、随机性等特性。时序性指电源出力随时间呈现周期性、规律性的变化，常以日/月/年为循环单位；随机性指因风、光等自然因素的预测误差而导致的电源出力与预想值出现偏差的现象。因此，对于含可再生能源的规划、运行问题，常采用的方法便是蒙特卡罗（Monte Carlo）模拟等时序仿真方法，即在每个步长下采样获得源荷出力数据，从而计算系统潮流分布与电压电流等运行数据。但该方法的弊端在于计算时间长、占用内存大，尤其是若想通过 PSD-PF 潮流仿真的途径实现时序仿真，以一年研究周期为例，需要准备 8760h 的潮流数据输入文件（.dat），进行上万次计算，这无疑是工作量巨大的。

本文基于 python 语言，设计了潮流自动生成程序与稳态指标计算程序。潮流自动生成程序利用 BPA 文件的数据卡规范，编制潮流输入文件（.dat）中指定卡的识别、读取、替换程序模块，以实现潮流文件的自动更新及运行。而稳态指标计算程序通过编制 BPA 潮流输出文件（.pfo）的读取程序模块，实现电压、电流等物理量的读取，再通过不同的指标计算程序模块，实现稳态仿真指标，即线路载流比、节点电压偏差、静态电压稳定、交互功率峰谷差及波动性、网损指标的计算。潮流自动生成程序使得 PSD-PF 潮流仿真能在不更换潮流输入文件（.dat）的前提下，仅通过更改潮流输入文件（.dat）中的部分数据，实现多时刻（如 8760h）的滚动潮流仿真与所需的指标值的计算。这使得所需文件由 8760 个甚至更多的潮流输入文件（.dat），缩减至一个基态潮流文件即可，大大降低了占用内存。而自动化计算替代仿真所依赖的手动输入，则大大降低了计算时间。

适应 BPA 仿真环境的电网支撑能力稳态指标计算流程如图 6.22 所示。

图 6.22 中，S 代表场景总数，本报告仿真步长取为 1h，S 即为规划年内所选取的典型日数量×24。

2. 适应 BPA 仿真环境的电网支撑能力暂态指标计算方法

暂态仿真的第一步便是搭建多可再生能源暂态仿真模型，这部分已在 7.2.1 中叙述。本文考察区域电网在故障下的暂态电压恢复能力。考虑到暂态仿真程序本身耗时便较长，因此，暂态稳定自动仿真程序，选取典型故障种类、位置、发生时刻，对故障下的观测节点电压进行仿真记录，从而计算出暂态仿真指标——超调量与恢复时间。

与稳态潮流仿真类似，基于 python 语言，设计了暂态仿真自动生成程序与暂态指标计算程序，实现暂态稳定计算基态输入文件（.swi）中特定卡的识别、读取、替换，并从暂态稳定计算输出文件（.out 与 .swx）中读取所需信息，对暂态仿真指标进行计算。

暂态稳定仿真计算流程如图 6.23 所示。

图 6.23 中，K 为选取的典型场景总数，考虑到暂态稳定仿真的时间比稳态潮流计

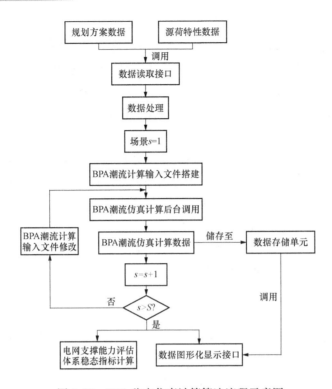

图 6.22　BPA 稳态仿真计算算法流程示意图

算要长，因此只选取典型场景、典型故障、典型故障点进行暂态电压稳定仿真分析，计算电网支撑能力暂态指标值，分析在水光蓄接入下系统在故障发生后的暂态电压稳定恢复能力。

6.3.3　电网支撑能力评估体系多准则决策方法

采用指标评估的意义阐述如下。随着电网所含元素的不断增多，电源规划的建模、求解难度大幅增加。而指 MCDM 则为解决这类包含复杂因素的电源规划决策问题提供了有效的思路，并得到了广泛的应用。相较于经典的建模优化，采用 MCDM 方法的合理性、意义在于：

（1）决策者可将多种甚至是相互冲突的指标纳入目标中，而不像建模优化可能付出巨大的代价。

（2）不仅可以找到最优方案，还能输出次优、第三优等候选方案，更符合工程实际需求（规划设计者的方案往往不等同于实际建设方案，如考虑现场施工等因素该方案被否决，则次优方案的备用便极为重要）。

（3）由于设计方案由多维度指标共同确定，决策者在某些情况下可能会在不否决该方案的前提下，对该方案的某些技术或经济参数进行折中调整，此时，MCDM 可提供各指标的相对重要程度等信息，帮助决策者做出最优调整。

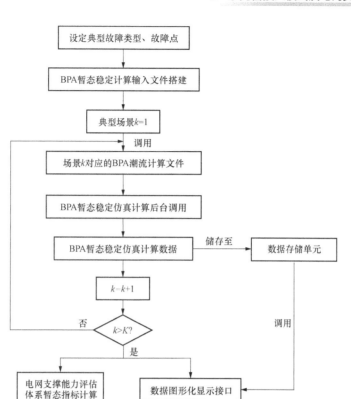

图 6.23　BPA 暂态仿真计算流程

在构建好电网支撑能力综合评估体系后，还需解决的问题包括：

（1）针对不同量纲、不同数值大小的指标，例如投资成本的数值是成千上万的，而电压稳定裕度的数值是在 0～1 之间的，如何统一进行衡量、分析，计算最终的电网支撑能力评估值？

（2）针对不同层级、不同内容的指标，如何合理地分配不同指标的权重？

（3）对于一系列备选方案，其在电网支撑能力指标体系下有各自不同的指标值，如何对这些备选方案进行评估，以筛选出最优方案？

这些问题分别对应所涵盖的三块内容，分别为：①指标无量纲化；②指标权重确定；③评估决策。对于指标权重确定方法而言，采用主客观结合的综合权重法，其中主观权重法采用 G1 法，客观权重法采用熵权法；对于评估决策方法，采用 TOPSIS 方法进行评估决策。

在构建好电网支撑能力评估指标体系，并通过稳暂态联合仿真模拟方法进行计算得到待选方案的各指标值后，便需要通过一定指标评价方法，实现区域多可再生能源系统的多准则决策（MCDM），即依据一定方法原则，对待选方案进行评分、排序、优选。

MCDM 以决策矩阵为输入，以各方案的评分为输出。决策矩阵见式（6 - 52），其行数 m 代表方案数量，列数 n 代表指标数量，元素 $X(i, j)$ 代表方案 i 的第 j 个指标值。

$$X = \begin{bmatrix} X_{11} & X_{12} & \cdots & X_{1n} \\ X_{21} & X_{22} & \cdots & X_{2n} \\ \vdots & \vdots & \ddots & \vdots \\ X_{m1} & X_{m2} & \cdots & X_{mn} \end{bmatrix}_{m \times n} \tag{6-52}$$

构建好电网支撑能力指标体系，并计算得到各指标值后，电网支撑能力评估的流程如图 6.24 所示。

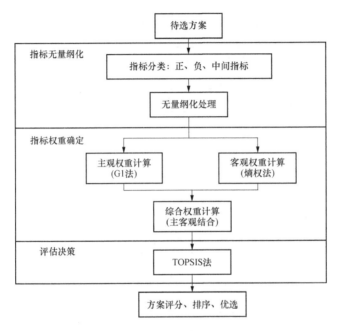

图 6.24　评估流程

对应图 6.24，其实现的技术路线如图 6.25 所示。

1. 指标分类与无量纲化

在一个多指标多层次的综合评价指标体系中，各指标的单位和量级不可避免地会有一定的差异，也即存在着不可共度性。为消除因量级和单位的悬殊对比给各方案综合评价带来的不便，避免不合理现象的发生，需要对评价指标值进行无量纲化处理。常用的方法有"标准化法""极值法"和"功能系数法"，本报告采用"极值法"对指标进行无量纲化处理。处理之前，首先需要明白各指标的属性，确定指标是属于正指标、负指标还是中间指标，不同的指标采取的无量纲化公式也有所不同。

（1）正指标。正指标即为越大越好型指标，采用的无量纲化处理计算公式为

$$x_{ij}^{*} = \frac{x_{ij} - m_j}{M_j - m_j} \tag{6-53}$$

其中 x_{ij} 为方案 i 在指标 j 下的原始数值；x_{ij}^{*} 为方案 i 在指标 j 下的无量纲化值，$M_j = \max\limits_{i}\{x_{ij}\}$，$M_j = \min\limits_{i}\{x_{ij}\}$。

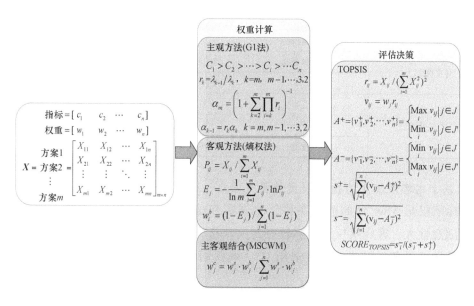

图 6.25   评估方法技术路线

（2）负指标。负指标即为越小越好型指标，采用的无量纲化处理计算公式为

$$x_{ij}^* = \frac{M_j - x_{ij}}{M_j - m_j} \tag{6-54}$$

（3）中间指标。中间指标即为越是处于中间越好型指标，采用的无量纲化处理计算公式为

$$x_{ij}^* = \begin{cases} \dfrac{2(x_{ij} - m_j)}{M_j - m_j}, x_{ij} < \dfrac{M_j + m_j}{2} \\ \dfrac{2(M_j - x_{ij})}{M_j - m_j}, x_{ij} \geqslant \dfrac{M_j + m_j}{2} \end{cases} \tag{6-55}$$

区域电网支撑能力、主网支撑能力、经济性支撑能力的维度，将电网支撑能力指标体系的底层指标进行正指标、负指标、中间指标的分类。电网支撑能力指标分类见表 6.5。

表 6.5   电网支撑能力指标分类

一级指标	二级指标	三级指标	指标特性
区域电网支撑能力	安全运行能力	线路载流比	中间指标
		节点电压偏差	负指标
	可靠运行能力	EENS	负指标
	稳定运行能力	电压稳定裕度	正指标
	暂态恢复能力	超调量	负指标
		恢复时间	负指标

一级指标	二级指标	三级指标	指标特性
主网支撑能力	功率交换	与主网交互功率的峰谷差	负指标
		与主网交互功率的波动性	负指标
经济性支撑能力	成本	投资、运维、替换成本	负指标
		网络损耗费用	负指标
	收益	等效煤耗节约资金	正指标

2. 基于主客观权重的指标权重计算方法

指标赋权是 MDCM 的前提条件。主观赋权法操作容易，对原始数据依赖性低，但主观随意性大；客观赋权法能够较好地反映指标之间的内在联系，但对原始数据依赖性高且计算复杂。因此，本文采用 G1-熵权法的主客观结合方法对指标权重进行计算。

（1）主观权重法——G1 法。相较于传统的层次分析法，G1 法不用构造判断矩阵，更无须进行一致性检验，计算量成倍地减少，方法简便、直观、便于应用。对同一层次指标的个数没有太大的敏感性，还具有保序性。G1 法的步骤如下：

1）对评价指标进行排序。假设在一个指标评价体系中有个评价指标，若 x_i 相对于评级准则的重要性程度大于（或者不小于）x_j，则记为 $x_i > x_j$。这样一一排序得出个评价指标的序关系为

$$x_1^* > x_2^* > \cdots > x_m^* \tag{6-56}$$

其中 x_i^* 表示指标评价体系按序关系 ">" 排序后的第 i 个评价指标（$i=1, 2, \cdots, m$）。

2）给出 x_{k-1}^* 与 x_k^* 间相对重要程度的比较判断。设专家关于评价指标 x_{k-1}^* 与 x_k^* 的重要性程度之比 λ_{k-1}/λ_k 的理性判断分别为

$$\lambda_{k-1}/\lambda_k = r_k, k = m, m-1, \cdots, 3, 2 \tag{6-57}$$

r_k 的赋值参考见表 6.6。

表 6.6   **r_k 的赋值参考表**

r_k	说明
1.0	指标 x_{k-1}^* 与指标 x_k^* 有相同的重要性
1.2	指标 x_{k-1}^* 比指标 x_k^* 稍微重要
1.4	指标 x_{k-1}^* 比指标 x_k^* 明显重要
1.6	指标 x_{k-1}^* 比指标 x_k^* 强烈重要
1.8	指标 x_{k-1}^* 比指标 x_k^* 极其重要

3）计算权重系数 α_k。根据 r_k 的赋值参考表 7.11 以及 r_k 的定义可以看出，r_{k-1} 与 r_k

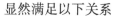

显然满足以下关系

$$r_{k-1} > 1/r_k, k = m, m-1, \cdots, 3, 2 \tag{6-58}$$

可以推出，若专家给出 r_k 的理性赋值满足关系式（6-58），则 α_m 计算公式为

$$\alpha_m = \left(1 + \sum_{k=2}^{m} \prod_{i=k}^{m} r_i \right)^{-1} \tag{6-59}$$

而

$$\alpha_{k-1} = r_k \alpha_k, k = m, m-1, \cdots, 3, 2 \tag{6-60}$$

（2）客观权重法——熵权法。客观权重法的计算采用熵权法计算，其原理方法步骤如下。

在一个评价指标体系中，假设有 n 个评价对象，m 项评价指标，x_{ij}，$i=1, 2, \cdots, n$，$j=1, 2, \cdots, m$ 为第 i 个评价对象的第 j 项指标经无量纲化处理后的数值。

1）计算第 j 项指标下，第 i 个评价对象的特征比重

$$p_{ij} = \frac{x_{ij}}{\sum_{i=1}^{n} x_{ij}} \tag{6-61}$$

2）计算第 j 项指标的熵值

$$e_j = -k \sum_{i=1}^{n} p_{ij} \ln p_{ij} \tag{6-62}$$

其中

$$k = \frac{1}{\ln n} \tag{6-63}$$

3）确定熵权。第 j 项指标的熵权为

$$\beta_j = \frac{1 - e_j}{m - \sum_{j=1}^{m} e_j}, j = 1, 2, \cdots, m \tag{6-64}$$

由上述定义以及熵函数的性质可以得到如下熵权的性质

1）各被评价对象在指标上的值完全相同时，熵值达到最大值 1，熵权为 0。这也意味着该指标向决策者未提供任何有用信息，该指标可以考虑被取消。

2）当各被评价对象在指标上的值相差较大、熵值较小、熵权较大时，说明该指标向决策者提供了有用的信息。同时还说明在该问题中，各个对象在该指标上有明显差异，应该重点考察。

3）指标的熵越大，其熵权越小，该指标越不重要，且满足

$$0 \leqslant \beta_j \leqslant 1, \sum_{i=1}^{m} \beta_j = 1 \tag{6-65}$$

4）作为权数的熵权，有其特殊意义。它并不是在决策或评估问题中某指标的实际意义上的重要性系数，而是在给定被评价对象集后各种评价指标值确定的情况下，各个指标的在竞争意义上的相对激烈程度系数。

5）从信息角度考虑，熵权代表该指标在该问题中，提供有用信息量的多寡程度。

6）熵权的大小与被评价对象有直接关系。当评价对象确定以后，再根据熵权对评价指标进行调整、增减，以利于做出更精确、可靠的评价。同时也可以利用熵权对某些指标评价值的精度进行调整，在必要时，重新确定评价值和精度。

（3）综合权重法。主观权重法虽然反映了评价者的主观判断或直觉，但在综合评价结果或排序中可能产生一定的主观随意性，即可能受到评价者的知识或经验缺乏的影响。而客观权重法虽然能够充分挖掘数据本身蕴含的信息，得出的结论比较合理，但该方法忽视了评价者的主观信息，而此信息对于经济管理中的评价或决策问题来说，有时是非常重要的。即这两种方法都有其各自的优缺点，为了克服各自的缺点，在实践中经常将这两种方法综合集成起来使用。综合权重法的基本思想或本意就是从逻辑上将这两大类赋权法有机地结合起来，使所确定的权重系数同时体现主观信息和客观信息。权重的综合集成方法主要有两种——"加法"集成法和"乘法"集成法。

设 α_j 和 β_j 分别为基于主观权重法和客观权重法确定的权重系数，则这两个系数的"加法"集成法的计算式为

$$\omega_j = k_1\alpha_j + k_2\beta_j, j = 1,2,\cdots,m \tag{6-66}$$

式中：k_1，k_2 为待定常数，$k_1>0$，$k_2>0$ 且 $k_1+k_2=1$，此处令两参数都取值为 0.5。

权重系数的"乘法"集成法的计算式为

$$\omega_j = \frac{\alpha_j\beta_j}{\sum_{j=1}^{m}\alpha_j\beta_j}, j = 1,2,\cdots,m \tag{6-67}$$

3. 基于改进 TOPSIS 的评估决策方法

当有多个候选方案时，可通过构建方案－指标绩效矩阵，指标值无量纲化，主客观结合确定各指标权重，最终采用逼近理想解排序法（technique for order preference by similarity to ideal solution，TOPSIS），来对电网支撑能力指标体系进行评估决策。

TOPSIS 又称为理想点法，是 C. L. Hwang 和 K. Yoon 于 1981 年首次提出。TOPSIS 法属于多属性决策方法，该法要求对众多备选方案的一系列决策变量进行排序，从而选出最佳方案。TOPSIS 提出正理想点和负理想点，通过衡量每个方案到正负理想点的距离确定最佳方案，即最佳备选方案距离正理想点最近，距离负理想点最远。TOPSIS 方法基于原始数据，能充分利用原始信息，真实反映各备选方案之间的差距，客观评价真实情况，具有真实、客观等优点。

被评价对象与理想系统之间的加权距离常采用欧氏加权距离，即取

$$Y_i^+ = \sum_{j=1}^{m}\omega_j(x_{ij} - x_j^{*+})^2 \tag{6-68}$$

$$Y_i^- = \sum_{j=1}^{m}\omega_j(x_{ij} - x_j^{*-})^2 \tag{6-69}$$

式中：Y_i^+，Y_i^- 分别为方案 i 离正负理想点的距离；x_j^{*+}，x_j^{*-} 分别为指标 j 的正负理

想点的指标值。

理想点法运用方案离正理想点的贴近度来评判方案的优劣。方案距离最优点的贴近度表示为

$$D_i = \frac{Y_i^-}{Y_i^+ + Y_i^-} \qquad (6\text{-}70)$$

D_i 越大，说明该方案距正理想点的距离越近，离负理想点的距离越远，即该方案越优。

考虑到百分制评分更便于决策者进行方案对比评估，对 TOPSIS 法做如下改进

$$\mathrm{SCORE}_i = 100\mathrm{e}^{\frac{D_i-1}{n}} \qquad (6\text{-}71)$$

用 SCORE_i 替代 D_i 作为候选方案的评分，能够使方案评分值基本落在 $60\sim100$ 的区间内，有利于决策者根据评分数值做出直观决策。

电网支撑能力评估旨在评估水光蓄接入方案的优劣性从而进行优选决策。电网支撑能力评估最终会得到一个电网支撑能力评估值，该值越大，则对应方案优先级越高。

与此同时，考虑经过无量纲化处理的电网支撑能力评估指标体系，则对于任一指标，当指标数值越大时，电网可持续发展能力评估值越高。因此，在实现水光蓄接入方案优选的同时，还可根据具体指标的值，相应地对电网发展做出建议，以实现水光蓄与电网的双向支撑、协调、可持续发展。

水光蓄电网支撑能力评估决策方法至此介绍完毕。

将本节研究内容与本章第二节研究内容相结合，即得到本章所构建的接入点多目标优化－电网支撑能力评估两阶段优化方法，该方法的整体流程如图 6.26 所示。

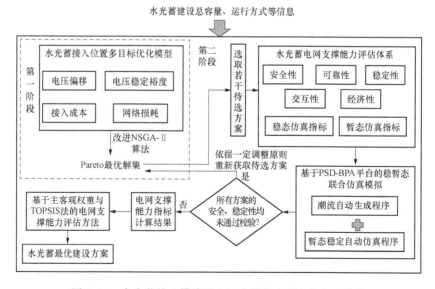

图 6.26　水光蓄接入模式及电网支撑能力研究的方法路线

需要额外进行说明的是，本章的接入模式研究与前文的容量配置研究均是规划的一环，二者相辅相成，最终目的都是得到水光蓄的规划方案。而规划研究的一个重要特征便是要形成闭环，以体现迭代、调整的思想，从实际出发，也需要考虑规划方案若未通过安全稳定校验该如何调整。容量配置及接入方式的各自研究中包含迭代的思想，但二者间的闭环思路尚未阐述。为体现接入模式研究中的闭环思想以及接入模式与容量配置间的闭环思想，设计了一系列形成闭环的策略。具体阐述如下。

水光蓄接入模式的优化，概况说来步骤为：在容量配置的结果基础上，通过多接入点优化计算得出帕累托最优解集，从帕累托最优解集中依据一定原则选取若干方案作为待选方案，输入给电网支撑能力评估模块，进行潮流计算、仿真模拟与指标评估，最终期望获得综合最优的接入方案。

但上述步骤存在着单向、开环的缺陷，实际上可能出现某方案安全、稳定校验不通过的情况，需要在上述步骤基础上设置反馈策略，形成闭环。在这个背景下，设置了一个三层闭环、四重保障的闭环反馈策略：①该待选方案评分低，不会被选为最终采纳的方案；②帕累托最优解集改变解的拥挤度，重新生成待选方案；③根据网络节点 - 电网支撑能力指标的灵敏度分析结果，对该方案的接入位置进行调整；④将部分结果反馈给容量配置环节，调整并网光伏的建设容量。具体说明如下。

对于①：若某待选方案安全、稳定校验不通过，首先，该方案在电网支撑能力评估环节的评分会很低，不会被选为最终采纳的方案，其他评分更高的方案将成为最终采纳方案，此为第一重保障。

对于②：倘若所有待选方案均不符合要求，则返回到待选方案生成环节，改变解的拥挤度，从帕累托最优解集中再生成一组待选方案，进行电网支撑能力评估，此为第二重保障，也为第一层闭环。

对于③：若上述步骤在迭代 K 次后仍没有通过校验，则依据于线下完成的网络节点－电网支撑能力指标的灵敏度分析，对该方案的接入位置进行调整。该灵敏度分析旨在得出如下结论：若在电网中的 i（$i=1，2，\cdots，N$）节点接入分布式电源，对于 x（$x=1，2，\cdots，M$）指标而言，是否敏感，是否易使该指标越限，若敏感，则建议接入位置向相对不敏感的节点移动。此为第三重保障，也为第二层闭环。在小金县示范区的电网结构下开展的网络节点 - 电网支撑能力指标的灵敏度分析结果部分展示如图 6.28 所示。

对于④：上述三个调整方案本质上都属于接入方式调整的范畴。但倘若上述三个调整方案仍未能使结果通过校验，则将电网支撑能力指标评估信息传递给容量配置环节，进行光伏容量的调整。即将容量配置环节（上层）与接入位置优化及电网支撑能力评估环节（下层）相互迭代形成闭环，具体方法为基于粒子群算法的思想，在有限的范围内，上层生成初始 N 个方案，在上层的模型下开展优化计算；将 N 个方案及相关信息传递给下层，下层进行接入位置优化计算，得到 N 个容量配置方案对应的 $N×m$ 个接入方案，再经场景缩减技术处理后的稳暂态联合仿真模拟及电网支撑能力指标评估决策，得到 N 个容量配置方案对应的 N 个最佳接入方案以及相应的电网支撑能力指标评估值；将暂态指标评价值等信息传递给上层，添加到上层目标函数惩罚项中，安全稳定性能不佳的方案，惩罚项会更大，在粒子群寻优过程中自然被淘汰。重复以上步骤，迭代若干次，即形成最终的容量配置方案及接入位置方案。此为第四重保障，也为第三层闭环。网络节点－电网支撑能力指标的灵敏度分析部分结果展示如图 6.27 所示。

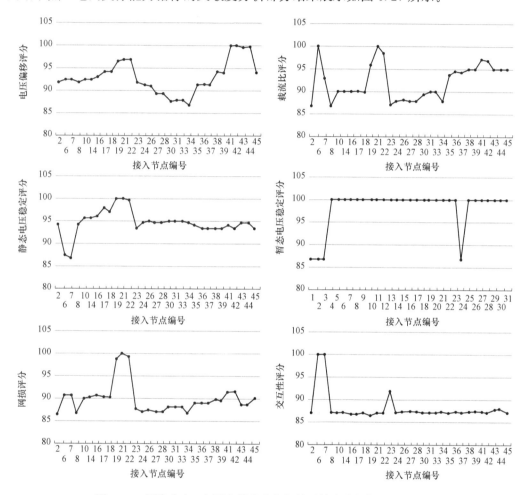

图 6.27　网络节点－电网支撑能力指标的灵敏度分析部分结果展示

6.3.4　水光蓄电网支撑能力评估决策方法案例分析

1. 案例说明

选取电网结构如图 6.28 所示的区域电网作为案例分析，该区域电网向主网输送清洁电能，其电源结构包含水电、待建抽蓄及待建分布式光伏，源荷容量及位置见表 6.7 所示，其中节点 3 为待建抽蓄位置，节点 4、5、9 水电站为蓄水式水电站，其余水电为径流式水电站。

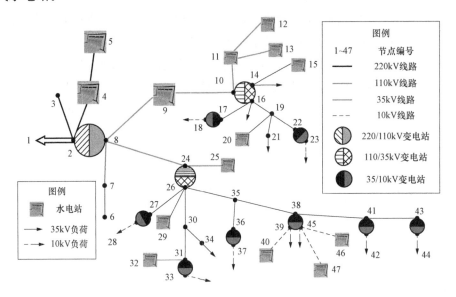

图 6.28 区域电网网络示意图

表 6.7 区域电网源荷分布

源荷类型	容量（负荷峰值）（MW）/位置
水电	60/4，45/5，36/9，20/11，24/12，20/13，4/15，7.5/20，20/25，10/29，6.9/32，4.8/40，6.4/46，4/47
负荷	19.8/14，19.8/16，2.8/18，18.3/21，5.7/23，2.8/28，3.6/33，1.8/34，3.6/37，1.4/39，0.9/45，2.9/42，1.4/44

针对可再生能源出力的时序性与不确定性，基于场景分析的思路，以小时为时间尺度，选取典型日内场景开展研究。根据区域水光荷历史数据，得到典型场景。对 10 年后的电网进行扩展规划，负荷增长率取 5%/年。经过调研与初步容量配置，得到水电、抽蓄、光伏的新增总容量分别为 47、22.2、210MW，具体待选方案见表 6.8。上网电价取 0.4 元/kW·h，购电电价取 0.6 元/kW·h，单位容量水电、抽蓄、光伏建设成本分别取 1.4、0.6、0.8 万元/kW，水电、抽蓄、光伏寿命分别取 50、35、25 年，贴现率取 5%。

2. 仿真模拟与指标计算

在典型场景下，利用潮流自动生成程序，展开稳态潮流仿真，计算包含线路载流比、节点电压偏差、静态电压稳定性、主网交互峰谷差与波动性、网损在内的稳态仿真指标值。在稳态仿真的基础上，基于暂态稳定自动仿真程序，挑选典型故障位置（节点 8～24 支路）、故障时刻（负荷峰值时刻）、故障类型（单相接地故障），进行暂态恢复能力仿真，得到观测节点的电压恢复曲线，从而计算超调量与恢复时间这两个暂态仿真指标。将方案四的评价指标在平水期的仿真模拟数据部分图形化展示如图 6.29 所示，指标计算结果展示见表 6.9。

表 6.8 水光蓄扩展规划待选方案

方案	水电容量 （MW）/位置	抽蓄容量 （MW）/位置	光伏容量（MW）/位置
1	20/4, 15/5, 12/9	22.2/3	80/6, 80/7, 30/10, 30/24
2	20/4, 15/5, 12/9	22.2/3	6/31, 7/37, 9/7, 11/38, 3/22, 12/34, 6/42, 3/10, 13/17, 14/28, 14/14, 5/6, 8/16, 3/41, 5/43, 6/2, 10/24, 8/19, 6/26, 4/45, 15/23, 3/30, 15/33, 5/8, 11/18, 8/39
3	20/4, 15/5, 12/9	22.2/3	6/36, 7/34, 9/22, 11/14, 3/10, 12/43, 6/45, 3/27, 13/41, 14/33, 14/23, 5/19, 8/26, 3/31, 5/21, 6/42, 10/39, 8/37, 6/24, 4/8, 15/7, 3/44, 15/35, 5/18, 11/30, 8/6
4	20/4, 15/5, 12/9	22.2/3	6/16, 7/44, 9/19, 11/28, 3/35, 12/42, 6/27, 3/22, 13/21, 14/18, 14/30, 5/26, 8/17, 3/41, 5/23, 6/45, 10/10, 8/33, 6/34, 4/36, 15/2, 3/43, 15/31, 5/14, 11/38, 8/39

表 6.9 待选方案指标计算值

指标名称	μ	ν	η_{sys}	V_{md}	t_{rec} (s)	K_{vp} (MW)	K_{vol}	C_{inv} （万元）	C_{pro} （万元）	C_{loss} （万元）
方案 1	0.2962	0.0341	0.8411	0.1349	1.3617	118.78	0.1512	16338	18525	2570.8
方案 2	0.2569	0.0203	0.9455	0.0261	0.7920	106.47	0.1320	16338	18971	1335.3
方案 3	0.2533	0.0203	0.9450	0.0212	0.7383	105.47	0.1320	16338	18860	1221.2
方案 4	0.2437	0.0201	0.9401	0.0231	0.8606	111.88	0.1416	16338	19275	849.8

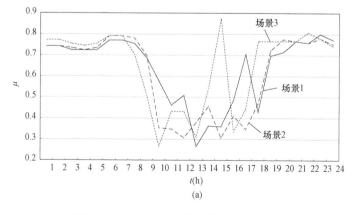

图 6.29 方案四部分仿真模拟展示（一）

（a）线路载流比

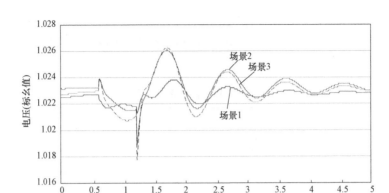

图 6.29 方案四部分仿真模拟展示（二）

（b）暂态电压恢复曲线

3. 待选方案多准则决策

待选方案底层指标计算值即为决策矩阵，下一步即为多准则决策。将决策矩阵标准化，见式（6-72），考虑到待选方案的各类可再生能源建设总容量相同，投资成本指标值相同，该指标的权重为0，在决策中属于无效指标，因此将投资成本指标去除。随后，客观权重即可通过式（6-64）计算得出，主观权重经过对各指标进行重要性排序、评级后可计算得出，指标权重赋值见表6.10。最后进行方案评分排序，可知方案四为最优方案，待选方案的 TOPSIS 指标评估值及评分展示见表6.11。

$$
\boldsymbol{X} = \begin{bmatrix}
0.5625 & 0.4879 & 0.4810 & 0.4628 \\
0.6974 & 0.4152 & 0.4152 & 0.4111 \\
0.4576 & 0.5144 & 0.5141 & 0.5115 \\
0.9572 & 0.1852 & 0.1504 & 0.1639 \\
0.7016 & 0.4081 & 0.3804 & 0.4434 \\
0.5361 & 0.4806 & 0.4760 & 0.5050 \\
0.5422 & 0.4734 & 0.4734 & 0.5078 \\
0.4898 & 0.5016 & 0.4987 & 0.5097 \\
0.7894 & 0.4100 & 0.3750 & 0.2609
\end{bmatrix}'
\tag{6-72}
$$

表 6.10 指 标 权 重 赋 值

指标名称	μ	ν	η_{sys}	V_{md}	t_{rec}	K_{vp}	K_{vol}	C_{pro}	C_{loss}
主观权重	0.1565	0.1565	0.1304	0.1087	0.1087	0.0539	0.0647	0.0906	0.0906
客观权重	0.1074	0.1047	0.1048	0.1047	0.1061	0.1179	0.1206	0.1254	0.1084
综合权重	0.1599	0.1558	0.1300	0.1083	0.1097	0.0604	0.0742	0.1082	0.0934

表 6.11 待选方案 TOPSIS 评估值

方案	μ	ν	η_{sys}	V_{md}	t_{rec}	K_{vp}	K_{vol}	C_{pro}	C_{loss}	方案评分
1	89.4839	89.4839	89.4839	89.4839	89.4839	89.4839	89.4839	89.4839	89.4839	89.4839
2	97.2450	99.8414	100.0	99.5223	99.0475	99.1687	100.0	95.5962	96.9141	98.6184
3	97.9888	99.8414	99.9468	100.0	100.0	100.0	100.0	94.0370	97.6307	99.0020
4	100.0	100.0	99.4269	99.8145	97.8438	94.7896	94.5959	100.0	100.0	99.2957

将待选方案的安全性、静态电压稳定性、暂态电压稳定性、与主网交互性以及经济性评分做直观对比，如图 6.30 所示。方案 1 与方案 2、3、4 对比，说明分布式光伏对区域电网安全性、稳定性、交互性、经济性上的支撑均要优于集中接入方式。方案 2、3、4 对比，可见方案 2、3 较为相似，其在交互性、静态电压稳定性与暂态电压恢复能力方面表现突出，而方案 4 除去交互性，其余指标均表现优异，鉴于交互性指标的权重相对较小，因此综合而言，方案 4 的整体评分最高，为最佳方案。

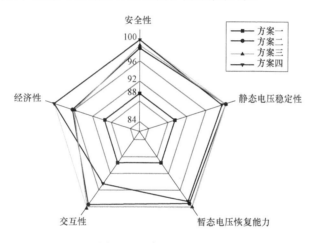

图 6.30 待选方案对比

4. 灵敏度分析

指标权重的选取对方案优选决策结果至关重要，因此，对指标权重的赋值展开灵敏度分析。首先，基于表 6.10，分别将仅采用主观权重赋值、客观权重赋值与上文中的综合权重赋值方法三种赋权方法进行对比，观察方案的排序情况，如图 6.31 所示。然后，只采用主观权重赋值法，改变主观权重赋值中的指标重要性排序顺序，设置 6 种场景，场景 1—6 分别代表所有指标均等重要、安全性重要程度最高、静态电压稳定重要程度最高、暂态电压恢复重要程度最高、交互性重要程度最高、经济性重要程度最高（重要性程度最高的指标合占 0.4 权重，剩余 0.6 权重其余指标平均分配），观察方案排序情况，如图 6.32 所示。

由图 6.31 可以看出，改变赋权方法并不会影响方案的排序顺序。而由图 6.32 可以

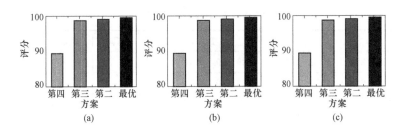

图 6.31 赋权方法对比

(a) 仅主观权重；(b) 仅客观权重；(c) 综合权

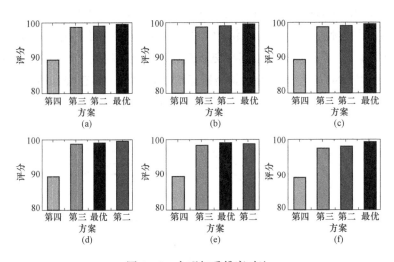

图 6.32 主观权重排序对比

(a) 均等重要程度；(b) 安全性重要程度最高；(c) 静态电压稳定重要程度最高；
(d) 暂态电压恢复重要程度最高；(e) 交互性重要程度最高；(f) 经济性重要程度最高

看出，在均等重要程度、安全性重要程度最高、静态电压稳定性重要程度最高、经济性重要程度最高的 4 种场景下，方案排序相同，方案 4 为最优方案；而在暂态电压恢复重要程度最高和交互性重要程度最高的两种场景下，方案 3 超越方案 4 成为最佳方案。因此，对于决策者而言，在重视安全性/静态电压稳定性/经济性或是无特殊重视指标的情况下，方案 4 为推荐建设的最佳规划方案；而在重视暂态电压恢复能力/交互性的场景下，方案 3 为推荐建设的最佳规划方案。

本章小结

本章在综合考虑区域系统的可靠性、安全性、稳定性、交互性及经济性的基础上，从多维度多层面出发对梯级水光蓄系统进行合理规划，研究分布式光伏的接入方式的优选以及梯级水光蓄整体建设方案的评估优选，进行水光蓄接入优化及电网支撑能力评估研究。

本章提出了两阶段水光蓄接入方式优化理论，其中第一阶段构建了水光蓄接入位置多目标优化模型，确定待选方案；第二阶段优化考虑多维度多层级的各方因素，构建了电网支撑能力综合评估指标体系，在待选方案中进一步确定最佳方案。

本章针对电网支撑能力指标体系中区域电网稳态、暂态层面的运行指标提出了基于 PSD-BPA 平台稳暂态联合仿真模拟的指标计算方法，立足于水光蓄生产运行模拟场景数据，对电网支撑能力体系中的电压水平、电压稳定性等稳态指标以及暂态电压恢复能力等暂态指标进行综合计算与仿真分析。

7

水光蓄互补规划软件技术

本章主要对水光蓄互补规划技术进行介绍,包括软件功能,关键技术以及以小金县为实际算例验证该软件的有效性。水光蓄互补规划软件依托梯级水光蓄互补电站容量优化配置及接入技术课题成果,能够提升地区电网清洁能源消纳与互补电站稳定运行水平,在离网情况下能够有效利用梯级水光蓄互补联合运行实现地区电网安全稳定供电。

7.1 关 键 技 术

水光蓄互补规划软件依托基于平台总线的开放接入技术、基于过程和算法调用互动的友好人机交互技术、多维信息融合技术、虚拟沙盘推演决策技术等计算机技术完成梯级水光蓄互补规划软件。

1. 基于开放平台总线研究实现理论算法开放接入的方法

该软件采用基于开放式平台总线技术的 Web 界面展现方式,前端系统采用 B/S 架构,B/S 架构即浏览器和服务器架构模式,是随着 Internet 技术的兴起,对 C/S 架构的一种变化或者改进的架构。在这种架构下,用户工作界面是通过浏览器来实现,极少部分事务逻辑在前端(browser)实现,但是主要事务逻辑在服务器端(server)实现,形成所谓三层 3—tier 结构。B/S 架构是 Web 兴起后的一种网络架构模式,Web 浏览器是客户端最主要的应用软件。这种模式统一了客户端,将系统功能实现的核心部分集中到服务器上,简化了系统的开发、维护和使用。客户机上只要安装一个浏览器(browser),两台服务器分别安装数据库和数据服务。浏览器通过数据服务同数据库进行数据交互。这样就大大简化了客户端电脑载荷,减轻了系统维护与升级的成本和工作量,降低了用户的总拥有成本(total cost of ownership,TCO)。这种结构更成为当今应用软件的首选体系结构。

服务器端使用 nodejs 开发,node. js 是一个基于 Chrome V8 引擎的 JavaScript 运行环境。它使用了一个事件驱动、非阻塞式 I/O 的模型。用于方便地搭建响应速度快、易于扩展的网络应用,非常适合在分布式设备上运行数据密集型的实时应用,并实现软件算法的开放接入。

在 Web 端应用日益人性化、智能化的今天，后端业务逻辑不可避免地涉及协同过滤等机器学习算法，以及分词、检索等自然语言处理技术。这方面并非 Node.js 所长，从零开始实现这些算法。由于实现成本过高、实际运行效率低下，因此，提出了一种基于 Node.js 的 Python、node 等脚本调用方法，可以在后端业务中配置并调用这些语言写成的脚本，并将脚本的处理结果输出给前端，以达到开放式算法接入的目的。

理想的前后端开发理应与主从式架构（client - server model）保持高度的一致和统一。即前端只负责客户端的用户界面，后端只负责在服务端提供服务。客户端向服务端提交调用某种服务的请求，服务端就做出响应并将结果返回给客户端。

基于这个思路，在后端只需准备好各种类似设计的接口，每当客户端的请求方法和请求 URI 发过来，就调用符合该请求的接口，返回相应的状态码和以 JSON 格式承载的响应体就可以了。这类符合表述性状态转移（representational state transfer，REST）设计风格的程序接口就可以称为 RESTful API。基于 RESTful API，前、后端在开发过程中就可以实现彻底分离：后端只实现 API 接口，前端只专注于设计用户界面。如此一来，不仅实现了开发者的职责分离，也实现了前后端技术上的分离。

基于前后端分离架构，实际业务逻辑尽数被封装在 Node.js 实现的接口之中。而涉及其他算法的相关的业务，可以进一步分离在 Python、node 等脚本里，并被接口所调用。如 Pyhton 算法，调用方面可以借助 Node.js 的第三方库 python - shell 来实现，利用这个库，能够有效地实现 Node.js 和 Python 脚本之间的通信。具体流程如图 7.1 所示。

图 7.1 通信流程图

系统借鉴 Linux 多用户操作系统和微服务理念设计并行计算服务架构。服务平台为每个用户在服务端都分配了一个私有空间，用于存储计算临时文件。当用户登录系统并启动服务端后台计算时，调用服务的工作目录均自动指向各自的私有空间，避免多用户并行计算的相互影响。微服务设计理念是将算法程序解耦为多个松散耦合，可独立部署、运行的较小组件或服务，服务与服务间或服务与用户端之间，使用表现层状态转移接口交互数据传递。该架构作为云原生架构，可以更轻松地变更或更新模块代码，易于充分进行软件测试和分配计算资源的负载平衡，使整体系统具更强的健壮性和鲁棒性，同时单一用户调用算法过程中出现的错误或程序挂起也不会影响其他用户的使用。

用户将每次规划操作，系统将建立包括水光蓄特性分析及预测、选址定容、仿真校验和评估展示四个任务的任务流，按顺序执行。四个任务中的应用算法模块及其辅助模块采用微服务理念，分解与算法目标业务能力相匹配的二十多个原子服务，最终聚合成便于部署的八个小的计算服务，即"微服务"。具体包括水光荷特性分析、功率波动分析、水光荷预测、定容调度、选址优化调度、仿真校验调度、技术经济效益评估和指标展示预出力。每个"微服务"包括一个或多个可重入功能算法的原子服务，或者作为调度者调用其他功能算法的原子服务。调用逻辑关系、微服务和原子服务如图 7.2 所示。

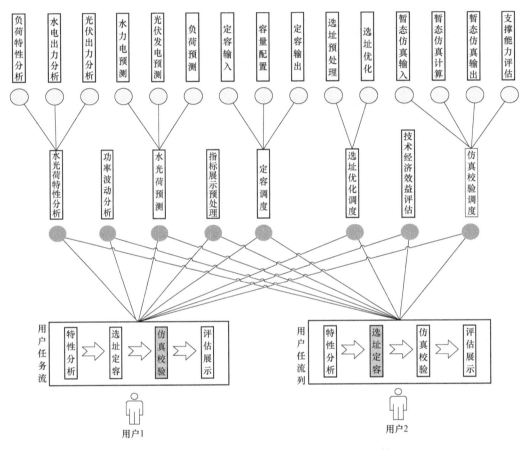

图 7.2　基于任务流的多用户多任务并行计算服务逻辑关系图

八个"微服务"可部署在一台机器上，也可将每个"微服务"的多个实例部署到一台机器，还可根据同时使用的用户数将"微服务"分散部署到多台服务器上，或将"微服务"下的原子服务通过配置升级为"微服务"，提高系统的伸缩性和可靠性同时，更便于实施多服务器间负载均衡配置。但"微服务"如果划分过细，也将导致部署困难、耦合度增加等问题。本系统"微服务"粒度划分以水光蓄规划业务模型为导向，采用 S＋＋（service plus plus）理论，通过服务的业务与技术分离（第一个＋）、通过服务多态建模（第二个＋），彻底地将传统服务中和业务无关的技术成分剥离，具有时空不变性，让服务成为纯粹的业务描述。算法模块的行为将是不变要素，可变化的是参与者、技术和展现形式。"微服务"框架既继承了 SOA 服务优点，进一步降低服务的复杂度、提高服务的抽象度。为满足应用细粒度的需求，"微服务"内部可由一个或多个可重入功能算法模块构成，以实现同一功能算法模块的并行运行能力。如定容调度就包括定容输入、容量匹配和容量输出，选址优化调度包括选址预处理和选址优化等。不同用户可同时调用这些功能算法模块，但同一用户仍严格按任务流方式，严格限制多重登录同时调用同一模块的情况。

　　系统中服务间或服务与用户端之间，数据传递使用了表现层状态转移接口（representational state transfer API，REST API）实现。所谓表现层状态转移是指将状态区分应用状态和资源状态，客户端负责维护应用状态，而服务端维护资源状态。客户端与服务端的交互是无状态，服务端不需要在请求间保留应用状态，只有在接收到实际请求的时候，服务端才会关注应用状态，从而解决了不同客户端同步调用时，应用状态冲突和功能算法模块重入状态无关性。在多次请求中，同一客户端也不再需要依赖于同一服务器，方便实现了高可扩展和高可用性的服务端。REST 架构遵循统一接口原则，使用标准的 HTTP/HTTPS 协议方法，如 GET、PUT 和 POST，并遵循这些方法的语义。客户端面对的数据和算法不再是具体的算法函数、可执行计算程序和输入、输出文件，而是用系统中统一资源定位器（uniform resource identifier，URL）唯一标识的资源。且这些资源使用"/"来表示资源的层级关系，使用"?"用来过滤资源。客户端通过 HTTP/HTTPS 统一接口方法获取带表述的资源。资源的表述包括数据和描述数据的元数据。客户端可以通过 Accept 头请求一种特定格式的表述，服务端则通过 Content－Type 告诉客户端资源的表述形式。本系统服务使用的资源表述形式有多种，当数据为记录形式或有从属关系时使用 csv、xml、json 格式方式，计算输入文件等特殊需求的资源可根据算法模块需要使用普通 UTF8 文本文件格式、可转 ASCII 码的十六进制文本，还为后台渲染提供各种格式动态图片等。

　　统一接口和功能算法模块的连接，采用了可配置定义方式实现。可配置的连接类型包括五类：可执行程序、基于 nodejs 技术的 JS 脚本文件、python 脚本文件、JS 函数函数、基于 SQL 语言的自定义函数。可执行程序是任何可在系统平台运行的第三方可执行黑盒程序，python 脚本文件也可引用可在系统平台环境运行的第三方库或调用第三方可执行程序。响应方式可配置为同步响应和异步响应。同步响应是指调用后等待计算完成后再返回；异步响应是指调用后立即返回，待计算完成后，服务端主动推送计算完成结果。异步响应完成结果可以是计算完成的 csv、xml、json 等格式结果内容，也可能是 json 格式的计算完成消息。通常函数类或计算周期毫秒级的快速响应模块使用同步或异步结果内容返回方式。计算量较大、耗时周期较长，且同时输出多个计算结果文件的可使用异步消息返回方式，使客户端用户可以无需经历漫长的等待，继续从事其他工作，客户端的用户甚至不知道是哪台服务在运行计算模块。待服务端的计算完成，客户端收到推送的计算完成消息后，按应用需要去访问查看计算结果。

2. 研发虚拟沙盘推演决策支持软件

系统采用三维可视化的方式展示梯级水电站的虚拟沙盘效果，图 7.3 为三维可视化电站。三维展示主要采用 Threejs 图形库，Three.js 是通过对 WebGL 接口的封装与简化而形成的一个易用的图形库。WebGL 是基于 OpenGL 设计的面向 Web 的图形标准，提供了一系列 JavaScript API，通过这些 API 进行图形渲染将得以利用图形硬件从而获得较高性能。

图 7.3　三维可视化电站

WebGL（web graphics library）是一种 3D 绘图协议，这种绘图技术标准允许把 JavaScript 和 OpenGL ES 2.0 结合在一起，通过增加 OpenGL ES 2.0 的一个 JavaScript 绑定，WebGL 可以为 HTML5 Canvas 提供硬件 3D 加速渲染，这样 Web 开发人员就可以借助系统显卡来在浏览器里更流畅地展示 3D 场景和模型了，还能创建复杂的导航和数据视觉化。WebGL 技术标准免去了开发网页专用渲染插件的麻烦，同时 WebGL 完美地解决了现有的 Web 交互式三维动画的两个问题：第一，它通过 HTML 脚本本身实现 Web 交互式三维动画的制作，无须任何浏览器插件支持；第二，它利用底层的图形硬件加速功能进行的图形渲染，是通过统一的、标准的、跨平台的 OpenGL 接口实现的。

三维虚拟现实技术是参照实际事物创建虚拟现实环境或凭借想象创造虚拟环境的一种计算机系统，被认为是 21 世纪计算机领域最重要、最新奇的研究方向之一。沉浸性、交互性和想象性是三维虚拟现实技术的"3I"特性［即沉浸性（immersion）、交互性（interaction）、构想性（imagination）］。借助于先进的计算机技术能够使用户完全沉浸其中，体验身临其境的感觉。其真实性和实时交互性为系统仿真技术提供了有力支撑。

三维仿真技术则是通过计算机虚拟仿真软件，利用软件模型模拟现实世界中事物发生的本质过程，并通过对系统模型的实验来研究存在的或设计中的系统，达到与真实实验相一致的目的。辅助决策的作用效能是建立在能力发挥基础之上的应用效果方式，它能很好地提高任务作业规划人员工作效率和减轻任务作业操作人员的工作负担。基于仿真沙盘推演的实时辅助决策态势评估机制，是以这种提高工作效率和减轻工作负担为目的，采用实时先期虚拟沙盘推演态势评估的技术方式，优选出具有全域、多层、完善和快捷的辅助决策作业效能预案的方法研究。

辅助决策是控制系统的重要核心部件之一，其主要作用是利用构建于计算机内决策算法模型的集成，为体系人员执行任务时，按已获取的信息数据为条件，规划生成出具有能力发挥作用的参考预案，以提供给任务作业人员进行定夺。基于仿真沙盘推演的实时评估辅助决策机制，是利用计算机仿真方法对体系指挥控制系统所规划生成的辅助决策预案，进行实时先期虚拟沙盘推演，给出其状态态势并加以评估，从而得到具有全域、多层、完善和快捷的体系作业效能预案及应急处理条例，以增强体系规划和执行人员为完成任务行使的高效作业能力。

对于仿真沙盘推演，其拟建机制中的基本要素是网络在线共架服务、资源集约优化配给和作业仿真沙盘推演态势。这三个基本要素是使体系指挥控制系统生成的辅助决策预案，在具备有能力发挥的作用前提下，还有提高效能发挥作用的关系，也是形成体系各单元层次间相助相承作业关系的关键要素。

场景优化：由于系统采用 B/S 架构，在加载 3D 模型时需考虑巨大资源的资源消耗对系统的影响，前期如果不对场景的模型进行很好的优化，到了开发后期再对模型进行优化时需要重新回到模型制作软件中重新修改模型，并进行重新渲染后再导入到当前虚拟沙盘里，这样的重复工作会大大地降低工作效率。因此，虚拟场景模型的优化需要在创建模型时就必须注意，系统的流畅性与场景中的模型个数、模型面数、模型贴图这三个方面的数据量有关，因此，对于模型优化的处理就需要从模型的个数、模型面数和模型贴图这三个方面着手。

流程设计：首先是数据收集，主要包括小金县的地图瓦片数据和高程数据，主要了解该地区的地形结构和环境等，还要采集场站建组的贴图、天空盒的贴图并使用 Photo-Shop 等工具对图形进行合成处理得到更加清楚的地理纹理特征。其次就是 3D 模型的建立和优化，该部分主要是使用 3DMax 建模工具创建优化场站建筑物等模型，以及模型格式处理等。第三是构建虚拟场景，该部分是使用 HTML5＋Threejs 实现虚拟场景的生成整合，将前面准备好的模型导入到虚拟沙盘场景的目标坐标内，并为建筑物、天空等贴图。虚拟沙盘构建好之后，为虚拟沙盘扩展业务，为虚拟沙盘场景的建筑物添加场站简介，通过轨迹定位场站的位置，设置场站的点击事件，配置场站的设计装机容量，达到最终效果。

3. 研究关联表达模式，实现多维信息融合

系统采用基于多维信息融合的无缝集成技术，通过三维可视化的方式融合表达水光蓄荷及其关联关系，结合梯级结构及设备参数等多维数据，实现网络拓扑结构展示。从单个和多个信息源获取的数据和信息进行关联、相关和综合，以获得精确的位置和身份

估计，以及对态势和威胁及其重要程度进行全面及时评估的信息处理过程；该过程是对其估计、评估和额外信息源需求评价的一个持续精练（refinement）过程，同时也是信息处理过程不断自我修正的一个过程，以获得结果的改善。

下面介绍的是如何通过多维信息的融合来实现网络拓扑的展示：

网络拓扑是电力系统分析的基础软件，它把通过开关等物理设备连接的物理模型，转换成能够为其他网络分析软件使用的数学模型。根据网络拓扑分析的范围，网络拓扑可分为全局拓扑和局部拓扑。对一个新的网络进行拓扑或当一个网络中有许多开关状态发生变化时，需要进行全局拓扑。当网络中只有少数开关状态变化或少量设备开断时，局部拓扑只分析变化的状态对拓扑结果的影响，对原有母线模型进行局部修改形成新的拓扑结果，因而可以极大地提高拓扑速度。

网络拓扑分析需要的数据一般主要包括两类：①节点开关关联表，描述开关与节点的关联关系；②母线支路关联表，描述支路与母线的关联关系。另外，还有节点信息表、母线信息表等。由于各文献使用的节点、母线的含义不一致，特把本项目使用的概念说明如下：节点指设备之间的连接点，母线指潮流计算等使用的数学模型的计算母线。电网的网络拓扑分析主要分为两个步骤：

（1）搜索节点开关关联表，把通过闭合开关连在一起的节点组成母线。

（2）搜索母线支路关联表，把通过支路连在一起的母线组成电气岛。

传统算法就是按上述两个步骤进行网络拓扑分析的。为了提高速度，形成母线时，通常把搜索范围限制在厂站内甚至厂站中同一电压等级内。

网络拓扑是遍历连通图的搜索过程，分为形成母线和形成岛两个步骤，二者只是作用对象不同，方法是相同的。如由节点形成母线，搜索某个节点时，要查找与该节点通过开关相连的所有节点，必须从整个节点开关关联表中搜索这些数据。

输电网中一个母线包含的节点都在一个厂站的同一电压等级内。根据这一特点，可以把由节点形成母线的过程的搜索范围缩小到一个厂站内，或一个电压等级内（如果有这一层次的话），但这种方法对由母线形成岛这一过程不适用，因为线路一般不在一个厂站内，甚至不在一个区域内。

配电网络在网络层次结构上一般没有厂站这个层次，无法通过厂站内搜索法来缩小网络拓扑的搜索范围；有些系统虽然有厂站这一层次，但厂站内的节点很多，使用厂站内搜索法的效果较差。另外，配电网络的支路相对较多，形成岛所使用时间要比输电网形成岛的时间长，因此如何缩小形成岛的搜索范围来提高网络拓扑速度对配电网络显得更为迫切。

对节点开关关联表按节点排序，搜索范围可以只限定在该节点所连的开关数据范围内，缩小了搜索范围，可以有效地减少搜索时间，因此应该对这部分数据进行排序。在节点开关关联表中，虽然开关状态一直是变化的，但节点和开关的关联关系是不变的，不需要在每次网络拓扑时都对节点开关关联表重新排序，可以把节点开关关联表的排序工作独立出来作为静态拓扑，单独运行。因此，本项目提出把全局拓扑分成静态拓扑和

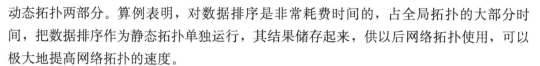

动态拓扑两部分。算例表明，对数据排序是非常耗费时间的，占全局拓扑的大部分时间，把数据排序作为静态拓扑单独运行，其结果储存起来，供以后网络拓扑使用，可以极大地提高网络拓扑的速度。

另外在由母线形成岛所使用的数据——母线支路关联表中，支路与母线的关系不是固定的。每当开关状态发生变化，重新进行拓扑后，母线都要发生变化，因而支路两端所连接的母线是变化的。支路与母线的关系不固定就无法事先进行排序供以后使用。为了解决这个问题，本项目提出使用节点支路关联表来代替母线支路关联表。

由于支路与节点的关系是固定的，可以把对节点支路关联表的排序放在静态拓扑中处理，从而进一步提高了网络拓扑的速度。

本项目提出的网络拓扑方法不需要按厂站搜索，而是直接按相关节点搜索，对形成母线的过程和形成岛的过程均适用，可以大大缩小搜索范围，进而提高全局网络拓扑速度，对配电网的网络拓扑的效果尤为明显。

静态拓扑和动态拓扑合在一起相当于通常的全局拓扑，全局拓扑的时间主要花费在静态拓扑上。把全局拓扑分成静态拓扑和动态拓扑，且由于静态拓扑只需在应用软件启动时运行一次，甚至由配电管理系统（distribution management system，DMS）或能量管理系统（energy management system，EMS）在网络结构变化后调用一次即可。其他情况下，只需调用动态拓扑就可以完成传统的全局拓扑功能，因而可以大大提高各应用软件的计算速度。例如静态安全分析这类需要多次进行网络拓扑的软件，可以在开始时调用一次静态拓扑，也可以直接使用 DMS（或 EMS）的静态拓扑结果，其他时间只需要进行速度很快的动态拓扑就可以完成全局拓扑的功能。

为了提高网络拓扑的速度，本项目提出了把全局拓扑分成静态拓扑和动态拓扑的新思路。静态拓扑只是为拓扑分析做一些准备工作，动态拓扑则根据网络的实时状态对网络进行拓扑分析。这两部分的作用描述如下。

静态拓扑：为拓扑分析做一些准备工作，包括对节点开关关联表、节点支路关联表按首节点进行排序等工作。也可以形成主母线（所有开关都闭合时形成的母线）。因为此模块与开关状态无关，只需在程序启动时运行一次；也可以作为基本模块，由 DMS（或 EMS）在网络结构变化后调用一次即可。

动态拓扑：考虑开关状态的变化和设备的投退情况，形成母线和电气岛，由于静态拓扑已经做了很多基本准备工作，动态拓扑速度很快。

在数据结构的设计方面，网络拓扑需要的原始数据主要包括：

描述开关与节点关系的数据，可以直接使用开关设备表，但本项目为了提高网络拓扑的速度，同时实现算法与 DMS（或 EMS）库独立，专门设计了节点开关关联表。为了提高数据排序速度、节省内存，节点开关关联表的设计力求简洁，去掉多余的信息，只包含与网络拓扑分析有关的域：开关号、首节点号、末节点号、开合状态。

描述支路与节点关系的数据，支路包括线路、变压器绕组（双绕组变压器为一条支路、三绕组变压器为三条支路）、串联电容器与串联电抗器等，因而涉及几个设备表。为程序设计的方便，把所有类型的支路放在一个表内，设计了节点支路关联表。节点支路关联表也只包含必要的域：支路号、首节点号、末节点号、投退状态。为了数据搜索的方便，节点开关关联表中的每个开关、节点支路关联表的每条支路都存放两条记录，并把其中一条记录的首末节点号互换。这样通过首节点就能够找到与之相连的所有开关或支路。为了提高排序速度，不需要把首、末节点号都排序，只需按首节点号排序即可。

网络拓扑分析算法的总体流程图如图 7.4 所示。

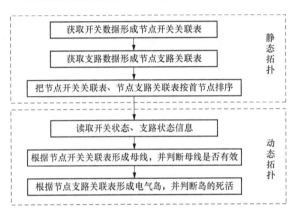

图 7.4　网络拓扑分析算法总体流程图

静态拓扑分析步骤如下：①获取开关数据形成节点开关关联表，在节点开关关联表中，每个开关存两条记录，并把其中一条记录首末节点对换；②获取线路、变压器、串联电容器、串联电抗器等数据形成支路关联表，在节点支路关联表中每个支路存两条记录，并把其中一条记录首末节点对换；③把节点开关关联表、节点支路关联表按首节点排序，并在节点信息表中记录每个节点对应的开关数据、支路数据的起始号。

动态拓扑分析步骤如下：①读取开关状态、支路状态信息；②根据节点开关关联表、考虑开关状态，由节点组合而形成母线，并把每个母线包含的节点号放到母线节点关联表，同时把每个母线在母线节点关联表中的起始位置记录在母线信息表中；③判断母线是否有效，去掉无效母线。连接两条支路、或一条支路和一个并联设备、或一个电源和一个其他并联设备的母线称为有效母线；④根据母线节点关联表和节点支路关联表，考虑支路的投退状态，形成电气岛，并把每个岛包含的母线号放到岛母线关联表；⑤判断岛的死活。同时存在电源和负荷的系统称为活岛，外网进线既可以作为电源，也可以作为负荷。

形成母线的过程：形成母线和电气岛，都要用到搜索方法，为了程序设计和实现的方便，本项目采用广度搜索，但不需要层的概念。形成母线的方法：从一个节点出发，搜索通过闭合开关与该节点相连的相关节点，如果此相关节点未被访问过，把它放到母线节点关联表中，并把它所属母线置为当前母线号。本节点搜索完毕，再搜索当前母线内的下一个节点，直到当前母线内所有节点搜索完为止，形成一条母线。再从节点信息表中任意一个未被访问的节点出发形成下一条母线。节点信息表的所有节点都已经访问，形成母线过程结束。

形成岛的过程：形成岛时，首先根据母线节点关联表，找到母线包含的所有节点，再根据节点支路关联表查找与这些节点相连的支路。如果支路投运且支路对端节点所属母线的岛未定，则把此对端母线放到岛母线关联表内，其岛号置为当前岛号。本岛内所有母线都已经访问，形成一个岛。再从母线信息表中任意一个未被访问的母线出发形成下一个岛。母线信息表的所有母线都已经访问后，形成岛过程结束。因为节点支路关联表的数据已经排序，搜索速度很快。

全局拓扑分成静态拓扑和动态拓扑，把数据排序等这一类不受开关状态变化影响的工作作为静态拓扑单独处理，为拓扑分析做一些准备工作。静态拓扑只需要在软件启动时调用一次，甚至仅仅在修改网络结构后调用一次，以后就可以调用动态拓扑来完成全局拓扑的任务，因而可以大大提高全局拓扑的速度。而动态拓扑由于静态拓扑做了许多准备工作，速度非常快。

在分析完成网络拓扑之后，下面介绍如何将网络拓扑分析的结果进行多源信息融合。最早研究多源信息融合的机构是美国国防部数据融合联合指挥实验室（joint directors of laboratories，JDL），提出了著名的 JDL 模型，经不断修正和实践拓展，此模型已确定为美国国防信息融合系统的实际标准。最初的 JDL 模型包括一级处理即目标位置/身份估计、二级处理态势评估、三级处理即威胁估计、四级处理即过程优化、数据库管理等系统功能，1999 年 Steinberg 等在最初的 JDL 模型基础上提出了一种修正模型，如图 7.5 所示，该模型将最初模型中的三级处理"威胁估计"改为"影响估计"，成功将功能模型的应用从军事领域推广到民用领域。2002 年，Erik. P. Blasch 在基本 JDL 模型基础上提出了更符合工程实际，操作性强的 JDL - User 模型。

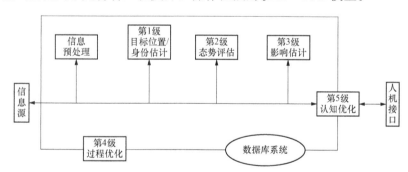

图 7.5　基于 JDL 模型的修正模型

依据系统需求、外界环境及其信息流通和综合处理层次，在位置融合级，其系统结构模型有集中式、分布式和混合式结构。集中式结构将信源捕获的检测报告传给到融合中心，在哪里进行数据对准、点迹相关、数据互联、航迹滤波、预测与综合跟踪。分布式结构的特性为：每个信源的检测报告在送入融合之前，首先由其自身的数据处理器产生局部多目标跟踪，然后把这些加工过的信息送至融合中心，该中心依据各节点的航迹数据完成航迹关联及其融合，最终获得全局估计。这种结构也分三种：有融合中心的分布式结构，无融合中心、共享航迹的分布式结构，无融合中心、共享关联量测的分布式结构。混合式同时传递探测报告和经过局部节点处理过的航迹信息，它保留了上述两种系统优点，但在通信和计算上要付出较多的代价。

按照领域界学者公认的理论及多源信息融合算法应用的数学依据，其算法可分为三大类：估计理论方法、不确定性推理方法、智能计算和模式识别理论方法。

多源信息融合方法种类繁多，人们不能轻易地判定哪种方法好或不好。因为每种方法都有它的优点或缺点，同时各种方法相互之间具有一定的互补性。因此，信息融合方法的确立必须结合多传感器信息融合的特定应用背景。人们可以将两种或两种以上方法优势组合应用在同一个信息融合系统中，确保得到最理想的信息融合结果或决策。

4. 基于规划过程和算法调用互动推演的友好人机交互技术

数据可视化是利用视觉的方式将那些海量的、复杂的、潜逻辑的数据展现出来，改变了传统业务系统数据呈现复杂枯燥、难以理解的困境，实现了信息的有效传达。而人机交互是指人与计算机之间以一定的交互方式，为完成确定任务的人与计算机之间的信息交换过程。

一个优秀的数据可视化分析环境，必须要兼备超凡的显示效果和友好易用的人机交互功能。该系统秉承以用户为中心的设计理念（user centered design，UCD），针对行业专业的应用需求，将数据显示的艺术性与功能性并重，通过丰富、精确、恰当的展现、交互方式，充分挖掘数据背后隐藏的趋势、规律和关系，进而为用户决策提供有力支持。

基于规划过程和算法调用互动推演的使用情景，涉及三维沙盘互动、选址定容分析以及选址定容分析的结果、校核。其中，选址定容分析及其结果是最为广泛、也是最为重要的部分。在人机交互功能规划设计上，我们会充分考虑到用户的业务决策需求和使用情景，量身定制适用的人机交互方案。

三维沙盘互动：采用三维可视化的方式，通过构架三维场景模型还原了光伏水电站现场的情况。其中三维沙盘也是虚拟数字沙盘其内容可包括矢量的专题地图、栅格的卫星影像上、数字高程模型三者结合，形成三维虚拟现实的电子沙盘，可以根据需要标注如地名、路名等文字信息；在三维环境中以任意调整高度、角度进行浏览；可以添加建筑物、电网设备等三维设施。图7.6为电站三维场景。

虚拟数字沙盘与现在已有的电子沙盘相比，除了电子沙盘具有的效果外，它对规划、景观的展现更具有立体直观的演示效果，恢复了沙盘本来的含义，并且不再需要实物沙盘；虚拟数字沙盘与传统沙盘模型相比，能实现实物沙盘不能实现的功能，如对局部区域进行缩放显示。

规划结果展示：规划结果展示主要是利用数据可视化的方式，旨在借助于图形化手段，清晰有效地传达与沟通信息。这并不就意味着数据可视化就一定因为要实现其功能用途而令人感到枯燥乏味，或者是为了看上去绚丽多彩而显得极端复杂。为了有效地传达思想观念，美学形式与功能需要齐头并进，通过直观地传达关键的方面与特征，从而实现对于相当稀疏而又复杂的数据集的深入洞察。

图 7.6　电站三维场景

数据可视化的终极目标是洞悉蕴含在数据中的现象和规律，包含：发现、决策、解释、分析、探索和学习。它是将数据呈现给用户以易于感知的图形符号，让用户交互地理解数据。数据挖掘是通过计算机自动或者半自动地获取数据隐藏的知识，并将获取的知识直接给予用户。通过可视化的方式使得规划结果能够更加直观地呈现在决策者面前，而不是一堆枯燥的数据。

7.2　软　件　功　能

水光蓄互补规划软件采用 3D 虚拟沙盘互动技术研发梯级水光蓄互补电站容量配置和接入可视化规划软件，运用图模数一体的标准化普适性方法实现理论算法开放接入与快速计算，完成水光蓄荷特性与接入模式分析、发电主体定容与联网技术经济效益优化评估、规划方案编修与结果可视化友好互动表达等功能。

1. 功能流程图

图 7.7 为软件的界面流程图，用户通过创建或进入已有的项目资源，进行软件操作。软件首先通过水光荷特性分析展示水电出力特性、光伏出力特性、负荷容量分布，再进行光伏出力、负荷容量的预测，最后进行选址定容分析，得出最优容量配置和接入方案并对该方案进行校核。

2. 功能描述

（1）示范区虚拟沙盘。以电子虚拟沙盘形式展示示范区小金县地理图及三座梯级水电站的分布，通过鼠标进行放大、缩小操作，具体查看各电站的介绍及容量配置。

（2）水光特荷特性分析。分为水电、光伏、负荷的特性分析和外送功率波动分析，可以实现查看分钟、小时、电量级的历史数据以及聚类结果，系统联络线外送最大功率波动。

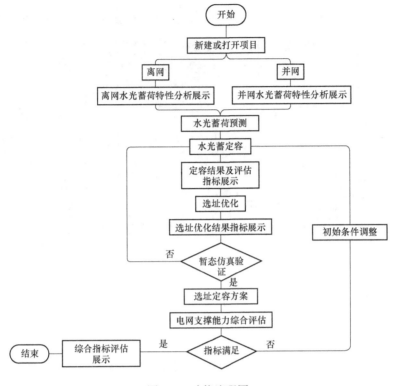

图 7.7 功能流程图

（3）水光负荷预测。光伏容量预测可以展示光伏未来 10 年容量增长曲线；光伏典型日电量计算展示典型日下光伏在分钟、小时级的出力曲线；光伏月电量预测设置晴天、阴天、雨天数，计算一个月的光伏出力；负荷预测显示未来几年负荷分布。

（4）（示范区/新建）选址定容。选址定容分为（并网/离网）选址定容分析、定容结果、选址校核结果。可以在并网/离网环境下查看网络的接线图和各节点信息，进行潮流、最大负载、电压稳定度等指标计算，对现在态、未来态进行定容及经济技术指标分析，展示定容结果，查看各电站最佳接入点、接入评估体系指标。

3. 规划软件相关应用模块

（1）项目及资源配置模块：通过添加、删除、编辑组件对项目资源进行管理，由项目管理、项目资源、项目配置三部分组成。

（2）水光荷特性分析模块：该模块由负荷特性分析、水电出力分析、光伏出力分析、外送功率波动分析四个部分组成。通过对示范区数据进行筛选、清洗、消噪等预处理，然后得出负荷容量、水电出力、光伏出力在电量级、小时级、分钟级多个时间尺度下的聚类结果，最后以水光荷特性分析结果为基础，进行外送功率波动分析。图 7.8～图 7.10 为分钟级水光荷特性分析，图 7.11 为分钟级丰水期外送功率波动分析。

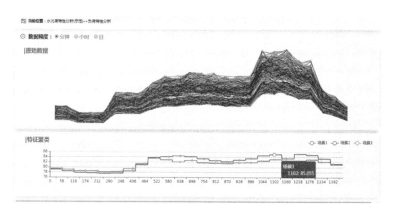

图 7.8　负荷特性曲线（分钟级）

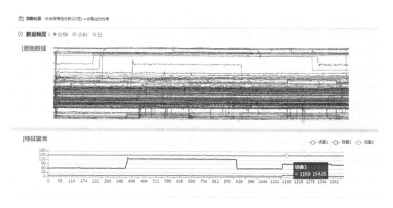

图 7.9　水电出力分析（分钟级）

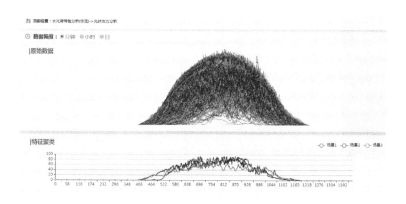

图 7.10　光伏出力分析（分钟级）

（3）光伏负荷预测模块。本模块由光伏容量预测、光伏典型日电量预测、光伏月电量预测、负荷预测四部分构成。该部分运用人机交互技术，由用户录入未来水光荷预测参数，调用水光荷预测算法，展示光伏和负荷未来态的预测结果。光伏、符合预测情况如图 7.12 和图 7.13 所示。

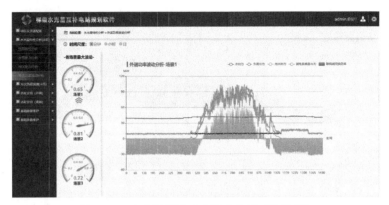

图 7.11 丰水期外送功率波动分析（分钟级）

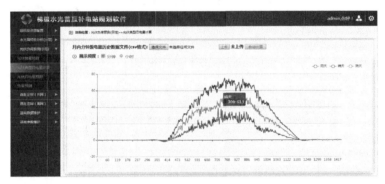

图 7.12 光伏典型日电量计算（分钟级）

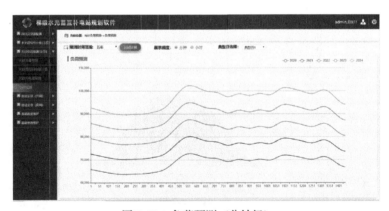

图 7.13 负荷预测（分钟级）

（4）并网选址定容模块。该部分分为现在态容量配置、未来五年选址定容分析、未来十年选址定容分析。先通过优化计算得出水光蓄容量配置，然后对容量配置方案进行经济、稳态指标分析，再进行三相短路、单相短路等暂态分析。最后综合稳态、暂态指标来进行电网支撑能力评估并绘制综合评估雷达图，最后给出当前方案的评分，选取得分最优的方案作为结果。对于未来态，同样运用现在态的评估体系进行选址定容分析。图 7.14～图 7.17 为该模块中的相关展示界面。

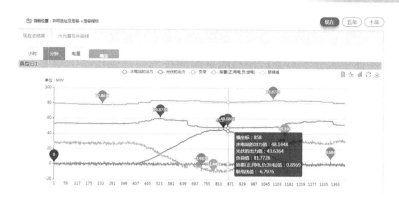

图 7.14 水光互补曲线（分钟级）

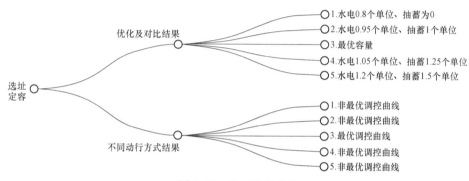

图 7.15 选址定容分析

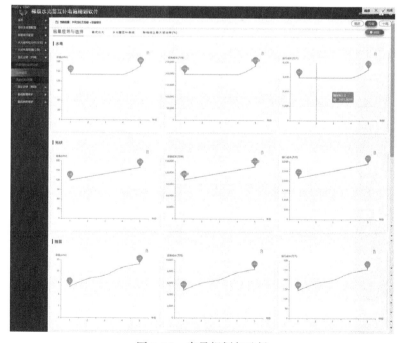

图 7.16 容量规划与选择

（5）离网选址定容模块。离网条件下选址定容分析流程与并网条件下选址定容分析流程大致相同。其离网下定容指标为水光蓄的总容量、投资、运行成本、最大供电缺失率等，在后续选址定容方案确定后在当前页面进行潮流计算以最大负载和电压稳定裕度等指标进行校核。图 7.18～图 7.21 为该模块中的相关展示界面。

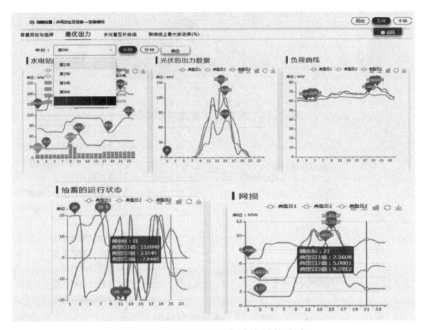

图 7.17　离网选址定容模块最优出力

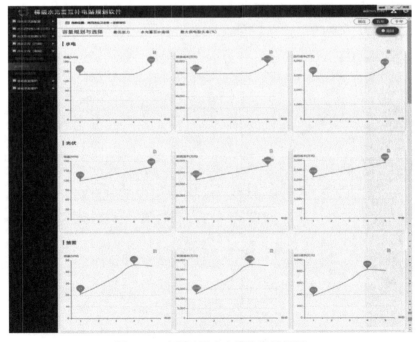

图 7.18　离网选址定容模块容量规划

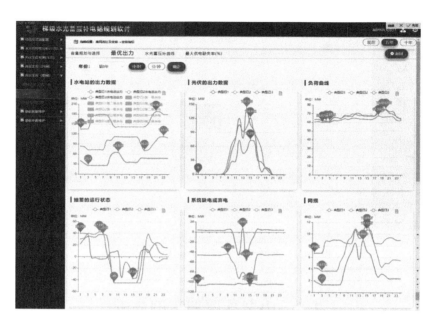

图 7.19 离网选址定容模块最优出力

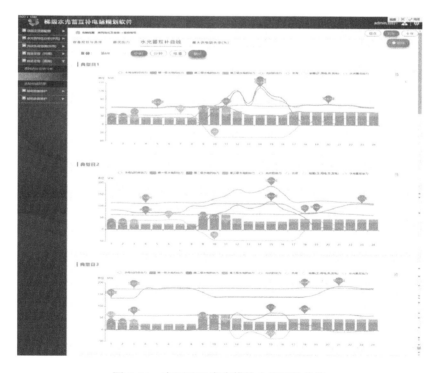

图 7.20 离网选址定容模块水光互补曲线

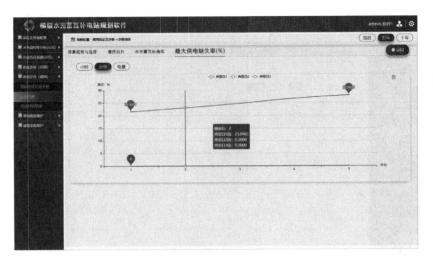

图 7.21 离网选址定容模块最大供电缺失率

7.3 小金县规划实例分析

本节将以小金县为研究对象，验证示范区抽水蓄能容量配置的可行性，包括现在态研究和规划态研究，图 7.22 为小金县示范区网络架构示意图。在小金县实例现在态分析中，首先对小金县资源禀赋进行介绍，并对规划区域的水光荷历史数据进行预处理，基于预处理数据，进行多时间尺度下的场景聚类，将梯水、光伏、负荷联合时序场景聚类为有限个典型场景，作为后续研究的基础；其次，根据聚类结果对示范区梯级水电的调节能力进行分析，而后对多时间尺度下多个场景的互补特性进行分析；再次，对示范区水光蓄容量配置多时间尺度可行性进行验证，包括并网条件下和离网条件下；最后，考虑电网支撑能力评估体系，对容量配置结果进行验证，同样分为并网条件和离网条件。规划态实例中，首先对光伏和负荷进行预测，完成未来梯水和抽蓄进行规划，并对水光蓄最优接入位置进行选取，规划态研究中对示范区未来十年的容量配置与接入进行了分析研究。

小金川为大渡河左岸的一级支流、上游分北、东两源。北源为抚边河，发源于阿坝州马尔康境内的梦笔山南麓，由北向南流。河长 83.5km，平均比降 38.6%，集水面积 1929km²；东源为沃日河，发源于邛崃山西南坡，河长 70.5km，平均比降 27%，集水面积 1759km²。北东两源在小金县城上游约 5km 处的老营乡猛固桥汇合后称小金川。小金川由东向西流，经新格乡、关州、卡桠、中路乡等地，在丹巴县的红军桥汇入大渡河，小金川全长 124km，河道平均比降 13.9%，流域面积 5275km²。木坡水电站坝址控制抚边河集水面积 1494km²，厂址控制抚边河集水面积 1736km²。木坡电站水库由抚边河与美卧沟组成，主库为抚边河。水库干流河谷狭窄，总体流向 N55°E，水库总库容

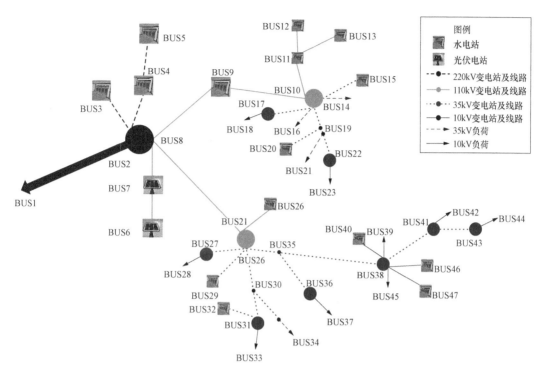

图 7.22　小金县示范区网络架构示意图

31.1 万 m³左右，水库正常蓄水位 2709m，回水长度 1440m。

小金川流域地处青藏高原东南缘的高山峡谷区，属川西高原气候区，即康定、雅江暖温带区。主要受西风环流和印度洋西南季风的影响，具有高原型季风气候特征。冬季时间长、气温低、降水少、气候寒冷而干燥；夏季时间短，雨日多、雨强小、气候凉爽。另外本流域还具有日照时间长、昼夜温差大、风速大、黄沙大等特点。

流域内地形复杂，相对高差大，立体气候显著，气温的变化规律是随海拔高度增加而降低，降水量一般是随海拔高程的增加而加大，但到海拔 3500m 左右以上又开始减少，海拔 4000m 以上为高原亚寒带气候。流域上游为湿润地区，气温低，降雨降雪均较大，无霜期短；下游为本流域的干旱河谷区，气候温和，降水少，夏季多雨和伏旱，冰雹严重。

据小金气象站 1961～1990 年资料统计，多年平均气温 11.9℃，极端最高气温 35.9℃，极端最低气温－11.7℃。多年平均年降水量 606.8mm，多年平均降水日数为 139 天，最大一日降雨量 37.1mm，多年平均相对湿度 52%，多年平均蒸发量为 2125.4mm（20cm 蒸发皿观测值），多年平均风速 2.1m/s，历年最大风速 18.0m/s，多年平均日照射数 2277.5h。

7.3.1 现在态研究

本验证对示范区历史数据进行收集，包含光伏的历史出力数据，三级梯水的历史出力数据。考虑光伏的波动性、水电站出力的灵活性和季节性特点，基于系统互补效果与经济效益对系统容量配置及优化运行进行分析，验证示范区抽水蓄能容量配置的可行性。

水电站分别为木坡、杨家湾、猛固桥，其具体参数见表 7.1，分布式光伏为美兴光伏厂和小南海光伏厂装机容量均为 100MW。

表 7.1 梯 级 水 电 参 数

水电站	装机容量（MW）	库容（万 m³）	额定水头（m）	额定流量（m）	水位（m）
木坡	3×15	14～30.1	112.8～134.5	14.44×3	2705～2709
杨家湾	3×20	75.2～96.1	125.5～156.5	17.8×3	2572～2574
猛固桥	3×12	14～30.1	91	33	2416～2424

7.3.1.1 数据准备

（1）示范区多时间尺度数据整理。收集示范区现场数据，一年电量级水光荷的历史数据（365d）如图 7.23 所示，该示范区一年小时级水光荷的历史数据（8760h）如图 7.24～图 7.26 所示。

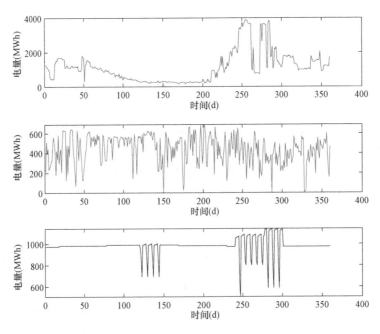

图 7.23 历史水光荷电量数据

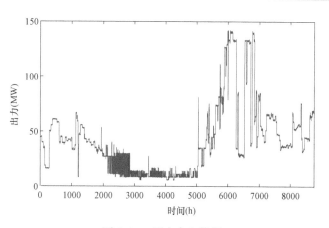

图 7.24　历史水电数据

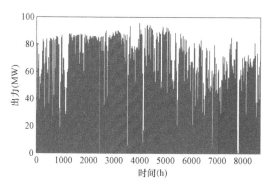

图 7.25　历史光伏数据

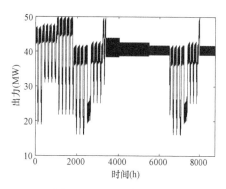

图 7.26　历史负荷数据

数据处理效果如图 7.27 所示。

图 7.27 中缺失数据处由插值比对法补齐，异常数据处修正为高斯平滑后该时间点的数据，其余部分保留原始数据。

（2）多时间尺度水光荷场景生成。算例利用上述预处理数据，进行多时间尺度（中长期电量尺度和短期电力尺度，其中短期又分为小时时间间隔和分钟时间间隔）下的场景聚类，将

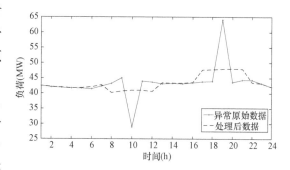

图 7.27　数据平滑处理示意图

梯水、光伏、负荷联合时序场景集聚类为有限个典型场景。得到具体的电量级、小时级、分钟级的典型场景如下。

1）电量级。

a. 电量级时序水光荷数据样本。图 7.28 展示了月内分日的电量级水光荷历史数据

（30d），将其构造的时序水光荷电量级样本如图7.29所示。

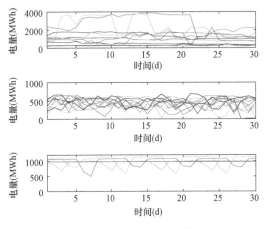

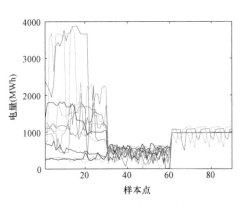

图7.28 电量级水光荷数据   图7.29 电量级时序水光荷样本

b. 场景生成结果。根据GS方法确定最佳聚类数为3，将电量级时序水光荷样本作为输入使用LSTM-AE获取电量级不同变量耦合关系，并通过k-means++聚类得到分属三类场景的集合。分别如图7.30～图7.32所示。

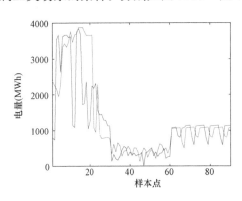

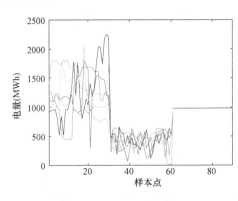

图7.30 第一类场景集   图7.31 第二类场景集

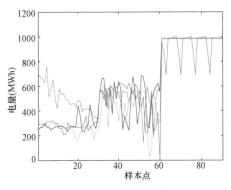

图7.32 第三类场景集

通过嵌入低维空间的聚类中心解码后，得到三个电量级水光荷典型场景如图7.33所示。

2）电力小时级。图7.34～图7.36分别为日内小时级的时序水光荷历史数据（24h），若单独聚类水电可以聚类为3种场景，光伏可以聚类为3种场景，负荷可以聚类为3种场景，组合可以得到27种水光荷场景，显然单独聚类破坏了水光荷时序相关性，则对水光荷日内数据整体聚类，其场景集为图7.37所示。

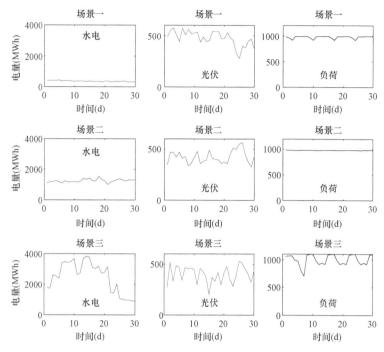

图 7.33 电量级水光荷典型场景

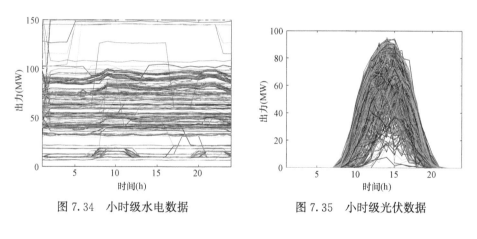

图 7.34 小时级水电数据   图 7.35 小时级光伏数据

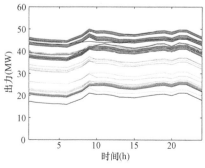

图 7.36 小时级负荷数据

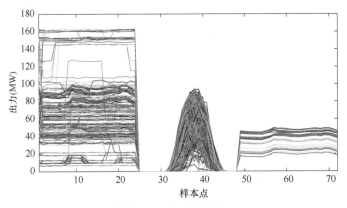

图 7.37 电力场景集

本项目采用 LSTM - AE 获得水光荷多变量之间的耦合关系，抽取低维特征，并在特征空间采用 GS 方法进行聚类个数选择，选择过程如图 7.38 所示，可以看出，当水光荷多变量时序数据一起聚类时，得到的最佳聚类个数是 9。

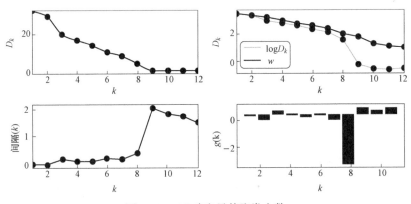

图 7.38 GS 确定最佳聚类个数

在嵌入的低维空间将得到的水光荷特征进行聚类，得到 9 类聚类中心，进行解码后得到 9 类水光荷典型场景，如图 7.39 所示。

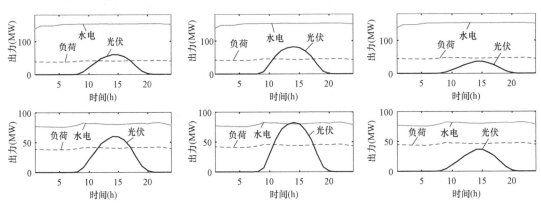

图 7.39 小时级水光荷典型场景（一）

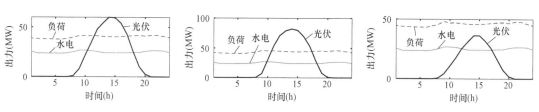

图 7.39　小时级水光荷典型场景（二）

3）电力分钟级。图 7.40～图 7.42 分别为日内分钟级的水光荷历史数据（1440min），图 7.43 为水光荷场景集。

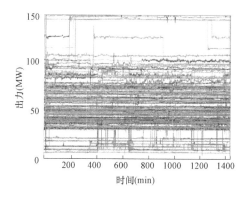

图 7.40　分钟级水电数据　　　　　图 7.41　分钟级光伏数据

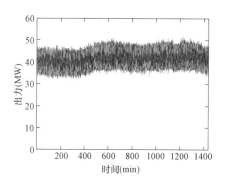

图 7.42　分钟级负荷数据

利用 LSTM_AE 网络提取特征，并采用 GS 对低维的特征空间进行聚类个数选择，确定最佳聚类数为 9，将低维的聚类中心解码后生成 9 类典型场景集如图 7.44 所示。并进一步采用聚类性能指标分析可以看出当聚类数为 9 时，SSE 和 DBI 最小，SIL 和 CHI 最大，进一步确定最佳聚类个数应该选为 9。不同聚类个数时的性能指标如图 7.45 所示。

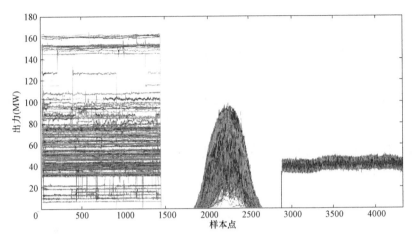

图 7.43　分钟级水光荷场景集

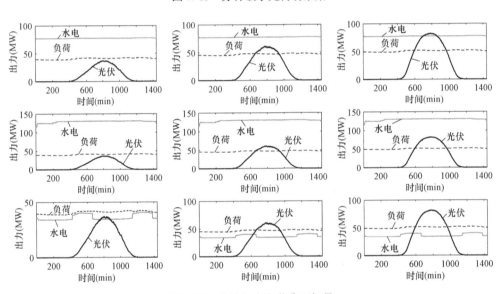

图 7.44　分钟级水光荷典型场景

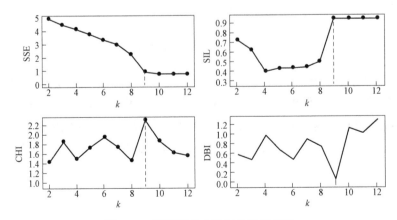

图 7.45　不同聚类个数时的性能指标

通过上述步骤，可获得不同时间尺度下（电量级，小时级，分钟级）水光荷系统的典型场景。可以看出，由于通过 LSTM_AE 网络获得了水光荷变量之间的强弱耦合关系，抽取特征，生成最优的水光荷聚类场景。可以以此为基础来研究水光荷系统包括抽水蓄能电站的运行和规划，此规划场景能够明显地降低计算量并保留历史数据的典型特点。

对小金示范区水光荷数据样本进行相关性分析可得，水电发电量与光伏发电量的皮尔逊相关性比较集中，平均值为−0.4672，具有一定负相关性，水电发电量与负荷需求量相关系数为 0.4056，中度相关，光荷相关系数为−0.1470，相关性较弱。短期水电、光伏输出功率与负荷功率需求相关性变化较大，无规律可循。长期，来水量丰富时光伏发电量小，来水量短缺时光伏发电流量大，水能和太阳能资源相互补充，可通过水光互补确保小金示范区季/月中长期电量平衡。短期，水光荷关联性较弱，应通过调控水电平滑光伏出力波动，实现日内/分钟级示范区水光发电系统电力互补与平衡。

7.3.1.2 容量配置结果

根据上述聚类所得到的电量、小时、分钟的丰水期、平水期，枯水期对示范区梯级水电的调节能力进行分析，可以求得各个时间尺度的多个场景下的互补特性分析。

1. 中长期电量互补

中长期电量级的目标是在满足联络线最大约束的条件下实现功率的最大输出，为实现功率最大输出，可以调节水电站出力情况。因此，分析了不同联络线功率和不同水电调节能力下的系统外送比例，如图 7.46 所示。联络线功率变化情况如图 7.47 所示，中长期电量级外送比例见表 7.2 和表 7.3。

表 7.2　　　　　中长期电量级外送比例（联络线功率不小于 2739MW）

第一类场景		第二类场景		第三类场景	
梯水调控	外送比例（%）	梯水调控	外送比例（%）	梯水调控	外送比例（%）
0%	100%	0%	100	0%	100
10%	100%	10%	100	10%	100

表 7.3　　　　　中长期电量级外送比例（联络线功率等于 2500MW）

第一类场景		第二类场景		第三类场景	
梯水调控	外送比例（%）	梯水调控	外送比例（%）	梯水调控	外送比例（%）
0%	100%	0%	100	0%	84.4%
10%	100%	10%	100	10%	100%

分析上述数据，可以得到以下结论：

（1）当联络线最大传输功率大于 2739MW 时，在所有场景中，系统中的功率外送比例能达到 100%，且此时无须调节水电站。

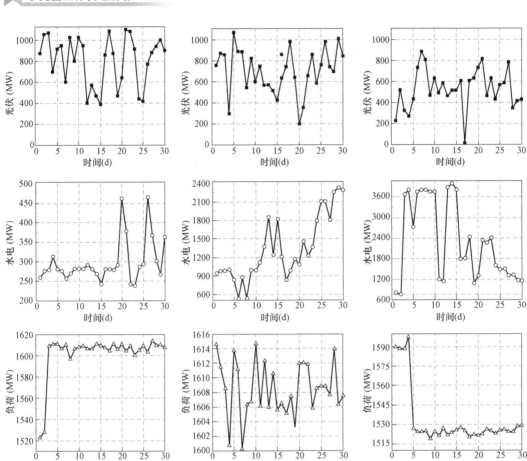

图 7.46　中长期电量条件下不同季节的水光出力及本地负荷需求

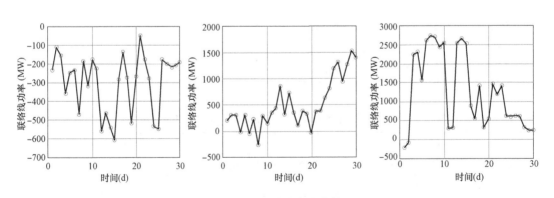

图 7.47　联络线功率变化情况

（2）当联络线最大传输功率小于 2739MW，需要通过调节水电站实现 100% 功率外送。

2. 短期小时级水光互补指标研究

只考虑梯水的调控能力，在基点基础上按来水不同情况做水电出力调度，满足梯级水电上下游出力联系。典型工况如图 7.48～图 7.50 所示。短期小时级水光互补指标见表 7.4。

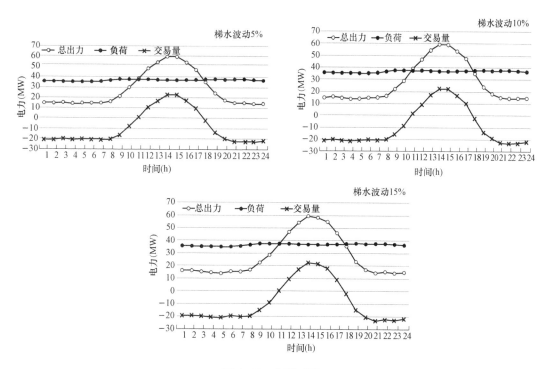

图 7.48　典型工况 1

表 7.4　　　　　　　　　　　　　短期小时级水光互补指标

第一类场景		第二类场景		第三类场景	
梯水调控	互补指标	梯水调控	互补指标	梯水调控	互补指标
0%	0.65	0%	0.27	0%	0.35
5%	0.57	5%	0.23	5%	0.31
10%	0.53	10%	0.19	10%	0.27
15%	0.50	15%	0.16	15%	0.24

通过上述指标分析，可以得出以下结论：

（1）与电量级的研究类似，在不同工况下，与不调控相比，对水电进行适当调控能够有效减小互补系统送/受电功率曲线的波动性。

（2）当调控范围逐渐增大，互补指标均随之减小，说明水电站的调控模式会影响水电对功率波动的调节能力；可调范围越大，调节能力越强。

（3）随着调节范围的增大，相邻时段功率变化率可逐渐降低，满足要求，表明了示

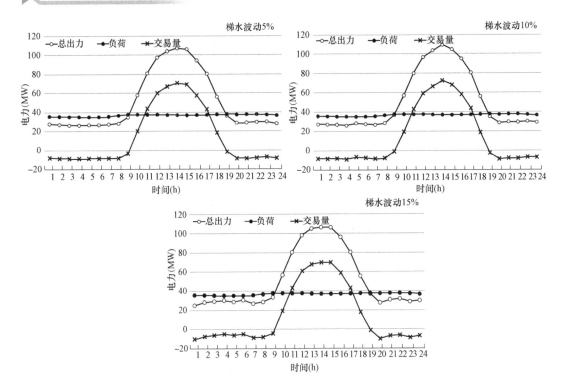

图 7.49　典型工况 2

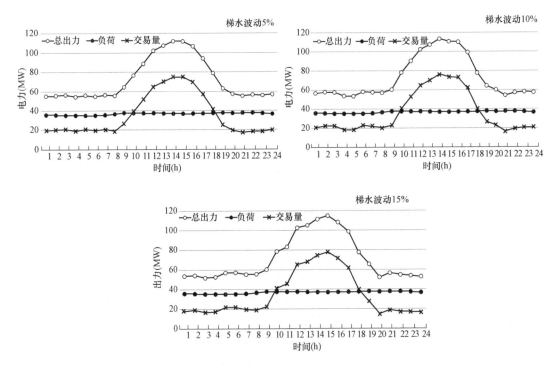

图 7.50　典型工况 3

范区配置 150MW 容量的梯级水电站具有合理性。

3. 示范区水光蓄容量配置多时间尺度可行性验证

（1）并网条件下。考虑到在实际运行中，梯级水电站不可以频繁地进行调控，同时会影响整个流域梯水的调度计划，且为进一步缓解总出力的波动性，在上述梯级水电调控最优的基础上，选取范围是 100%，加入抽水蓄能调控，针对示范区现在态 5MW 抽蓄容量验证在每种运行条件下进行了电量级/小时级/分钟级多时间尺度容量配置的分析与讨论。

1）中长期电量级。电量级验证，在抽蓄和水电运行最优的情况下结合光伏出力情况与负荷进行平衡，从而实现验证。抽蓄作为储能装置在一天中的优化是无能量流入与流出，因此，抽蓄在电量级下的无运行。此结论同样适用于后面所有的电量级验证。图 7.51 给出了电量级不同季节下光伏和水电出力以及负荷需求情况。电量级下是能量平衡，所以这里将三级梯级水电的出力合并。图 7.52 给出了电量级下不同季节的波动性，可以看出冬季的波动性最大。表 7.5 定量分析了不同季节下的波动性和网损，冬季的波动性最大，因为冬季水电出力可调范围小。

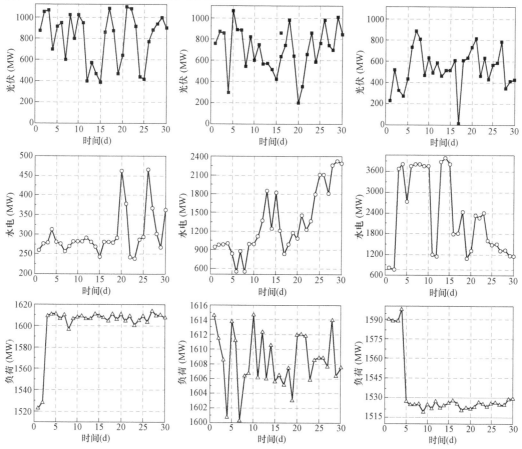

图 7.51 中长期电量级不同场景下供需情况（单位为 MWh）

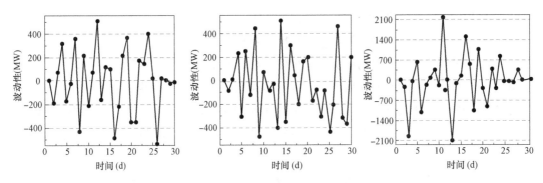

图 7.52　中长期电量级不同场景下的波动性（单位为 MWh）

表 7.5　　　　　　5MW 抽蓄在中长期电量级不同季节下的仿真结果

季节	冬季	春秋季	夏季
波动性（%）	28.7604	3.0369	10.4407
网损（MWh）	1186.4403	2120.2271	3001.9725

2）短期小时级。表 7.6 为示范区在并网短期小时级不同抽蓄容量配置结果分析。对春秋季，夏季和冬季下的三种场景进行了规划分析（共 9 种场景）。规划结果与示范区 5MW 的抽蓄基本吻合。可以看出随着抽蓄的容量的增加，波动性明显降低，且有抽蓄与抽蓄情况比较更为明显。因此示范区 5MW 具备可行性。

表 7.6　　　　　　示范区在并网短期小时级下不同抽蓄容量配置结果

规划结果		夏季			春秋季			冬季		
		场景一	场景二	场景三	场景一	场景二	场景三	场景一	场景二	场景三
规划结果	短期小时级容量（MW）	水电：141；光伏：100；抽蓄：5.2								
	短期小时级波动性（%）	11.3	19.9	11.5	14.1	15.3	26.7	41.7	83.8	57.7
	短期小时级投资成本（万元）	水电：200361；光伏：86800；抽蓄：3213.6								
	短期小时级收益（万元）	230.0	237.6	244.7	148.4	151.0	155.6	54.5	65.5	71.5
无抽蓄结果	短期小时级容量（MW）	水电：141；光伏：100；抽蓄：0								
	短期小时级波动性（%）	17.1	26.5	17.2	24.9	26.1	37.4	72.9	110.0	81.9
	短期小时级投资成本（万元）	水电：200361；光伏：86800；抽蓄：0								
	短期小时级收益（万元）	226.0	233.6	240.5	144.3	147.1	151.4	50.2	61.5	67.0
抽蓄为3MW结果	短期小时级容量（MW）	水电：141；光伏：100；抽蓄：3								
	短期小时级波动性（%）	12.9	22.6	13.3	18.5	19.6	31.0	54.2	94.3	67.4
	短期小时级投资成本（万元）	水电：200361；光伏：86800；抽蓄：1854								
	短期小时级收益（万元）	228.2	235.4	243.8	146.9	149.0	153.1	52.2	62.9	69.4

续表

规划结果		夏季			春秋季			冬季		
		场景一	场景二	场景三	场景一	场景二	场景三	场景一	场景二	场景三
抽蓄为7MW结果	短期小时级容量（MW）	水电：141；光伏：100；抽蓄：7								
	短期小时级波动性（%）	9.9	17.4	10.3	10.4	12.8	22.5	29.1	73.3	48.0
	短期小时级投资成本（万元）	水电：200361；光伏：86800；抽蓄：4326								
	短期小时级收益（万元）	232.1	238.2	245.2	151.1	152.9	157.8	56.7	67.1	72.8

以冬季短期小时级场景为例进行分析，图 7.53 给出了小时级场景下的供需情况，包括光伏和梯级水电出力以及负荷需求。图 7.54 和图 7.55 分别给出了梯级水电和抽蓄在一天内的运行情况，此结果为优化结果。图 7.56 给出了优化前和优化后的波动性情况，可以看出，优化后的曲线的波动性明显降低，证明了 5MW 抽蓄的可行性。

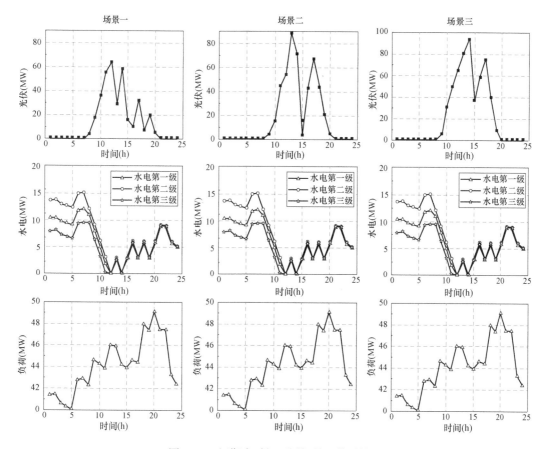

图 7.53 短期小时级不同场景下供需情况

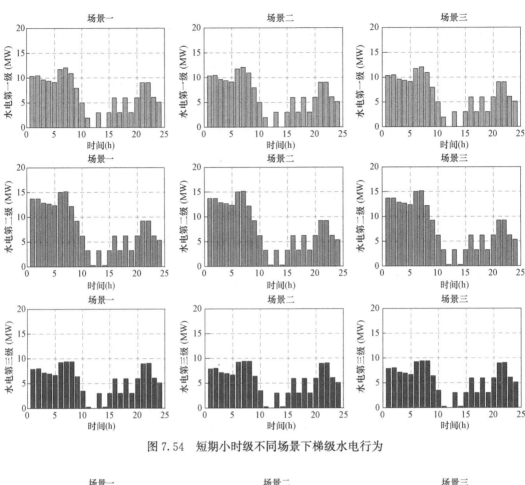

图 7.54 短期小时级不同场景下梯级水电行为

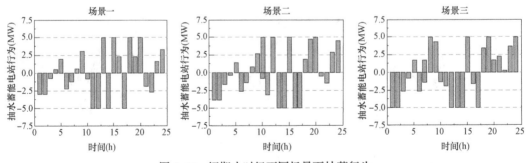

图 7.55 短期小时级不同场景下抽蓄行为

3）短期分钟级。表 7.7 为示范区在并网短期分钟级下不同抽蓄容量配置结果分析。对春秋季，夏季和冬季下的三种场景进行了规划分析（共 9 种场景）。抽蓄的容量为 5.2MW 时，所有场景都能满足任务书中的要求（分钟级波动性小于 8%）。规划结果与示范区 5MW 的抽蓄基本吻合。可以看出，随着抽蓄的容量的增加，波动性明显降低，且有抽蓄与抽蓄情况比较更为明显，因此示范区 5MW 具备可行性。

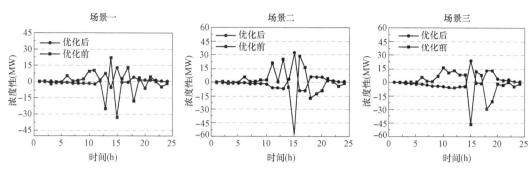

图 7.56 短期小时级不同场景下波动性情况

表 7.7 示范区在并网短期分钟级下不同容量配置结果

规划结果		夏季			春秋季			冬季		
		场景一	场景二	场景三	场景一	场景二	场景三	场景一	场景二	场景三
规划结果	短期分钟级容量（MW）	水电：141；光伏：100；抽蓄：5.2								
	短期分钟级波动性（%）	2.8	2.1	2.7	4.7	4.6	7.8	7.8	6.4	7.9
	短期分钟级投资成本（万元）	水电：200361；光伏：86800；抽蓄：3090								
	短期分钟级收益（万元）	227.1	236.6	237.8	150.5	155.5	162.3	38.1	53.4	48.5
无抽蓄结果	短期分钟级容量（MW）	水电：141；光伏：88；抽蓄：0								
	短期分钟级波动性（%）	7.9	8.7	6.3	15.5	15.3	19.5	41.7	34.6	32.1
	短期小时级投资成本（万元）	水电：200361；光伏：86800；抽蓄：0								
	短期分钟级收益（万元）	222.0	231.2	232.0	144.8	150.1	156.7	34.0	47.5	43.1
抽蓄为3MW结果	短期分钟级级容量（MW）	水电：141；光伏：115；抽蓄：3								
	短期分钟级波动性（%）	4.2	4.7	4.0	9.0	8.9	13.3	14.2	14.4	14.2
	短期小时级投资成本（万元）	水电：200361；光伏：86800；抽蓄：1854								
	短期分钟级收益（万元）	224.5	233.8	235.1	146.6	153.4	159.7	39.5	50.7	45.2
抽蓄为7MW结果	短期分钟级级容量（MW）	水电：141；光伏：115；抽蓄：7								
	短期分钟级波动性（%）	1.8	1.2	1.4	1.9	2.1	5.0	6.2	3.4	6.8
	短期小时级投资成本（万元）	水电：200361；光伏：86800；抽蓄：4326								
	短期分钟级收益（万元）	229.8	239.1	240.0	153.1	156.7	164.7	41.0	55.8	51.1

　　以冬季短期分钟级场景为例，验证短期分钟级下 5.2MW 泵的效果，首先给出了分钟级的光伏出力，梯级水电出力和负荷需求情况如图 7.57 所示，跟小时级的曲线变化情况一致；但是分钟级下的波动性更为显著，光伏的分钟级波动性非常明显。从图 7.58 和图 7.59 可以看出梯级水电的实时出力变化很小用来实现对波动性的微调，而抽蓄作为储能完全可控，所以能更好地缓解波动性。图 7.60 给出了 5.2MW 抽蓄在分钟级不同场景下波动性情况，可以看出优化后波动性明显降低，证明了 5.2MW 抽

蓄的可行性。

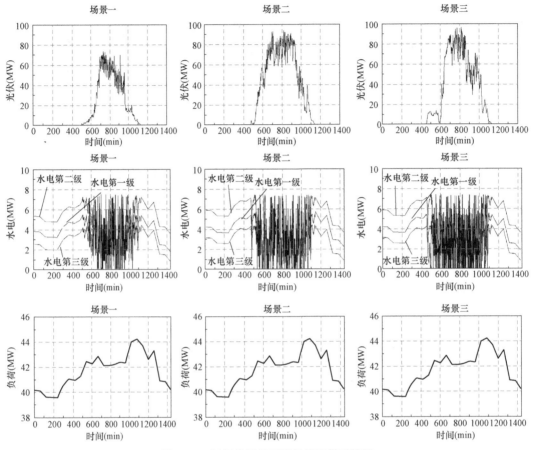

图 7.57　短期分钟级不同场景下供需情况

（2）离网条件下。在离网对示范区的 5MW 抽蓄容量进行了分析验证。包括中长期电量级/小时级/分钟级，离网条件的目标是 LPSP，用来表示供电可靠性。

1）中长期电量级。表 7.8 给出了电量级下 5MW 的抽蓄在不同季节下的 LPSP 和网损情况。冬季系统可靠性最低，因为此时负荷不满足情况最大。从图 7.61 电量级不同季节下供需情况可以看出冬季的水电出力最低。值得注意的是，在离网条件下，联络线上无功率交互，就会出现丢负荷和弃电的情况。

表 7.8　　　　　5MW 抽蓄在离网中长期电量级不同场景下的仿真结果

	冬季	春秋季	夏季
LPSP（%）	28.5195	0.7432	0.2284
网损（MW）	1186.4403	2120.2271	3001.9725

2）短期小时级。表 7.9 为示范区在短期小时级不同行抽蓄容量配置结果分析。对春秋季，夏季和冬季下的三种场景进行了规划分析（共 9 种场景）。可以看出，在冬季，

由于是枯水期，所以水电出力不足，会导致严重的丢负荷情况发生。抽蓄的容量越大，则 LPSP 越小；反之，则 LPSP 越大。中长期电量级下水电出力情况和不同场景下丢负荷/弃电情况如图 7.62 和图 7.63 所示。

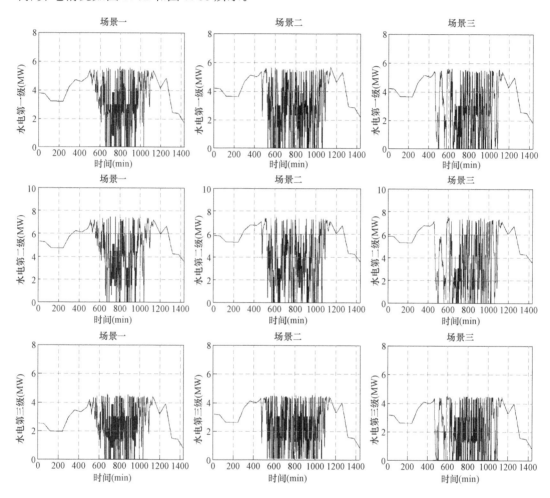

图 7.58 短期分钟级不同场景下梯级水电行为

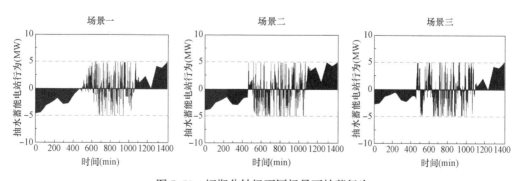

图 7.59 短期分钟级不同场景下抽蓄行为

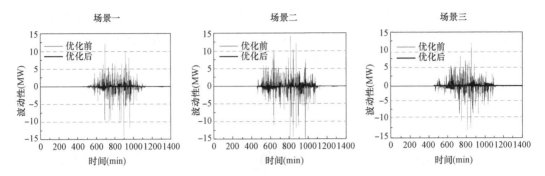

图 7.60 短期分钟级不同场景下波动性情况

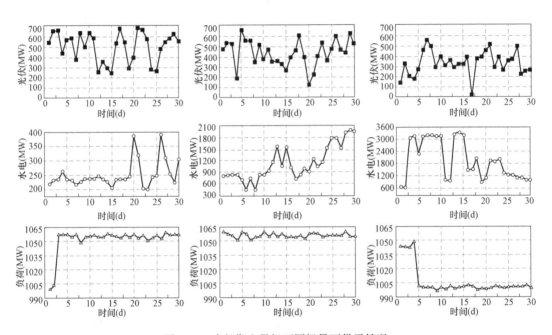

图 7.61 中长期电量级不同场景下供需情况

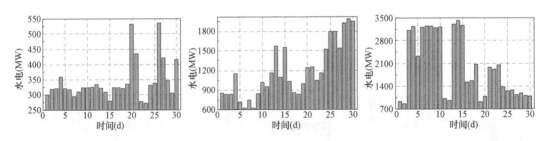

图 7.62 中长期电量级下水电出力情况

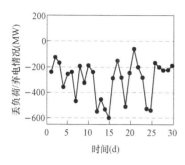 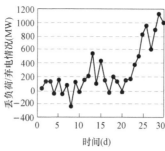 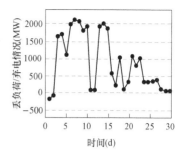

图 7.63　中长期电量级不同场景下丢负荷/弃电情况

表 7.9　　　　　　　示范区在离网短期小时级下不同抽蓄容量配置结果分析

规划结果		夏季			春秋季			冬季		
		场景一	场景二	场景三	场景一	场景二	场景三	场景一	场景二	场景三
规划结果	短期小时级容量（MW）	水电：141；光伏：100；抽蓄：5.2								
	短期小时级 LPSP（%）	2.3	0.9	0	3.1	0.2	16.9	12.3	6.6	10.4
	弃光弃水率（%）	16.1	31.3	31.6	2.5	11.1	28.3	2.3	9.5	15.2
	短期小时级投资成本（万元）	水电：200361；光伏：86800；抽蓄：3090								
无抽蓄结果	短期小时级容量（MW）	水电：141；光伏：100；抽蓄：0								
	短期小时级 LPSP（%）	6.3	2.9	0	7.4	1.3	20.2	19.9	11.5	16.5
抽蓄为 3MW 结果	短期小时级容量（MW）	水电：141；光伏：100；抽蓄：3								
	短期小时级 LPSP（%）	3.8	1.5	0	4.6	0.5	18.2	15.4	8.8	12.8
抽蓄为 7MW 结果	短期小时级容量（MW）	水电：141；光伏：100；抽蓄：7								
	短期小时级 LPSP（%）	1.1	0.6	0	1.8	0.1	15.5	9.7	5.1	8.2

　　以冬季短期小时级为例进行分析，离网小时级下梯级水电的出力在微调满足负荷需求后，靠抽蓄来降低丢负荷情况和弃电情况。从图 7.65 中可以看出抽蓄在很多时刻都处于最大出力状态。图 7.66 中可以看出场景二和场景三虽然没有发生丢负荷情况，但是弃电情况比较严重，会造成严重的新能源浪费。

　　下面以冬季为例，考查需求响应能力对离网状态下示范区 LPSP 和弃光弃水率的影响，见表 7.10。

表 7.10　示范区在离网短期小时级考虑需求响应下的 LPSP 和弃光弃水率（冬季）

容量配置	10%需求响应		20%需求响应		30%需求响应	
	LPSP（%）	弃水弃光率（%）	LPSP（%）	弃水弃光率（%）	LPSP（%）	弃水弃光率（%）
5.2MW	8.81	8.50	7.83	7.54	6.85	6.58
0MW	14.39	10.94	12.79	9.37	11.20	7.80
3MW	11.07	9.42	9.84	8.21	8.61	7.00
7MW	6.91	7.59	6.14	6.84	5.38	6.08

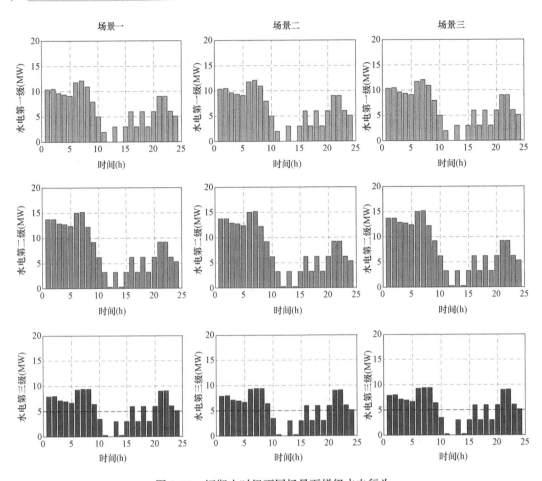

图 7.64　短期小时级不同场景下梯级水电行为

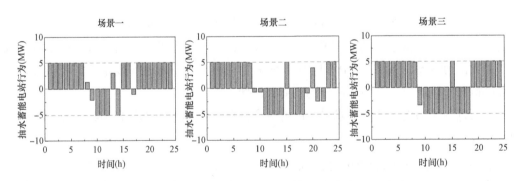

图 7.65　短期小时级不同场景下抽蓄行为

3）短期分钟级。表 7.11 为示范区在短期分钟级下不同容量配置结果分析。对分钟级的情况与小时相同。

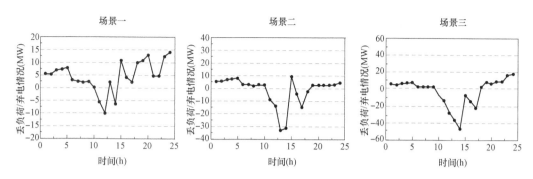

图 7.66 短期小时级不同场景下丢负荷/弃电情况

表 7.11   示范区在离网短期分钟级下不同抽蓄容量配置结果分析

规划结果		夏季			春秋季			冬季		
		场景一	场景二	场景三	场景一	场景二	场景三	场景一	场景二	场景三
规划结果	短期分钟级容量（MW）	水电：141；光伏：100；抽蓄：5.2								
	短期分钟级 LPSP（%）	0	0	0	0	0	0	43.0	35.7	38.6
	弃光弃水率（%）	68.6	63.6	68.5	51.5	50.2	51.1	9.5	22.1	19.9
	短期分钟级投资成本（万元）	水电：200361；光伏：86800；抽蓄：3090								
无抽蓄结果	短期分钟级容量（MW）	水电：141；光伏：100；抽蓄：0								
	短期分钟级 LPSP（%）	0	0	0	0	0	0	52.4	43.6	47.1
抽蓄为 3MW 结果	短期分钟级容量（MW）	水电：141；光伏：100；抽蓄：3								
	短期分钟级 LPSP（%）	0	0	0	0	0	0	46.8	38.8	41.9
抽蓄为 7MW 结果	短期分钟级容量（MW）	水电：141；光伏：100；抽蓄：7								
	短期分钟级 LPSP（%）	0	0	0	0	0	0	39.3	32.5	35.2

　　以冬季短期分钟级场景为例进行分析，短期分钟级下，水电的微调动作更加频繁（见图 7.67）。图 7.68 为短期小时级不同场景下抽蓄行为，对不同场景、不同抽蓄容量进行分析，可以得出与小时级相同的结论。

　　下面以冬季为例，考查需求响应能力对离网状态下示范区 LPSP 和弃光弃水率的影响，见表 7.12。

表 7.12   示范区在离网短期分钟级考虑需求响应下的 LPSP 和弃光弃水率（冬季）

容量配置	10%需求响应		20%需求响应		30%需求响应	
	LPSP（%）	弃水弃光率（%）	LPSP（%）	弃水弃光率（%）	LPSP（%）	弃水弃光率（%）
5.2MW	35.17	12.45	31.26	7.00	27.35	1.55
0MW	42.92	15.36	38.15	8.70	33.38	2.05
3MW	38.25	13.57	34.00	7.64	29.75	1.71
7MW	32.10	11.39	25.54	6.42	24.97	1.44

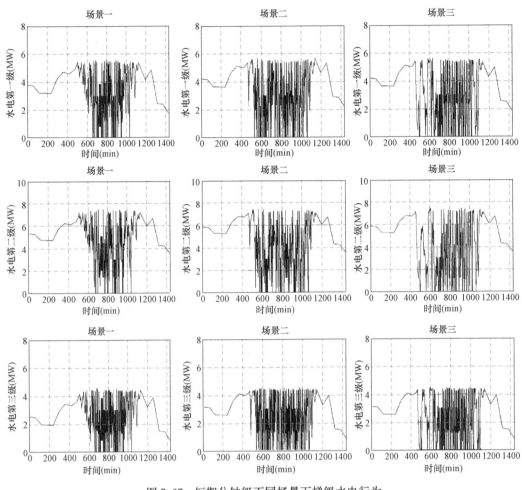

图 7.67 短期分钟级不同场景下梯级水电行为

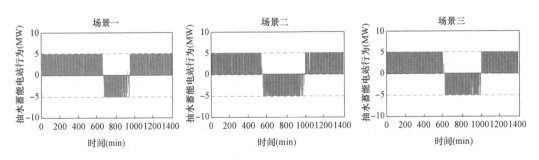

图 7.68 短期小时级不同场景下抽蓄行为

（3）水光波动特性。对于水光不同时间尺度的波动特性，本报告中首先给出了光伏和水电的实际出力曲线，这些出力曲线将用于随后的水光蓄容量配置的研究中，为了定量分析，采用标准差来描述水电和光伏发电的波动特性。标准差越大，表示波动性越大，反之，则波动性越小。

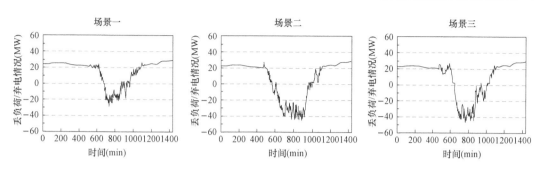

图 7.69 短期小时级不同场景下 LPSL 情况

1）中长期电量级。中长期电量级不同季节光伏和水电出力情况如图 7.70 所示，中长期电量级不同季节下的光伏和水电波动特性见表 7.13。

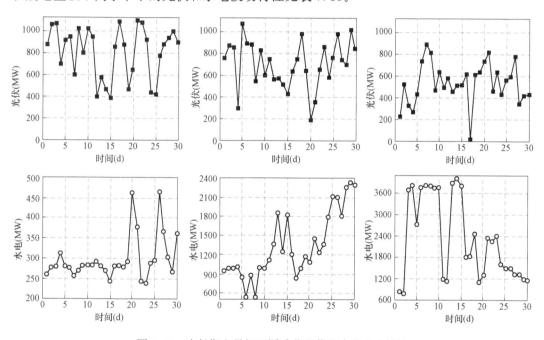

图 7.70 中长期电量级不同季节光伏和水电出力情况

表 7.13 中长期电量级不同季节下的光伏和水电波动特性

场景	冬季	春秋季	夏季
光伏（MW）	146.9	134.2	118.8
水电（MW）	46.6	438.8	974.4

2）短期小时级。以冬季短期小时级场景为例进行水光波动特性分析，光伏和水电出力情况如图 7.71 所示，光伏和水电波动特性见表 7.14。

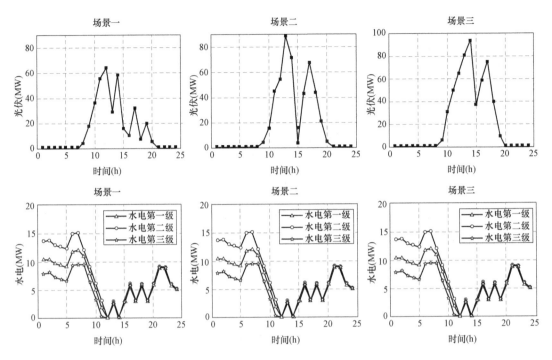

图 7.71　短期小时级不同场景下光伏和水电出力情况

表 7.14	冬季短期小时级不同场景的光伏和水电波动特性		
场景	场景一	场景二	场景三
光伏（MW）	20.5	28.0	31.4
水电（MW）	11.2	11.2	11.2

3）短期分钟级。以冬季短期分钟级场景为例进行水光波动特性分析，光伏和水电出力情况如图 7.72 所示，光伏和水电波动特性见表 7.15。短期分钟级不同场景下梯级水电行为如图 7.73 所示。

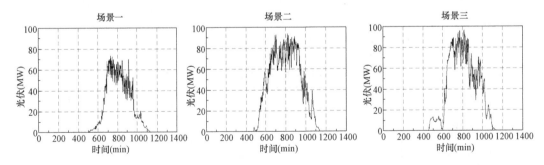

图 7.72　短期分钟级不同场景下光伏和水电出力情况（一）

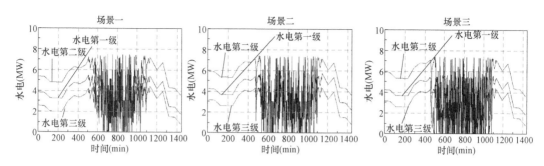

图 7.72　短期分钟级不同场景下光伏和水电出力情况（二）

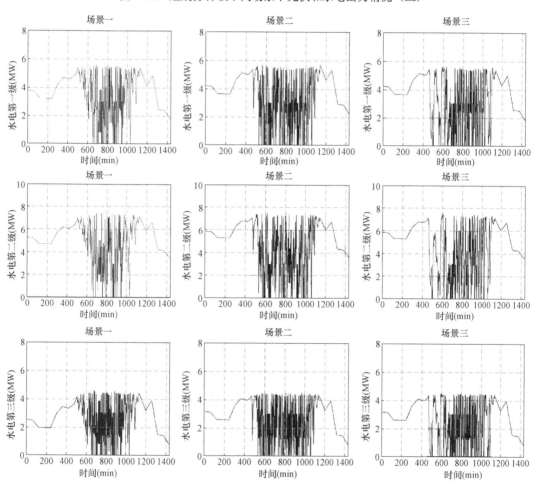

图 7.73　短期分钟级不同场景下梯级水电行为

表 7.15　　　　　　冬季短期分钟级不同场景的光伏和水电波动特性

场景	场景一	场景二	场景三
光伏（MW）	21.5	31.6	29.9
水电（MW）	3.9	3.9	3.9

7.3.1.3　电力市场环境下容量配置算例分析

本节基于提出的电力市场条件下水光蓄系统容量配置优化方法，通过项目数据收集整理和合理的参数配置，展示系统容量配置优化分析结果。算例分析具体分为两部分：①水光蓄系统容量配置算例分析；②水光蓄系统分配策略算例分析。

1. 水光蓄系统容量配置算例分析

由于研究考虑的是市场机制下的水光蓄系统最优容量配置方案，需要现实电力市场电价对系统进行规划。因此，在研究中采用丹麦现货电力市场历史上真实的电价曲线。由于项目能采用的数据只有 9 个场景（9d），所以从真实电价曲线中也分别采取春、夏、冬各三天的标准电价，其平均值为 0.65 元/kW·h，具体如图 7.74 所示。

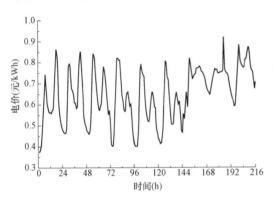

图 7.74　电价曲线

水光蓄电站的历史数据是水光蓄发电系统容量配置优化的关键。针对项目示范区历史数据进行收集，包含光伏的历史出力数据，水电站的历史出力数据。考虑光伏的波动性、水电站出力的灵活性和季节性特点，基于系统互补效果与经济效益对系统容量配置及优化运行进行分析。市场机制下的各电站出力曲线与并网、离网状态下的电站出力曲线相同，所有场景都满足任务书中的要求，具体曲线此处不再复述。

项目的投资成本由各个电站构成，而各个电站的成本均包含初始投资成本、运维成本和替换成本。光伏电站、水电站和抽蓄电站的成本参数见表 7.16～表 7.18。

表 7.16　　　　　　　　　　　　　光 伏 电 站 成 本 参 数

成本	单价（元）
光伏电池投资成本（kW）	8500
光伏电池运维成本（kW/年）	100
光伏电池替换成本（kW）	8500

表 7.17　　　　　　　　　　　　　水 电 站 成 本 参 数

成本	单价（元）
水电站水轮机投资成本（kW）	14000
水电站水轮机运维成本（kW/年）	210
水电站水轮机替换成本（kW）	14000

表7.18　　　　　　　　　　　　抽蓄电站成本参数

成本	单价（元）
抽蓄电站库容建造成本（kWh）	2000
抽蓄电站库容运维成本（kWh/年）	20
抽蓄电站水轮机投资成本（kW）	6000
抽蓄电站水轮机运维成本（kW/年）	180
抽蓄电站水轮机替换成本（kW）	6000

市场机制下的各电站出力曲线与并网、离网状态下的电站出力曲线相同，所有场景都满足任务书中的要求，具体曲线此处不再复述。

基于给定的电价曲线，在水电站的装机容量确定的情况下，可以规划得出光伏电站装机容量、抽蓄电站库容与抽蓄电站装机容量，使得在该容量配置下整个系统的成本收回年限最小。鉴于双层规划算法，通过 30 次运行程序，最佳容量配置结果落在同一地点，因此认为该容量配置结果是利用双层规划算法对水光蓄系统容量配置的最优解。具体容量配置结果见表 7.19。

表7.19　　　　　　市场机制下水光蓄系统容量配置结果

配置方案	容量
抽蓄电站库容容量（MWh）	30.53
抽蓄电站水轮机装机容量（MW）	8.76
水电站水轮机装机容量（MW）	141
光伏电站装机容量（MW）	7.83

为探讨水光蓄系统中对系统运行方式优化的影响，选取任意一天中抽水蓄能电站按照运用 SQP 算法的下层规划模型得出的运行方式，结果如图 7.75 所示。

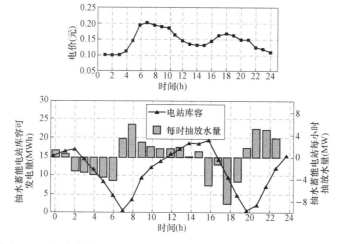

图 7.75　在水光蓄系统最优容量配置的条件下抽蓄电站的运行结果

在下层规划模型优化的运行方式中，抽水蓄能电站在电价低谷期（0～2时）不仅接收光伏电站以及水电站生产的电力，而且可以从电网中购入电力，并在两个电价高峰阶段（6～8时和18～21时）放水发电满足系统售电获利。通过添加抽水蓄能电站，混合能源系统无疑更加丰富系统的供电方式并且对年售电收益的提高产生极大影响。由于在本研究中涉及市场条件下的水光蓄系统向外输出电力的波动性进行考量，通过设定一定的波动性指标并在售电收益中对其设置惩罚系数来保证输出电力的平整。因此，计及光伏电站和水电站的出力特性，可以明显得出抽蓄电站的作用不仅仅在于电价低谷蓄水高峰放水，而且其针对其他两个主体的电站出力的平整化是极其重要的。在下层规划模型对运行方式进行优化时，会考虑到抽水蓄能的削峰填谷，基于系统内部的抽蓄库容容量对输出电力的波动性进行消除。

此外，通过双层规划算法中下层规划模型对于抽水蓄能电站的运行方式规划可以看出，采用的SQP算法对于整个混合能源系统实现售电收益最大目标的优化是比较有效的。

此外，通过敏感性分析的方法来验证结果的正确性。敏感性是指当影响因素发生改变时使得投资项目的经济效果发生变化。若引起大幅度变化，就认为这个影响因素是敏感的；反之，则认为该因素不敏感。通常，敏感性分析是建立在确定性分析的基础上，然后再讨论投资项目中主要的不确定性因素对常见经济指标的影响，如内部收益率、投资回收期、净现值等。此处主要采用单因素敏感性分析方法验证最优容量配置结果的正确性。敏感性分析下水光蓄系统容量配置结果见表7.20。

表7.20　　　　　　　　敏感性分析下水光蓄系统容量配置结果

单因素敏感性分析				
编号	光伏电站容量因子	水电站容量因子	抽蓄电站因子	ROI	成本回收年限
0	1	1	1	783.3047	19.3142
1	0.5	1	1	784.6547	19.3474
2	0.9	1	1	783.383	19.3161
3	1.1	1	1	783.3991	19.3165
4	1.5	1	1	784.6831	19.3481
5	1	0.5	1	804.0939	19.8268
6	1	0.9	1	784.2649	19.3378
7	1	1.1	1	783.8936	19.3287
8	1	1.5	1	864.9075	21.3263
9	1	1	0.5	795.5329	19.6157
10	1	1	0.9	784.1172	19.3342
11	1	1	1.1	784.1159	19.3342
12	1	1	1.5	791.9193	19.5266

基于单因素敏感性分析方法，研究中通过分别假设光伏电站、水电站和抽蓄电站的装机容量和库容容量为最优配置结果的0.5、0.9、1.1、1.5倍，并且与其他两个未进

254

行改变的电站容量联立置入程序中优化其每天的售电运行，即在上层给出电站容量配置的条件下进行下层的水光蓄系统优化运行，得出在电力市场条件下的最优成本回收年限结果，并将其与得到的最优容量配置下的成本回收年限结果进行对比。

由程序优化结果可以看出，在调整单个电站的容量配置条件的 21 个方案中，在下层优化算法计算得出水光蓄系统在固定容量配置的最大售电收益的前提下，最优容量配置的 ROI 即成本回收年限是最小的，收回整个系统的投资成本及相关运维成本的年限只需 19.3142 年。考虑到整个项目的建造周期在本研究中设定为 30 年，水光蓄容量系统容量最优配置方法对于在电力市场条件下提高系统的经济性具有极大的帮助。

针对三个主体电站的敏感性分析，可以看出光伏电站的容量配置对于整个系统的影响是最小的，将光伏电站的容量减小至规划容量的 0.5 倍仅将使得水光蓄系统的成本回收年限提高 0.04 年。此外，将光伏电站的容量提高至规划容量的 1.5 倍，在系统中其他两个主体电站的规划容量不变的条件下，仅使系统成本回收年限提高 0.03 年。这说明在水光蓄系统运行中，光伏电站的容量提高所带来的售电收益对比其带来的成本提高而言是较小的。考虑到光伏电站出力的波动性较大以及水光蓄系统在输出光伏电力时受到的波动性惩罚也较大，光伏电站对于整个水光蓄系统的成本回收年限影响有限是可以理解的。

对比光伏电站，水电站作为整体系统中的主要电力输出者，对于系统经济性影响要大很多。将水电站的装机容量由规划容量降至 0.5 倍，将使得系统成本回收年限大大提升，而若将水电站的装机容量提高至 1.5 倍，在其他两个电站的容量保持不变的情况下，系统的成本回收年限将扩大 2.1 年。显然，贸然提高水电站的装机容量对系统整体的售电收益带来的益处并不能抵消对系统成本的扩张。尽管降低水电站容量会导致系统售电收益急剧下滑，但在规划容量的基础上提高水电站的容量这一举措也并不可行。因此，对于水电站装机容量的敏感性分析体现水电站对于整个水光蓄系统的重要性，也证明当前容量优化配置方法的有效性。

作为对于系统优化配置方法有效性的证明，下层规划模型对于三个主体电站的规划运行模式展示至关重要。同样地，探讨水光蓄系统中对系统运行方式优化的影响，基于单因素敏感性分析法，选取在三个电站容量改变下任意一天中抽水蓄能电站按照运用 SQP 算法的下层规划模型得出的运行方式，结果如下。

（1）光伏电站。在光伏电站规划容量改变，其他两个主体电站容量不变条件下下层规划模型中抽蓄电站优化运行结果如图 7.76 所示。

当光伏电站容量改变时，对下层规划模型中对抽蓄电站的运行方式影响并不大。主要是由于光伏电站的出力在整体系统中的出力所占比例较小，当其改变时对系统整体的优化运行改变并不大。光伏电站容量改变对抽蓄电站最优运行方式的影响主要在于 14～15 时，为了平抑光伏出力的波动性，当光伏电站容量由 0.5 增长至 1.5 倍的过程中，抽蓄电站会利用光伏在 14～15 时较大的输出电力用于抽水，使得在该时间段内的光伏出力波动反映至系统整体出力时并不大。

　　（2）水电站。在水电站规划容量改变，其他两个主体电站容量不变条件下下层规划模型中抽蓄电站优化运行结果如图 7.77 所示。

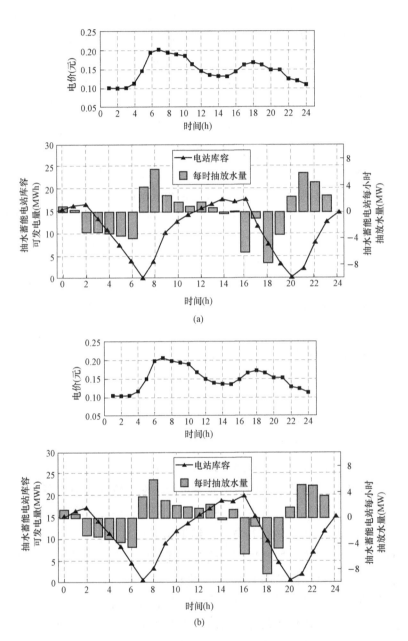

图 7.76　下层规划模型中抽蓄电站优化运行结果一（一）

（a）光伏电站规划容量降低至 0.5 倍；（b）光伏电站规划容量降低至 0.9 倍；

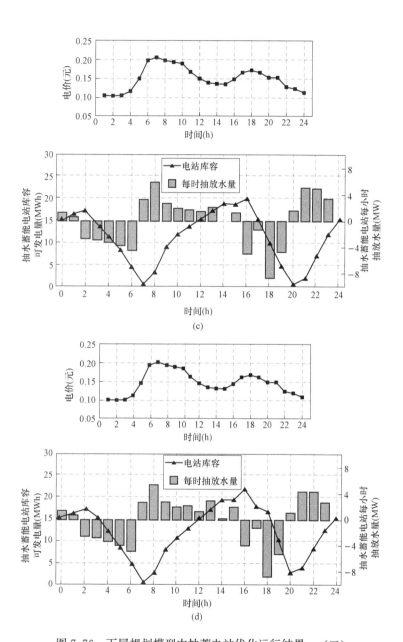

图 7.76　下层规划模型中抽蓄电站优化运行结果一（二）
（c）光伏电站规划容量提高至 1.1 倍；（d）光伏电站规划容量提高至 1.5 倍

由图 7.76 和图 7.77 可以看出，水电站的容量改变对抽蓄电站的优化运行方式改变是很大的。当水电站的出力较小时，抽蓄电站会选择只在 6～8 时的电价高点将抽蓄电站库容放水发电，从而获得最大的售电效益，同时兼顾系统出力的波动性要求。而当水电站出力增加时，抽蓄电站会根据电价曲线，在 6～8 时和 18～21 时的两个电价最高点将水电售出以获得最大售电收益。

（3）抽蓄电站。在抽蓄电站规划容量改变，其他两个主体电站容量不变条件下下层规划模型中抽蓄电站优化运行结果如图 7.78 所示。

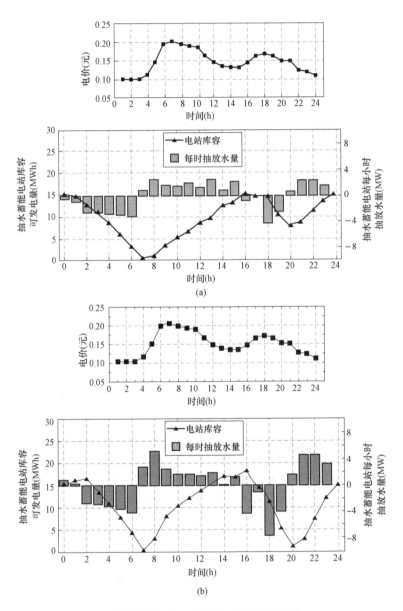

图 7.77　下层规划模型中抽蓄电站优化运行结果二（一）

（a）水电站规划容量降低至 0.5 倍；（b）水电站规划容量降低至 0.9 倍

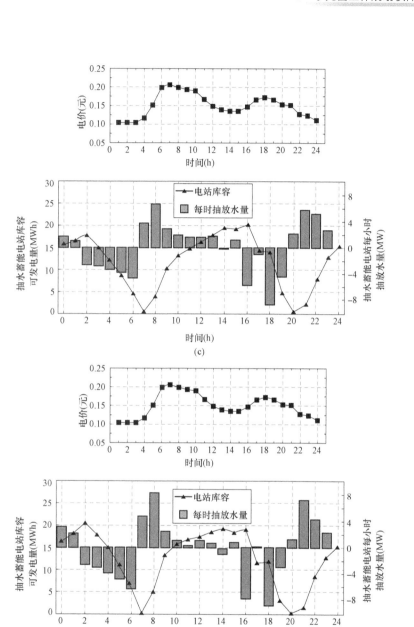

图 7.77　下层规划模型中抽蓄电站优化运行结果二（二）

（c）水电站规划容量提高至 1.1 倍；（d）水电站规划容量提高至 1.5 倍

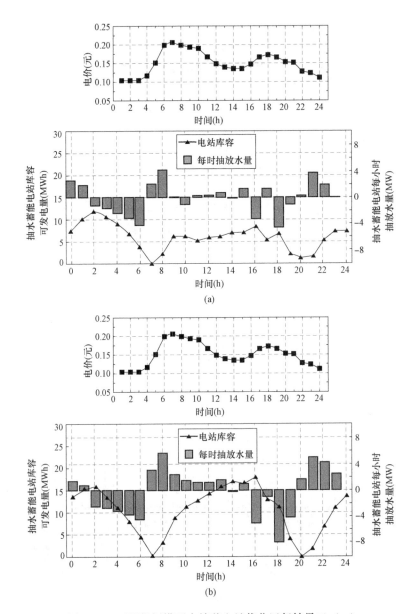

图 7.78　下层规划模型中抽蓄电站优化运行结果三（一）

（a）抽蓄电站规划容量降低至 0.5 倍；（b）抽蓄电站规划容量降低至 0.9 倍

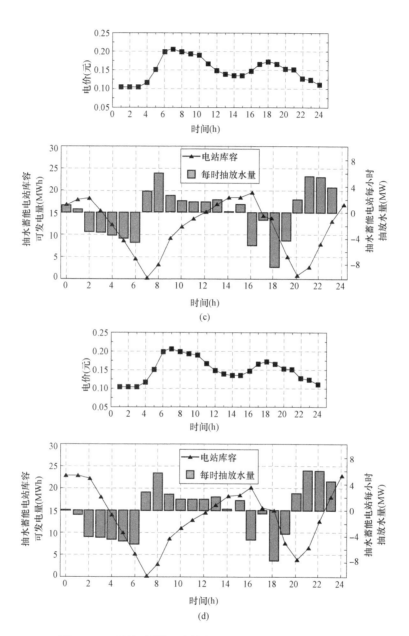

图 7.78 下层规划模型中抽蓄电站优化运行结果三（二）

（c）抽蓄电站规划容量提高至 1.1 倍；（d）抽蓄电站规划容量提高至 1.5 倍

　　抽蓄容量改变对于抽蓄运行最优方式的影响是最直接的，但同样也会受到容量减小带来的无法满足波动性需求从而间接影响运行优化。显然，当抽蓄容量减小时，抽蓄能够抽水和放水的装机容量也同样减小，造成削峰填谷能力的下降。在无法平抑系统整体出力波动性的基础上，会给光伏电站和水电站造成弃电的情况出现。同时，从图 7.82

可以看出，在抽蓄电站容量下降时，最优的运行方式也对系统出力的影响较为无力，无法做到在电价高峰期实现电价的合理售出获得最大收益。而当抽蓄容量增加时，则可以在6~8时和18~21时这两个电价高峰期进行抽蓄动作并提高整个系统经济性的提升。

2. 水光蓄系统分配策略算例分析

根据前文介绍的sharpley值分配策略，将各个电站主体在独立运行与结盟运行方式下通过市场机制下优化运行，得出它们各自的特征函数和边际贡献。在此处分别采用均分法和sharpley值法展示不同分配策略带来的系统投资收益变化并进行对比。

通过市场机制下的优化运行，可以得到电站在不同方式运行下在整个周期内的收益，见表7.21。

表7.21　　　　　　　　　　电站主体在不同模式下收益

合作模式	光伏收益（万元）	水电收益（万元）	抽蓄收益（万元）
单独运行	−13401	−11860.5	−17823
水光联盟	4045	4045	0
光蓄联盟	−31224	0	−31224
水蓄联盟	0	34890	34890
水光蓄联盟	38213	38213	38213

根据不同模式下收益可以算出电站的边际贡献与特征函数，见表7.22。

表7.22　　　　　　　　　　电站主体的边际贡献和特征函数

特征函数	光伏电站（万元）	水电站（万元）	抽蓄电站（万元）
V（光）=0	0	0	0
V（水）=0	0	0	0
V（蓄）=0	0	0	0
V（水光）=29306	29306	29306	—
V（光蓄）=0	0	—	0
V（水蓄）=64573	—	64573	64573
V（水光蓄）=81297	81297	81297	81297

由此，可得出不同分配方式下的收益，见表7.23和表7.24。

表7.23　　　　　　　　　　电站主体的额外收益分配

分配策略	光伏电站（万元）	水电站（万元）	抽蓄电站（万元）
均分法	27099	27099	27099
Sharpley值分配法	10459	42745.5	28092.5

表 7.24   各电站主体的总收益

分配策略	光伏电站（万元）	水电站（万元）	抽蓄电站（万元）
均分法	13698	15238.5	9276
Sharpley 值分配法	−2942	30885	10269.5

显然，如果按照均分法进行分配，光伏电站将得到与水电站一致的额外收益，这明显是不符合市场环境下各电站主体在系统中的作用的，而 sharpley 值分配就可较好地解决这个问题，为市场环境下容量配置方法的进一步深入提供支撑。

7.3.1.4   电网支撑能力验证

考虑电网支撑能力评估体系，对小金网现在态进行 5MW 抽蓄验证。包含并网与离网两种运行条件，且在每种运行条件下，考虑九种运行场景，以短期小时级运行数据为基准，进行计算分析。

1. 并网条件下

在现在态并网条件下给定的 9 个场景源荷特性，包括光伏出力、梯级水电出力、负荷需求以及抽蓄出力特性的前提下，对小金网展开 BPA 仿真计算电网支撑能力指标。考虑到是以小时级的时间尺度进行展开叙述，因此，在电网支撑能力评估指标体系内，以稳态运行指标、暂态运行指标的维度进行展示，如图 7.78 到 7.79 所示。

图 7.79 为稳态运行指标图像包含三个典型场景下的部分线路载流比曲线、部分节点电压偏移曲线、典型时刻负荷节点电压稳定裕度、小金网与主网交互功率峰谷差与波动性、网损，均通过 BPA 稳态仿真获取。

观察线路载流比及节点电压偏差曲线可以发现，不同场景下，线路的潮流分布有着较为显著的差别。由节点电压稳定裕度曲线可以发现，负荷节点 6 的静态电压稳定裕度最小，该节点为系统电压薄弱节点，建议在该节点加装无功补偿装置等措施以提高该节点的静态电压稳定性。而由网损和交互功率波动性、峰谷差图像可看出，各季节下，场景 3 的交互功率波动性与峰谷差最大，网损也较高。

挑选某场景的某典型时刻，将该情况下三相故障及单相故障的暂态稳定仿真曲线展示如图 7.80 所示。在图 7.80 中暂态运行指标图像包含在严重故障，即三相短路故障以及普通故障，即单相瞬时故障下，在典型故障节点、故障时刻下的故障节点正序电压曲线、系统最低/最高节点电压曲线、系统发电机最大相对功角曲线以及系统最低/最高节点频率曲线。设置暂态仿真时长为 500 周波，即 10s。三相短路故障设置为发生在小南海－美兴支路，第 10 周波故障发生，故障发生到故障相前侧断开经过 1 周波，故障发生到故障相后侧断开经过 5 周波；单相短路故障设置为发生在小金－园艺支路，第 10 周波故障发生 A 相单相接地故障，故障发生到故障相前、后侧断开经过 20 周波，故障发生到相前、后侧重合闸经过 50 周波。

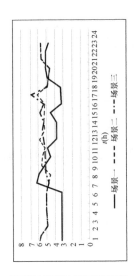
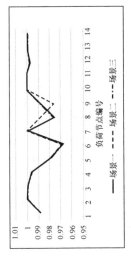
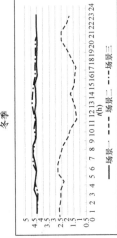
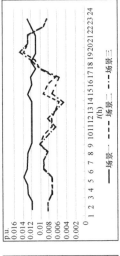
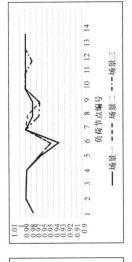
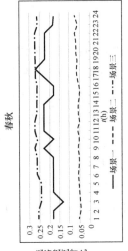
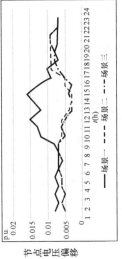
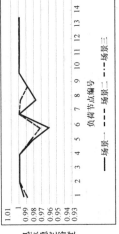

图 7.79 现在态并网下电网支撑能力稳态运行指标展示（一）

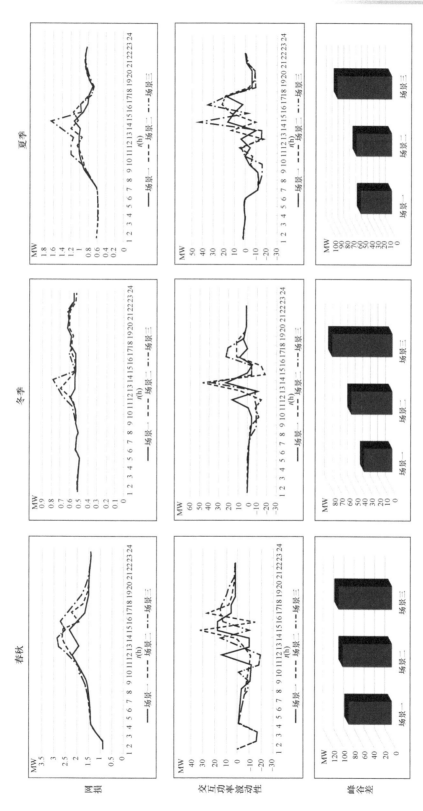

图 7.79 现在态并网下电网支撑能力稳态运行指标展示（二）

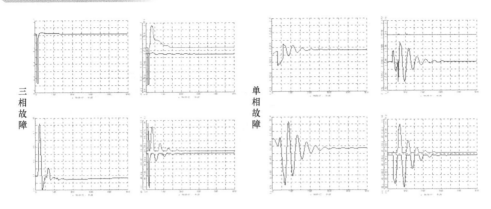

图 7.80 现在态并网下电网支撑能力暂态运行指标展示

挑选单相故障下的观测节点电压指标，将 9 个场景下的暂态恢复曲线对比展示如图 7.81 所示。

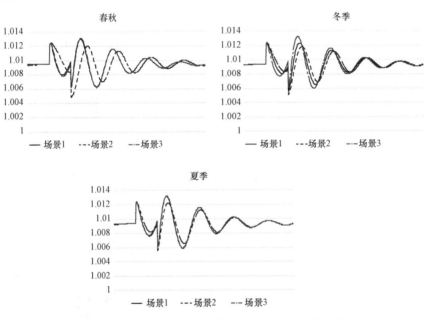

图 7.81 现在态并网单相故障下各场景暂态电压恢复能力

可见，各场景下的暂态电压恢复曲线较为相似，无显著差别。在计算得到各基层指标的具体数值后，还需经过一定处理得到目标层指标值，并依据主观权重、熵权法结合的方法对指标赋予权重，见表 7.25 和表 7.26。

表 7.25   现在态并网目标层指标计算值

方案	评分指标							
	经济成本	平均电压	载流比	网损	稳定性	暂态电压偏移	暂态稳定时间	交互波动性
方案1	0	0.019897	1.435138	1.02963	0.959978	0.007656	0.911235	0.565258

方案	评分指标							
	经济成本	平均电压	载流比	网损	稳定性	暂态电压偏移	暂态稳定时间	交互波动性
方案2	600	0.019899	1.436711	1.02838	0.959944	0.007611	0.861111	0.537514
方案3	1800	0.019908	1.437602	1.025602	0.958996	0.007499	0.827654	0.482899
方案4	3000	0.019917	1.439183	1.022639	0.962002	0.007556	0.791111	0.432565
方案5	4200	0.019932	1.441246	1.020093	0.959741	0.007589	0.807037	0.386862
方案6	5400	0.019946	1.442724	1.016898	0.954736	0.007589	0.827654	0.340918

表 7.26　　　　　　　　　　　　**现在态并网指标权重表**

指标名称	经济成本	平均电压	载流比	网损	稳定性	暂态电压偏移	暂态稳定时间	交互波动性
权重	0.1	0.05	0.05	0.1	0.26	0.05	0.05	0.34

接下来，通过 TOPSIS 法评估决策步骤，得到待选方案的综合指标评估值，如图 7.82 所示。

图 7.82 中，方案 1～6 分别代表抽蓄容量为 0、1、3、5、7、9MW 时对应的各类指标评估值。由图 7.82 可见，交互性随着抽蓄容量的增大，评分显著上升，这是因为抽蓄的运行方式优化目标之一主要是为了消弭交互功率的波动性；而电压偏移、线路载流、网损等稳态指标却随着抽蓄容量的增大呈现评分下降的趋势，这是因为抽蓄运行优化在消弭波动性这项功能的同时，可能会改变潮流，从而影响到稳态运行指标的健康性。静态电压稳定的

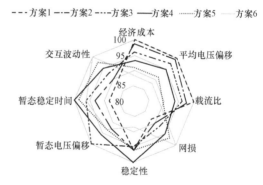

图 7.82　现在态并网下不同容量抽蓄综合评估指标对比

评分与抽蓄容量没有显著的关联关系，方案 3、5 的静态电压稳定性较好；暂态稳定性的评分与抽蓄容量同样没有显著关联关系，方案 3、4 的暂态稳定性较优；而经济性评分随着抽蓄容量的增长而明显下降，这是因为抽蓄设施造价较高。整体看来，并网条件下 5MW 抽蓄的方案在各项指标方面的评分均维持中上水平，属于较优的待选方案。

将这些方案的评分值对比，如图 7.83 所示。

可见，方案 3，即抽蓄容量 3MW 为并网下的最优方案。

2. 离网条件下

在现在态离网条件下给定的 9 个场景的梯级水电出力与抽蓄的出力特性的前提下，对小金网展开 BPA 仿真计算电网支撑能力指标。电网支撑能力评估指标体系的稳态运

行指标、暂态运行指标如图 7.84 和图 7.85 所示。暂态仿真设置同上,挑选某场景的某典型时刻,该情况下三相故障及单相故障的暂态稳定仿真曲线如图 7.85 所示。

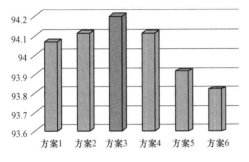

图 7.83 现在态并网下待选方案评分对比

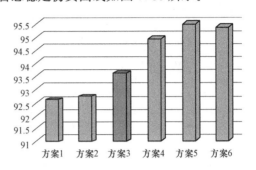

图 7.84 现在态离网下电网支撑能力
稳态运行指标展示

电压稳定裕度分析可以看出 6 号节点在大多数场景下仍为最需要关注的稳定性差节点。与并网情况一致,网损情况在不同场景下有不同的波动,与负荷变化情况一致。不同的是,波动性情况在离网情况被替代为多余发电时弃电、缺电时切负荷的切负荷指标。可以看到在午时光伏发电充足的情况下系统多余发电量较大,而在夜晚无光情况下存在供电不足需要切负荷的情况。由于系统孤岛运行,切负荷情况在所难免,以切负荷量最小作为优化目标,会发现抽蓄的规划容量较并网情况大了许多,这也是为了适应系统孤岛运行的目标。

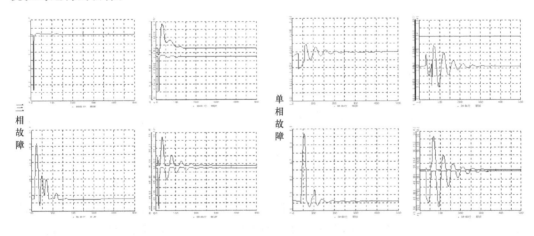

图 7.85 现在态离网下电网支撑能力暂态运行指标展示

挑选单相故障下的观测节点电压指标,将 9 个场景下的暂态恢复曲线对比,如图 7.86 所示。

可见,各场景下暂态电压恢复能力相似,且相较于并网情况下,各场景在离网情况下的暂态恢复曲线彼此差距更小。

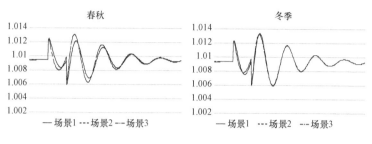

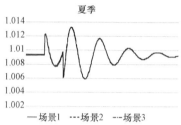

图 7.86　现在态离网单相故障下各场景暂态电压恢复能力

在计算得到各基层指标的具体数值后，还需经过一定处理得到目标层指标值，见表 7.27；并依据主观权重、熵权法结合的方法对指标赋予权重，见表 7.28。

表 7.27　　　　　　　　　　　　　现在态离网目标层指标计算值

方案	评分指标							
	经济成本（元）	平均电压	载流比	网损（MW）	稳定性	暂态电压偏移	暂态稳定时间（s）	缺电量（MWh）
方案 1	0	0.019914	1.1776	0.638194	0.9535	0.007367	0.92815	100.4756
方案 2	600	0.019916	1.1791	0.63875	0.9520	0.007444	0.853457	92.34199
方案 3	1800	0.019919	1.18423	0.639722	0.953292	0.007411	0.930247	76.69954
方案 4	3000	0.019934	1.188908	0.64162	0.95197	0.007456	0.897654	61.78832
方案 5	4200	0.019946	1.194138	0.642546	0.953038	0.007567	0.832469	49.29824
方案 6	5400	0.019961	1.19841	0.643843	0.951643	0.007378	0.859012	39.74432

表 7.28　　　　　　　　　　　　　现在态离网指标权重表

指标名称	经济成本（元）	平均电压	载流比	网损（MW）	稳定性	暂态电压偏移	暂态稳定时间（s）	缺电量（MWh）
权重	0.1	0.05	0.05	0.1	0.26	0.05	0.05	0.34

接下来，通过 TOPSIS 法评估决策步骤，得到各方案的综合指标评估值如图 7.87 所示。

图 7.87 中，方案 1～6 分别代表抽蓄容量为 0、1、3、5、7、9MW 时对应的各类指标评估值。可靠性指标评分随着抽蓄的容量增大而显著上升；其余规律与并网下类似，

5MW 抽蓄仍表现良好。

将这些方案的评分值对比，如图 7.88 所示。

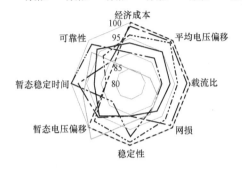

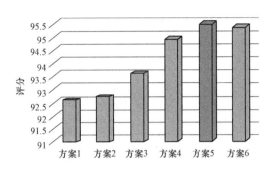

图 7.87　现在态离网下不同容量抽蓄
综合评估指标对比

图 7.88　现在态离网网下待选方案评分对比

可见，方案 5，即抽蓄容量 7MW 为离网下的最优方案。

综合并网与离网的电网支撑能力指标评估结论，可得，5MW 抽蓄综合最优，具有建设的合理性。

针对负荷这个物理量，对电网支撑能力指标进行灵敏度分析。在离网条件下，选取一个场景，不断增大负荷，以考量电网支撑能力指标的变化情况，并探讨负荷增大到何种程度时系统出现崩溃迹象。

在负荷增大的过程中，挑选负荷增大为 1.5、2、2.5、3 倍的场景，展示电网支撑能力主要指标的变化情况，即灵敏度分析，如图 7.89 所示。

可见，随着负荷倍数的不断增大，线路载流比、节点电压偏差、网损都在不断增大；而系统电压薄弱节点——负荷节点 6 的电压稳定裕度随着负荷增大而不断下降，在负荷增至 3 倍时已接近于 0；而单相故障下，暂态电压恢复曲线振荡幅度也是随着负荷增大而扩大。

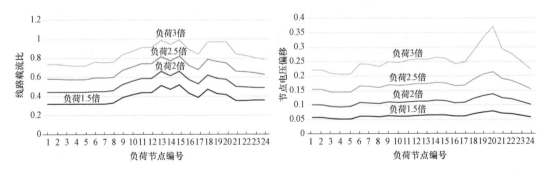

图 7.89　现在态离网负荷增大时电网支撑能力指标变化情况（一）

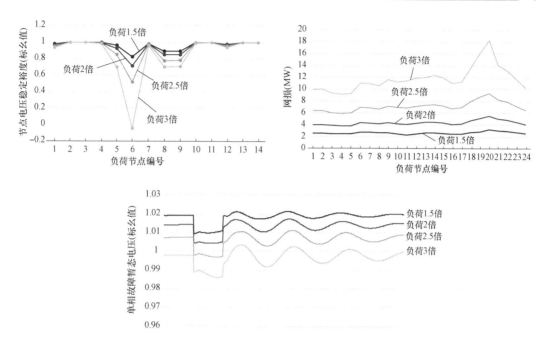

图 7.89　现在态离网负荷增大时电网支撑能力指标变化情况（二）

当负荷增大至 3 倍以上时，系统在发生三相短路故障时会临近崩溃，发生振荡，暂态仿真曲线如图 7.90 所示；倘若继续增大负荷，则在三相短路故障下，系统电压频率等物理量的振荡幅度与不规则程度进一步加剧，暂态仿真曲线如图 7.91 所示。

7.3.2　规划态研究

本报告对示范区未来态 10 年的容量配置进行了分析，对光伏和负荷进行预测，并对未来的梯水和抽蓄进行规划，进行水光蓄最优接入位置的选取。

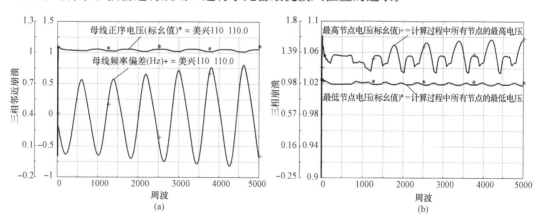

图 7.90　三相短路故障下临近崩溃时暂态仿真曲线（一）

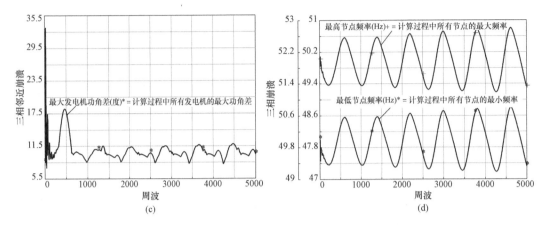

图 7.90 三相短路故障下临近崩溃时暂态仿真曲线（二）

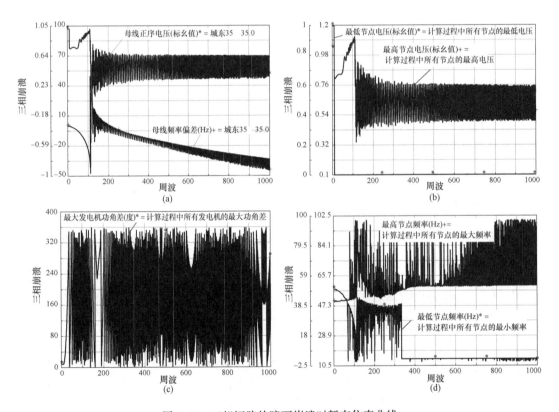

图 7.91 三相短路故障下崩溃时暂态仿真曲线

（a）观测节点电压与频率；（b）系统最低、最高节点电压；

（c）最大发电机功角差；（d）系统最低、最高节点频率

7.3.2.1 数据准备

1. 光伏预测

根据系统动力学、输入本地人口、GDP 等相关因素，得到未来 10 年的光伏容量为 210MW，利用本报告中所述的光伏预测预测方法，得到未来态的电量、小时、短期分钟级下各个场景的光伏预测数据，如图 7.92～图 7.94 所示。

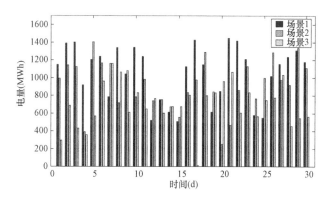

图 7.92 典型场景的光伏预测电量

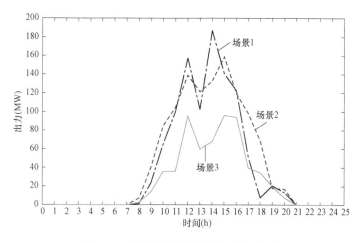

图 7.93 典型场景的光伏小时预测出力

2. 负荷预测

基于对负荷数据的特征性分析，利用支持向量机建立短期负荷预测模型，得到电量级、小时级和短期分钟级不同场景下的负荷数据，其预测值如图 7.95～图 7.97 所示。

3. 梯级水电容量

考虑未来规划态下，根据上述光伏容量和负荷预测，满足系统互补特性和与主网联络线的可调度能力，进行系统容量配置。考虑到梯级水电站在实际建设与扩建方面存在较大困难，所以对梯级水电站 5 年扩建一次，利用上述模型，根据当地的水资源、负荷

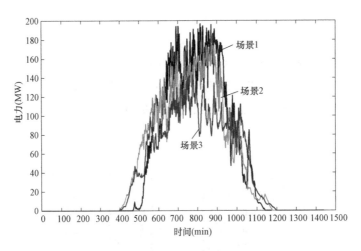

图 7.94　典型场景的光伏分钟预测出力

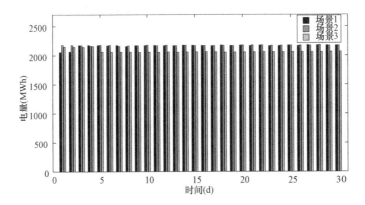

图 7.95　典型场景的负荷预测电量

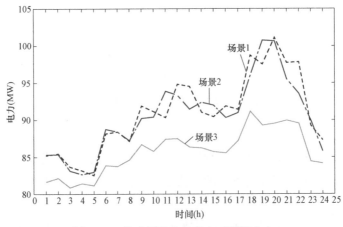

图 7.96　典型场景的负荷小时预测出力

需求及水电站建设可行性研究，未来 10 年木坡、杨家湾和猛固桥的容量见表 7.29。

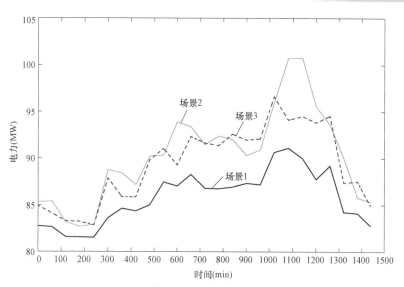

图 7.97　典型场景的负荷分钟预测出力

表 7.29　　　　　　　　　　未来 10 年梯级水电容量

梯级水电	木坡	杨家湾	猛固桥
容量（MW）	4×15	4×20	4×12

7.3.2.2　容量配置结果

规划态容量配置结果详见第四章第四节并离网水光蓄容量配置验证分析。

7.3.2.3　电网支撑能力验证

基于本报告所构造的水光蓄接入位置优化模型，分别在并网与离网条件下，对十年态的小金网光伏及抽蓄进行接入位置的优化工作，得到帕累托最优解集。

考虑电网支撑能力评估体系，对所得到的接入位置最优解集进行进一步优化、评估、筛选。包含并网与离网两种运行条件，且在每种运行条件下，考虑三种运行场景，基于小时级运行数据，进行分析与讨论。

1. 并网条件下

（1）接入位置优化。选取十年态并网条件下小时级容量配置结果接入位置优化模型的输入，见表 7.30。

表 7.30　　　　　　　　　　十年态并网下待选方案集

主体	容量配置（MW）
水电	188
光伏	210
抽蓄	22.2

根据构造的多目标优化模型，对光伏及抽蓄的接入位置与具体接入容量进行优化，

得到的帕累托最优解集，如图 7.98 所示。

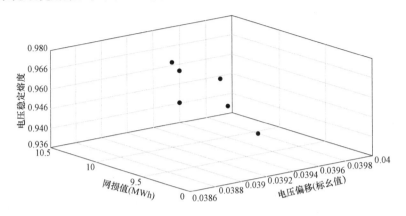

图 7.98　十年态并网下接入位置帕累托最优解集

帕累托最优解集中的一些解相差过小，因此选取合适步长进行进一步筛选，得到的最优解集作为待选方案，作为后文电网支撑能力评估的输入方案，见表 7.31。

表 7.31　　　　　　　　　　　十年态并网下待选方案集

方案	光伏容量（MW）/节点编号
一	6/31, 7/37, 9/7, 10/38, 3/22, 12/34, 6/42, 3/10, 13/17, 14/28, 14/14, 5/6, 8/16, 3/41, 5/43, 6/2, 10/24, 8/19, 6/26, 4/45, 15/23, 3/30, 15/33, 5/8, 10/18, 8/39
二	6/36, 7/34, 9/22, 10/14, 3/10, 12/43, 6/45, 3/27, 13/41, 14/33, 14/23, 5/19, 8/26, 3/31, 5/21, 6/42, 10/39, 8/37, 6/24, 4/8, 15/7, 3/44, 15/35, 5/18, 10/30, 8/6
三	6/16, 7/44, 9/19, 10/28, 3/35, 12/42, 6/27, 3/22, 13/21, 14/18, 14/30, 5/26, 8/17, 3/41, 5/23, 6/45, 10/10, 8/33, 6/34, 4/36, 15/2, 3/43, 15/31, 5/14, 10/38, 8/39

（2）电网支撑能力评估优选。在十年态并网条件下给定的 9 个场景源荷特性与抽蓄出力特性的前提下，对待选方案进行 BPA 仿真，计算电网支撑能力指标。这里将某待选方案的稳态运行指标、暂态运行指标，展示如图 7.99 和图 7.100 所示。暂态仿真设置同上，挑选某场景的某典型时刻，得到该情况下三相故障及单相故障的暂态稳定仿真曲线。

对于线路载流比和节点电压偏移两个指标值分析可以看到，随着时间的推移，十年态对比五年态而言，系统接入的光伏容量更多，分布也更复杂，因此对系统的潮流分布以及节点、线路的指标影响更大。根据节点电压稳定裕度图可知，节点 6 为系统薄弱节点，可在该节点加装无功补偿装置等措施改善该节点的电压稳定性。由交互功率和网损图像可知，各季节下，场景 3 的交互功率波动性与峰谷差最大，网损也较高。

挑选单相故障下的观测节点电压指标，将 9 个场景下的暂态恢复曲线对比展示如图 7.101 所示。

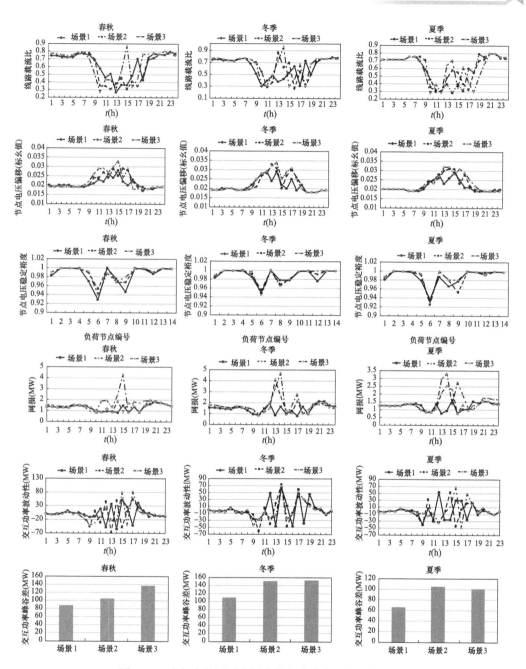

图 7.99 十年态并网下电网支撑能力稳态运行指标展示

可见，在各个季节下，场景 1 的暂态电压超调量和恢复时间均较小，暂态恢复性能最优；对比各季节，则春秋、夏季要优于冬季。

在计算得到各基层指标的具体数值后，还需经过一定处理得到目标层指标值，并依据主观权重、熵权法结合的方法对指标赋予权重，见表 7.32 和表 7.33。

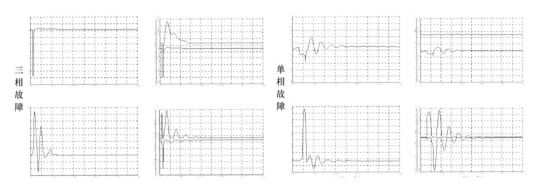

图 7.100 十年态并网下电网支撑能力暂态运行指标展示

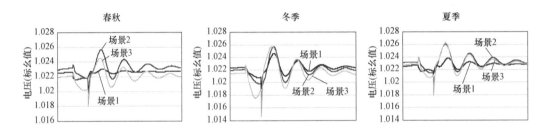

图 7.101 十年态并网单相故障下各场景暂态电压恢复能力

表 7.32   十年态并网目标层指标计算值

方案	平均电压偏移	载流比	网损(MW)	稳定性	暂态电压偏移	暂态稳定时间(s)	交互波动性
一	0.02031	1.28437	2.34509	0.94546	0.02614	0.79197	0.00552
二	0.02031	1.26655	2.14472	0.94504	0.02108	0.73827	0.00548
三	0.02010	1.21862	1.49236	0.94014	0.02314	0.86061	0.00591

表 7.33   十年态并网指标权重表

指标	平均电压偏移	载流比	网损	稳定性	暂态电压偏移	暂态稳定时间	交互波动性
数值	0.24731	0.15131	0.15957	0.10594	0.10368	0.10613	0.10598

接下来，通过 TOPSIS 法评估决策步骤，得到待选方案的综合指标评估值如图 7.102 所示。

经过对比，可见方案 1 整体处于劣势，方案 2 在可靠性、暂态稳定方面表现较好，方案 3 在电压偏移、线路载流、网损等稳态特性方面表现较好。三个方案的评分值对比如图 7.103 所示。

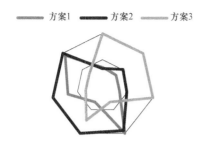

图 7.102 十年态并网下待选方案
综合评估指标对比

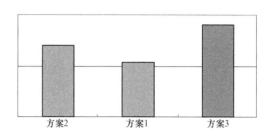

图 7.103 十年态并网下待选方案评分对比

因此，方案 3 为最优方案。

2. 离网条件下

（1）接入位置优化。选取十年态离网条件下小时级容量配置结果接入位置优化模型的输入，见表 7.34。

表 7.34 十年态离网容量配置结果

主体	容量配置（MW）
水电	188
光伏	210
抽蓄	50.3

根据构造的多目标优化模型，对光伏及抽蓄的接入位置与具体接入容量进行优化。得到的帕累托最优解集，如图 7.104 所示。

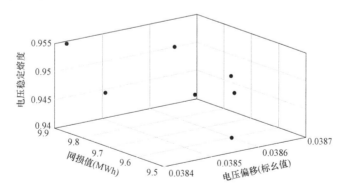

图 7.104 十年态离网下接入位置帕累托最优解集

选取合适步长进行进一步筛选，得到的最优解集作为待选方案，作为后文电网支撑能力评估的输入方案，见表 7.35。

表 7.35　　　　　　　　　　　　十年态离网下待选方案集

方案	光伏容量（MW）/节点编号
一	3/26，13/28，10/6，5/41，7/39，2/16，16/44，10/31，10/7，9/2，14/17，4/14，13/34，7/37，4/43，10/24，1/30，7/21，8/8，6/18，14/10，10/35，10/27，4/45，8/36，3/38
二	3/36，13/34，10/42，5/41，7/17，2/30，16/24，10/45，10/38，9/31，14/28，4/21，13/33，7/2，4/23，10/18，1/19，7/22，8/39，6/37，14/44，10/6，10/43，4/7，8/14，3/35
三	3/18，13/21，10/37，5/24，7/41，2/28，16/35，10/33，10/22，9/6，14/19，4/43，13/27，7/42，4/7，10/16，1/26，7/2，8/10，6/34，14/23，10/44，10/14，4/31，8/36，3/30

（2）电网支撑能力评估优选。在十年态离网条件下给定的 9 个场景的梯级水电出力与抽蓄的出力特性的前提下，对小金网展开 BPA 仿真计算电网支撑能力指标。电网支撑能力评估指标体系的稳态运行指标、暂态运行指标如图 7.105 和图 7.106 所示。暂态仿真设置同上，挑选某场景的某典型时刻，将该情况下三相故障及单相故障的暂态稳定仿真曲线展示如图 7.107 所示。

对于节点电压偏差指标与线路载流比指标，离网下的规律与并网类似，不再赘述。根据节点电压稳定裕度图可知，节点 6 仍为系统薄弱节点，可在该节点加装无功补偿装置等措施改善该节点的电压稳定性。十年态离网下电网支撑能力暂态运行指标展示如 7.106 所示，由弃负荷/弃电和网损图像可知，场景 3 下的切负荷情况最严重，网损也最大。

挑选单相故障下的观测节点电压指标，将 9 个场景下的暂态恢复曲线对比展示如图 7.107 所示。

可见，在各个季节下，场景 1 的暂态电压超调量和恢复时间均较小，暂态恢复性能最优；对比各季节，则春秋优于冬季优于夏季。

在计算得到各基层指标的具体数值后，还需经过一定处理得到目标层指标值，见表 7.36；并依据主观权重、熵权法结合的方法对指标赋予权重，见表 7.37。

表 7.36　　　　　　　　　　　十年态离网目标层指标计算值

方案	平均电压偏移	载流比	网损	稳定性	暂态电压偏移	暂态稳定时间	缺电量
一	0.02064	1.86062	2.99731	0.94353	0.02358	0.77802	105.557
二	0.02039	1.81831	2.40861	0.94760	0.02616	0.71234	105.557
三	0.02045	1.83991	2.84805	0.95907	0.02254	0.73086	105.557

表 7.37　　　　　　　　　　　　十年态离网指标权重表

指标	平均电压偏移	载流比	网损	稳定性	暂态电压偏移	暂态稳定时间	交互波动性
数值	0.122	0.169	0.144	0.204	0.128	0.120	0.102

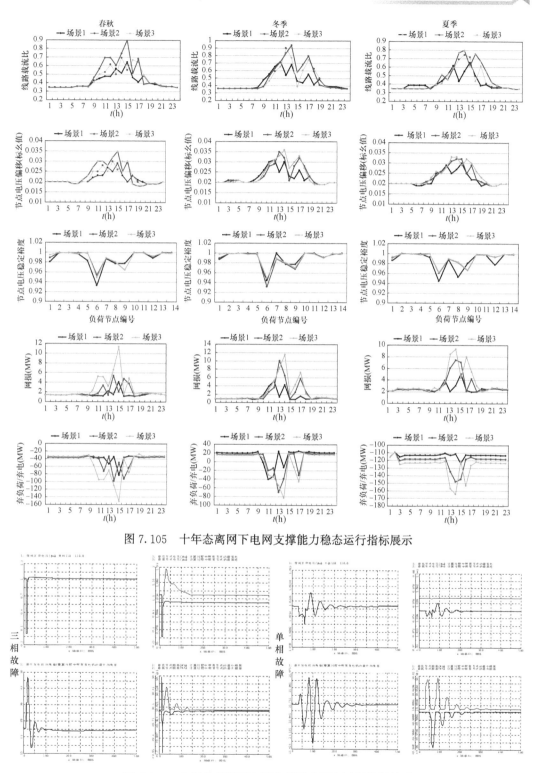

图 7.105　十年态离网下电网支撑能力稳态运行指标展示

图 7.106　十年态离网下电网支撑能力暂态运行指标展示

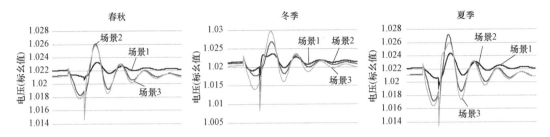

图 7.107　十年态离网单相故障下各场景暂态电压恢复能力

接下来,通过 TOPSIS 法评估决策步骤,得到待选方案的综合指标评估值,如图 7.108 所示。

可见,相比较,方案 1 整体处于劣势,方案 2 在电压偏移、线路载流、网损等稳态特性方面表现较好,方案 3 在电压偏移、线路载流、网损、可靠性、暂态恢复时间等多方面表现较好。三个方案的评分值对比如图 7.109 所示。

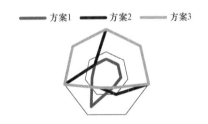

图 7.108　十年态离网下待选方案
综合评估指标对比

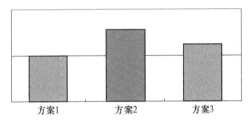

图 7.109　十年态离网下待选方案评分

因此,方案 2 是整体最优方案。

针对负荷这个物理量,对电网支撑能力指标进行灵敏度分析。在离网条件下,选取一个场景,不断增大负荷,以考量电网支撑能力指标的变化情况,并探讨负荷增大到何种程度时系统出现崩溃迹象。

在负荷增大的过程中,挑选负荷增大为 1.2、1.5、1.6 倍的场景,展示电网支撑能力主要指标的变化情况,即灵敏度分析,如图 7.110 所示。

可见,随着负荷倍数的不断增大,线路载流比、节点电压偏差、网损都在不断增大;而系统电压薄弱节点,即负荷节点 6 的电压稳定裕度随着负荷增大而不断下降,在负荷增至 3 倍时已跌至 0.4;而单相故障下,暂态电压恢复曲线最低点也是随着负荷增大而扩大。

当负荷增大至 1.6 倍以上时,系统在发生三相短路故障时会临近崩溃,发生振荡,暂态仿真曲线如图 7.111 所示。

倘若继续增大负荷,则在三相短路故障下,系统电压频率等物理量的振荡幅度与不规则程度进一步加剧,暂态仿真曲线如图 7.112 所示。

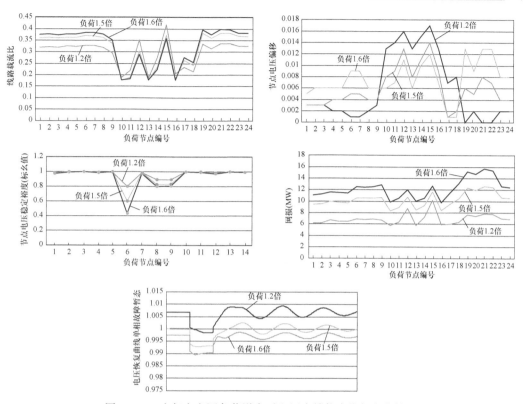

图 7.110　十年态离网负荷增大时电网支撑能力指标变化情况

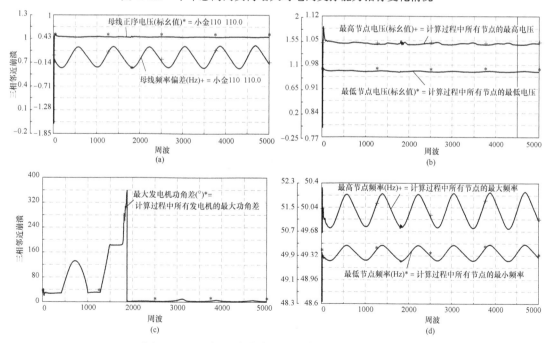

图 7.111　三相短路故障下临近崩溃时暂态仿真曲线

（a）观测节点电压与频率；（b）系统最低、最高节点电压；（c）最大发电机功角差；（d）系统最低、最高节点频率

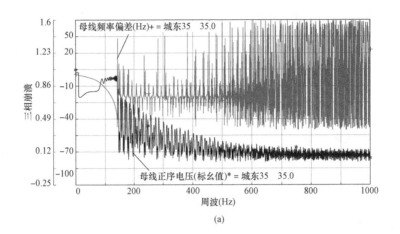

(a)

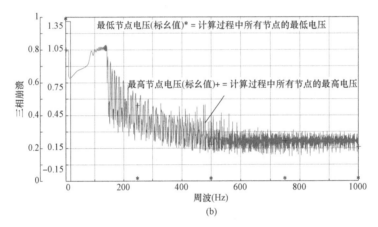

(b)

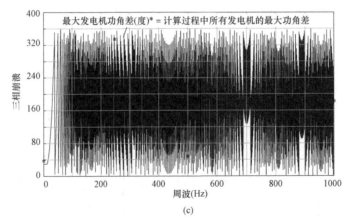

(c)

图 7.112　三相短路故障下崩溃时暂态仿真曲线（一）

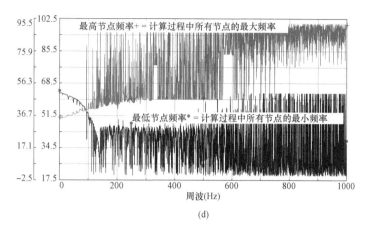

图 7.112 三相短路故障下崩溃时暂态仿真曲线（二）

综上所述，在并网条件下，以波动性为目标函数在多场景下对水光蓄系统中的可逆式抽水泵进行容量配置；波动性越小越利于保证电网的安全稳定可靠运行，但波动性小对应的可逆抽水泵的功率越大，从而将导致高的投资成本。基于此，分析了在不同场景下不同功率的可逆式抽水泵与波动性之间的关系。在小时级九个场景中，配置5.2MW抽蓄均能有效地降低并网联络线上功率的波动和增加离网系统可靠性，降低失负荷率；在分钟级九个场景中，配置5.2MW抽蓄能将并网条件下联络线波动率均降低到8％下，并增加离网条件下可靠性。规划态容量配置研究表明，在配置22.2MW抽蓄下，能将并网分钟级场景的波动率降低到8％以下，离网下能降低LP-SP，提供系统可靠性。

综上所述，在并网条件下，以波动性为目标函数在多场景下对水光蓄系统中的可逆式抽水泵进行容量配置；波动性越小越利于保证电网的安全稳定可靠运行，但波动性小对应的可逆抽水泵的功率越大，从而将导致高的投资成本。基于此，分析了在不同场景下不同功率的可逆式抽水泵与波动性之间的关系。在小时级九个场景中，配置5.2MW抽蓄均能有效地降低并网联络线上功率的波动和增加离网系统可靠性，降低失负荷率；在分钟级九个场景中，配置5.2MW抽蓄能将并网条件下联络线波动率均降低到8％下，并增加离网条件下可靠性。规划态容量配置研究表明，在配置22.2MW抽蓄下，能将并网分钟级场景的波动率降低到8％以下，离网下能降低LP-SP，提供系统可靠性。

本章小结

本章首先对水光蓄互补规划软件功能进行了介绍，并展示了软件中的相关功能界面，其次介绍了本软件使用的关键技术，包括基于开放平台总线研究实现理论算法开放接入的方法、虚拟沙盘推演决策支持软件、基于关联表达模式的多维信息融合以及基于规划过程和算法调用互动推演的友好人机交互等技术；最后对小金县规划实例进行分析，包括现在态研究和规划态研究，通过规划软件对主要规划数据进行了仿真、推演，结果证明该规划软件能够很好地实现水光荷的特性分析、展示光伏和负荷未来态的预测结果、并网和离网条件下现在态和十年态的选址定容功能。

参 考 文 献

［1］ Xiao Xu，Weihao Hu，et al Optimal operational strategy for an off grid hybrid hydrogen/electricity refueling station powered by solar photovoltaics ［J］. Journal of Power Sources 2020；451：227810.

［2］ Xiao Xu，Weihao Hu，Di Cao，et al. Designing a standalone wind‐diesel‐CAES hybrid energy system by using a scenario‐based bi‐level programming method ［J］. Energy Conversion and Management 2020；211：112759.

［3］ Xiao Xu，Weihao Hu，Di Cao，et al. Enhanced design of an off grid PV‐battery‐methanation hybrid energy system for power/gas supply ［J］. Renewable Energy 2020；In Press. DOI：10.1016/j.renene.2020.11.101.

［4］ Shuai Zhang，YueXiang ，Junyong Liu ，et al. A Regulating Capacity Determination Method for Pumped Storage Hydropower to Restrain PV Generation Fluctuation ［J］. CSEE JPES；已录用 .

［5］ Tao Li，Weihao Hu，Xiao Xu，et al. Optimized Operation of Hybrid System Integrated With MHP，PV and PHS Considering Generation/Load Similarity ［J］. IEEE Access 2017；7：107793‐107804.

［6］ Xiao Xu，Weihao Hu，Di Cao，et al. Implementation of Repowering Optimization for an Existing Photovoltaic‐pumped Hydro Storage Hybrid System：A Case Study in Sichuan，China ［J］. International Journal of Energy Research 2019；43（7）：8463‐8480.

［7］ Jingxian Yang，Shuai Zhang，Yue Xiang，et al. LSTM auto‐encoder based representative scenario generation method for hybrid hydro‐PV power system ［J］. IET Generation，Transmission & Distribution 2020；14（24）：5935‐5943.

［8］ 陈爱康，胡静哲，陆轶祺，等. 梯级水光蓄系统规划关联模型的建模 ［J］. 中国电机工程学，2020，40（04）：1106‐1116＋1403.

［9］ 李健华，刘继春，陈雪，等. 含可再生能源的多能互补发电系统容量配置方法 ［J］. 电网技术，2019，43（12）：4387‐4398.

［10］ 蒋万枭，刘继春，韩晓言，等. 离网条件下考虑短时间尺度的水光蓄多能互补发电系统备用容量确定方法 ［J］. 电网技术，2020，44（07）：2492‐2502.

［11］ Yuchen Song，Weihao Hu，Xiao Xu，Qi Huang，Gang Chen，Xiaoyan Han，Zhe Chen. Optimal Investment Strategies for Solar Energy Based Systems. Energies 2019；12（14）：1‐17.

［12］ 杨晶显，刘俊勇，韩晓言，等. 基于深度嵌入聚类的水光荷不确定性源场景生成方法 ［J］. 中国电机工程学报，2020，40（22）：7296‐7306.

［13］ 朱泽安，周修宁，王旭，等. 基于稳暂态联合仿真模拟的区域多可再生能源系统评估决策 ［J］. 电工技术学报，2020，35（13）：2780‐2791.

［14］ Jichun Liu，Jianhua Li，Xin Zhang，Wanxiao Jiang. Optimal Sizing of Cascade Hydropower and Distributed Photovoltaic Included Virtual Power Plant Considering Investments and Complementary Benefits in Electricity Markets ［J］. Energies 2019；12（5）：1‐1.

［15］ 杨晶显，张帅，刘继春，等. 基于 VMD 和双重注意力机制 LSTM 的短期光伏功率预测 ［J］. 电

力系统自动化 2020：1 - 11. In press：DOI：10. 7500/AEPS20200226011.

[16] 冯麒铭，刘继春，杨阳方，等. 含不同类型能源的多局域电网优化经济调度 [J]. 电网技术，2019，43 (2)：452 - 461.

[17] Lingling Wang, Xu Wang, Chuanwen Jiang, et al. Dynamic Coordinated Active - Reactive Power Optimization for Active Distribution Network with Energy Storage Systems [J]. Applied Sciences 2019：9 (6)：1 - 17.

[18] Jichun Liu, Yangfang Yang, Junyong Liu. A Power Exchange Strategy for Multiple Areas with Hydro Power and Flexible Loads. Energies 2019；12 (6)：1 - 17.

[19] Jingxian Yang, Jichun Liu, Shuai Zhang. Optimization for Short - Term Operation of Hybrid Hydro - PV Power System Based on NSGA - Ⅱ [C]. The 4th IEEE Conference on Energy Internet & Energy System Integration. Oct. 30th - Nov. 1st, 2020, Wuhan, China.

[20] Kai Liu, Weihao Hu, Xiao Xu, et al. Optimized Operation of Photovoltaic and Pumped Hydro Storage Hybrid Energy System in the Electricity Market [C]. 2019 IEEE Innovative Smart Grid Technologies，Asia, 21 - 24 May 2019, Chengdu, China.

[21] Xiao Xu, Weihao Hu, Qi Huang, et al. Optimal Operation of Photovoltaic - Pump Hydro Storage Hybrid System [C]. IEEE PES ASIA - Pacific Power and Energy Engineering Conference，7 - 10 Oct. 2018, Kota Kinabalu, Malaysia.

[22] Shuai Zhang, Junyong Liu, Jingxian Yang, et al; Development and Application of Planning Software for Cascaded Hydro - Photovoltaic - Pumped Storage Hybrid Power Stations [C]. The 4th IEEE Conference on Energy Internet & Energy System Integration, Oct. 30th - Nov. 1st, 2020, Wuhan, China.

[23] 李涛，胡维昊，李坚，等. 基于深度强化学习算法的光伏 - 抽蓄互补系统智能调度 [J]. 电工技术学报，2020，35 (13)：2757 - 2768.

[24] 罗仕华，胡维昊，黄琦，等. 市场机制下光伏/小水电/抽水蓄能电站系统容量优化配置 [J]. 电工技术学报，2020，35 (13)：2792 - 2804.

[25] 徐玉杰，陈海生，刘佳，等. 风光互补的压缩空气储能与发电一体化系统特性分析 [J]. 中国电机工程学报，2012，32 (20)：88 - 95，144.

[26] A. Makhsoos, H. Mousazadeh, S. S. Mohtasebi, M. Abdollahzadeh, J. Hamid, E. Omrani, Y. Salmani, K. Ali. Design, simulation and experimental evaluation of energy system for an unmanned surface vehicle [J]. Energy 2018；148：362 - 372.

[27] IEA Report：Renewables 2020, IEA official website, 2020 年 11 月 10 日，https：//www. iea. org/.

[28] International Energy Agency. Renewables 2018—Market analysis and forecast from 2018 to 2023 [R]. Paris：International Energy Agency, 2018.

[29] 韩晓言，丁理杰，陈刚，等. 梯级水光蓄互补联合发电关键技术与研究展望 [J]. 电工技术学报，2020，35 (13)：2711 - 2722.

[30] 陈国平，李明节，许涛，等. 关于新能源发展的技术瓶颈研究 [J]. 中国电机工程学报，2017，37 (1)：25 - 32.

[31] 国家发展和改革委员会，国家能源局. 电力发展"十三五"规划（2016 - 2020 年）[R]. 2016.

［32］明梦君，张涛，王锐，等．混合可再生能源系统多目标优化综述［J］．中国电机工程学报，2018，38（10）：2908-2917＋3141.

［33］左志安，张兰．具有"绿色电池"效应的抽水蓄能电站［J］．水利水电快报，2014，35（02）：1-3.

［34］Masoume Shabani，Javad Mahmoudimehr. Techno-economic role of PV tracking technology in a hybrid PV hydro electric standalone power system［J］．Applied Energy，2018，212：84-108.

［35］Fang-Fang Li，Jun Qiu. Multi-objective optimization for integrated hydro-photovoltaic power system［J］．Applied Energy，2016，167：377-384.

［36］安源，方伟，黄强，等．水-光互补协调运行的理论与方法初探［J］．太阳能学报，2016，37（8）：1985-1992.

［37］明波，黄强，王义民，等．水-光电联合运行短期调度可行性分析［J］．太阳能学报，2015，36（11）：2731-2737.

［38］任东明．四川小水电产业发展建议［J］．中国能源，2005（03）：39-42．DOI：10.3969/j.issn.1003-2355.2005.03.016.

［39］王灿斌，王家陈．基于小水电富集地区电网的调控难点分析及探讨［J］．电工技术，2019（20）．

［40］Cheng Chuntian，Miao Shumin，Luo Bin，et al. Forecasting monthly energy production of small hydropower plants in ungauged basins using grey model and improved seasona lindex［J］．Journal of Hydroinfomatics，2017，19（6）：993-1008.

［41］徐玉韬，袁旭峰，武晋辉，等．规模化小水电群功率快速控制系统及其在贵州电网中的应用［J］．电子测量技术，2019，42（18）：8-13.

［42］王朋．梯级小水电优化运行技术研究［D］．郑州：郑州大学，2015.

［43］Howlader H O R，Sediqi M M，Ibrahimi A M，et al. Optimal Thermal Unit Commitment for Solving Duck Curve Problem by Introducing CSP，PSH and Demand Response［J］．IEEE Access，2018，6：4834-4844.

［44］Hozouri MA，Abbaspour A，Fotuhi-Firuzabad M，et al. On the Use of Pumped Storage for Wind Energy Maximization in Transmission-Constrained Power Systems［J］．IEEE Transactions on Power Systems，2015，30（2）：1017-1025.

［45］陈文伯．梯级水电站-光伏电站联合优化调度的研究［D］．西安：西安理工大学，2017.

［46］分布式电源接入电网技术规定：Q/GDW1480—2015［S］．北京：国家电网有限公司，2016.

［47］王群，董文略，杨莉．基于Wasserstein距离和改进K-medoids聚类的风电/光伏经典场景集生成算法［J］．中国电机工程学报，2015，35（11）：2654-2661.

［48］Wang Qun，Dong Wenlue，Yang Li，et al. Short-term optimal operation of hydro-wind-solar hybrid system with improved generative adversarial networks［J］．Applied Energy，2019，250：389-403.

［49］刘挺坚，刘友波，刘若凡．风电外送断面极限输电能力的非参数回归估计［J］．电网技术，2017，41（11）：3514-3522.

［50］丁明，解蛟龙，刘新宇．面向风电接纳能力评价的风资源/负荷典型场景集［J］．中国电机工程学报，2016，36（15）：4064-4071.

[51] 朱文俊，王毅，罗敏，等．面向海量用户用电特性感知的分布式聚类算法 [J]．电力系统自动化，2016，40 (12)：21-27.

[52] 李阳，刘友波，刘俊勇，等．基于形态聚类的日负荷数据自适应稳健聚类算法 [J]．中国电机工程学报，2019，29 (00)：1-10.

[53] Chun Sing Lai, Youwei Jia, Malcolm D. McCulloch, et al. Daily Clearness Index Profiles Cluster Analysis for Photovoltaic System [J]. IEEE Transactions on Industrial informatics, 2017, 13 (5): 2322-2332.

[54] Ran Li, Furong Li, Wang Yimin, et al. Load Characterization and Low-Order Approximation for Smart Metering Data in the Spectral Domain [J]. IEEE Transactions on Industrial informatics, 2017, 13 (3): 976-984.

[55] Yize Chen, Yishen Wang, Daniel Kirschen, et al. Model-Free Renewable Scenario Generation Using Generative Adversarial Networks [J]. IEEE Transactions on power systems, 2018, 33 (3): 3265-3275.

[56] 王守相，陈海文，李小平．风电和光伏随机场景生成的条件变分自动编码器方法 [J]．电网技术，2018，42 (6)：1860-1867.

[57] Omid Motlagh, Adam Berry, Lachlan O'Neil. Clustering of residential electricity customers using load time series [J]. Applied Energy, 2019, 237: 11-24.

[58] Hideitsu Hino, Haoyang Shen, Noboru Murata, et al. Deep Clustering via Joint Convolutional Autoencoder Embedding and Relative Entropy Minimization [J]. 2017 IEEE International Conference on Computer Vision, Venice, Italy, 2017.

[59] 王潇笛，刘俊勇，刘友波，等．采用自适应分段聚合近似的典型负荷曲线形态聚类算法 [J]．电力系统自动化，2019，43 (1)：110-118.

[60] Xulun Ye, JieyuZha. Multi-manifold clustering: A graph-constrained deep nonparametric method [J]. Pattern Recognition, 2019, 93: 215-227.

[61] Hinton, Geoffrey E, Salakhutdinov, et al. Reducing the dimensionality of data with neural networks [J]. Science, 2006, 313 (5786): 504-507.

[62] JunyuanXie, Ross Girshick, Ali Farhadi. Unsupervised Deep Embedding for Clustering Analysis [J]. arXiv: 1511.06335v2, 2016.

[63] 钱子伟，孙毅超，王琦，等．基于 OS-ELM 的光伏发电中长期功率预测 [J]．南京师范大学学报 (工程技术版)，2020，20 (01)：8-14.

[64] 王欣，张宇，刘士宏．基于系统动力学的光伏发电系统建模与仿真 [J]．东北电力大学学报，2012，32 (05)：16-19.

[65] 邵成成，王锡凡，王秀丽，等．多能源系统分析规划初探 [J]．中国机电工程学报，0258-8013 (2016) 14-3817-12. DOI: 10.13334/j.0258-8013.pcsee.160198.

[66] 马实一．风电—光伏—抽水蓄能联合优化运行模型建立与应用 [J]．供用电，2018，35 (01)：80-85. DOI: 10.19421/j.cnki.1006-6357.2018.01.014.

[67] 王辉，崔建勇．应对光伏并网的抽水蓄能电站优化运行 [J]．电网技术，2014，38 (8)：2095-2101. DOI: 10.13335/j.1000-3673.pst.2014.08.012.

［68］ 陈峦. 光伏电站一水电站互补发电系统的仿真研究［J］. 水力发电，2010，36（8）：81-84. DOI：10.3969/j. issn. 0559-9342.2010.08.027.

［69］ 任岩，郑源，李延频. 风/光/抽蓄复合系统的建模与仿真［J］. 排灌机械工程学报，2011，29（6）：518-522. DOI：10.3969/j. issn. 1674-8530.2011.06.012.

［70］ 曹宇，汪可友，石文辉，等. 风一光一海水抽蓄联合发电系统的调度策略研究［J］. 电力系统保护与控制，2018，46（2）：16-23. DOI：10.7667/PSPC170034.

［71］ 赵东来，牛东晓，杨尚东，等. 考虑不确定性的风光燃蓄多目标随机调度优化模型［J］. 湖南大学学报（自然科学版），2018，45（4）：138-147 DOI：10.16339/j. cnki. hdxbzkb.2018.04.018.

［72］ 安源. 水光互补协调运行的理论与方法研究［D］. 西安：西安理工大学，2016.

［73］ S. Anna, G. Cavazzini, A. Guido, A. Rossetti, APSO (particle swarm optimization)-based model for the optimal management of a small PV (Photovoltaic)-pump hydro energy storage in a rural dry area, Energy2014；76：16-e174.

［74］ S. V. Papaefthymiou, S. A. Papathanassiou, Optimum sizing of wind-pumped-storage hybrid power stations in island systems, Renewable Energy 2014；64：187-196.

［75］ T. Ma, H. Yang, L. Lu, J. Peng. Optimal design of an autonomous solar-wind-pumped storage power supply system. Applied Energy 2015；164：268-283.

［76］ 朱晔，兰贞波，隗震，等. 考虑碳排放成本的风光储多能互补系统优化运行研究［J］. 电力系统保护与控制，2019，47（10）：127-133.

［77］ 李建林，郭斌琪，牛萌，等. 风光储系统储能容量优化配置策略［J］. 电工技术学报，2018，33（6）：1189-1196.

［78］ 朱青，曾利华，寇凤海，等. 考虑储能并网运营模式的工业园区风光燃储优化配置方法研究［J］. 电力系统保护与控制，2019，47（17）：23-31.

［79］ 赵波，包侃侃，徐志成，等. 考虑需求侧响应的光储并网型微电网优化配置［J］. 中国电机工程学报，2015，35（21）：5465-5474.

［80］ 王树东，杜巍，林莉，等. 基于合作博弈的需求侧响应下光储微电网优化配置［J］. 电力系统保护与控制，2018，46（1）：129-137.

［81］ Zhang Dahai, Wang Jiaqi, Lin Yonggan, et al. Present situation and future prospect of renewable energy in China［J］. Renewable and Sustainable Energy Reviews，2017，76：865-871.

［82］ Notton G, Mistrushi D, Stoyanov L, et al. Operation of a photovoltaic-wind plant with a hydro pumping-storage for electricity peak-shaving in an island context［J］. Solar Energy，2017，157：20-34.

［83］ 檀丛青，王志奇，陈柳明，等. 高寒高海拔地区风光互补热电联供系统多目标优化研究［J］. 分布式能源，2020，5（04）：43-50.

［84］ Y. Zhang, J. Le, X. Liao, F. Zheng, K. Liu, X. An, Multiobjective hydro-thermal-wind coordination scheduling integrated with largescale electric vehicles using IMOPSO. Renewable Energy 2018；128：91-107.

［85］ 周楠，樊玮，刘念，等. 基于需求响应的光伏微网储能系统多目标容量优化配置［J］. 电网技术，2016，40（06）：1709-1716.

[86] F. Li，J. Qiu. Multi‐objective optimization for integratedhydrophotovoltaic power system. Applied Energy 2016；167：377‐384.

[87] Q. Chen，M. KumJa，Y. Li，K. Chua. Energy，economic and environmental（3E）analysis and multi‐objective optimization of a spray‐assisted low‐temperature desalination system. Energy 2018；151：387‐401.

[88] M. A. M. Ramli，H. R. E. H. Bouchekara，A. S. Alghamdi. Optimal sizing of PV/wind/diesel hybrid microgrid system using multi‐objective self‐adaptive differential evolution algorithm. Renewable Energy 2018；121：400‐411.

[89] S. Ali，R. A. Taylor，G. L. Morrison，S. D. White，A comprehensive，multi‐objective optimization of solar‐powered absorption chiller systems for air‐conditioning applications. Energy Conversion and Management 2017；132：281‐306.

[90] 刘佳，徐谦，程浩忠，等 . 计及主动配电网转供能力的可再生电源双层优化规划［J］. 电工技术学报，2017，32（9）：179‐188.

[91] Wang Xu，BieZhaohong，Liu Fan，et al. Bi‐level planning for integrated electricity and natural gas systems with wind power and natural gas storage［J］. International Journal of Electrical Power and Energy Systems，2020，118：105738.

[92] Luo Xi，Zhu Ying，Liu Jiaping，et al. Design and analysis of a combined desalination and standalone CCHP（combined cooling heating and power）system integrating solar energy based on a bi‐level optimization model［J］. Sustainable Cities and Society，2018，43：166‐175.

[93] Zeng Qing，Zhang Baohua，Fang Jiakun，et al. A bi‐level programming for multistage co‐expansion planning of the integrated gas and electricity system［J］. Applied Energy，2017，200：192‐203.

[94] ZhuJianyun，Chen Li，Wang Xuefeng，et al. Bi‐level optimal sizing and energy management of hybrid electric propulsion systems［J］. Applied Energy，2020，260：114134.

[95] 初壮，李钊，白望望 . 计及不确定性和环境因素的多类型分布式电源选址定容［J］. 电力系统保护与控制，2017，45（13）：34‐41.

[96] 张沈习，李珂，程浩忠，等 . 考虑相关性的间歇性分布式电源选址定容规划［J］. 电力系统自动化，2015，39（8）：53‐58.

[97] 刘柏良，黄学良，李军，等 . 含分布式电源及电动汽车充电站的配电网多目标规划研究［J］. 电网技术，2015，39（2）：450‐456.

[98] 张铁峰，高智慧，左丽莉，等 . 分布式光伏接入配电网的选址定容优化研究［J］. 华北电力大学学报，2019，46（1）：60‐66.

[99] 程林，齐宁，田立亭 . 考虑运行控制策略的广义储能资源与分布式电源联合规划［J］. 电力系统自动化，2019，43（10）：27‐43.

[100] 丁明，方慧，毕锐，等 . 基于集群划分的配电网分布式光伏与储能选址定容规划［J］. 中国电机工程学报，2019，39（8）：2187‐2201.

[101] 刘向实，王凌纤，吴炎彬，等 . 计及配电网运行风险的分布式电源选址定容规划［J］. 电工技术学报，2019，34（1）：264‐270.

[102] F. Wang，Y. Xie，and J. Xu，"Reliable‐economical equilibrium based short‐term scheduling to-wards hybrid hydro‐photovoltaic generation systems：Case study from China" Appl. Energy，vol. 253，pp. 113559，2019.

[103] 张晓英，张艺，王琨，等. 基于改进 NSGA‐Ⅱ算法的含分布式电源配电网无功优化 [J]. 电力系统保护与控制，2020，48（1）：55‐64.

[104] 易文飞，张艺伟，曾博，等. 多形态激励型需求侧响应协同平衡可再生能源波动的鲁棒优化配置 [J]. 电工技术学报，2018，33（23）：5541‐5554.

[105] Kumar A，Sah B，Singh A R，et al. A review of multi criteria decision making（MCDM）towards sustainable renewable energy development [J]. Renewable and Sustainable Energy Reviews，2017，69：596‐609.

[106] 刘敦楠，李奇，秦丽娟，等. 电网多时间尺度接纳可再生能源能力评估指标体系 [J]. 电力建设，2017，38（07）：44‐50.

[107] 孙盛鹏，刘凤良，薛松. 需求侧资源促进可再生能源消纳贡献度综合评价体系 [J]. 电力自动化设备，2015，35（04）：77‐83.

[108] 鲁宗相，李海波，乔颖. 高比例可再生能源并网的电力系统灵活性评价与平衡机理 [J]. 中国电机工程学报，2017，37（01）：9‐20.

[109] 李海波，鲁宗相，乔颖，等. 大规模风电并网的电力系统运行灵活性评估 [J]. 电网技术，2015，39（06）：1672‐1678.

[110] 程浩忠，李隽，吴耀武，等. 考虑高比例可再生能源的交直流输电网规划挑战与展望 [J]. 电力系统自动化，2017，41（09）：19‐27.